邛酒天下香

邛崃市文学艺术界联合会
邛崃市临邛文化研究学会 编

四川民族出版社

图书在版编目（CIP）数据

邛酒天下香 / 邛崃市文学艺术界联合会，邛崃市临

邛文化研究学会编. -- 成都：四川民族出版社，2023.2

ISBN 978-7-5733-1164-1

Ⅰ．①邛… Ⅱ．①邛… ②邛… Ⅲ．①白酒－酒文化

－邛崃 Ⅳ．①TS971.22

中国国家版本馆CIP数据核字（2023）第031824号

QIONG JIU TIAN XIA XIANG

邛酒天下香

邛崃市文学艺术界联合会　邛崃市临邛文化研究学会　编

出 版 人	泽仁扎西
责任编辑	央　金
责任印制	谢孟豪
出版发行	四川民族出版社
地　　址	四川省成都市青羊区敬业路108号
邮　　编	610091
照　　排	四川悟阅文化传播有限公司
印　　刷	成都市兴雅致印务有限责任公司
成品尺寸	170mm×240mm
印　　张	21.75
字　　数	361千
版　　次	2023年2月第1版
印　　次	2023年2月第1次印刷
书　　号	ISBN 978-7-5733-1164-1
定　　价	89.00元

目录

论坛

综述

论坛

　　2022 年 5 月 11 日，由成都市人民政府外事办公室、邛崃市人民政府联合主办的"蓉欧产业对话"中国(成都)—欧洲城市市长酒业论坛（以下简称"论坛"）在成都举行。

　　成都市人大常委会党组副书记、副主任苟正礼，邛崃市委书记刘刚，市委副书记、市长王德彰出席论坛并讲话。欧盟驻华使团农业与卫生处参赞彭达明在线上致辞。法国、意大利、匈牙利等欧洲名酒产区政府代表、行业专家应邀作线上发言，邛崃国际友好合作关系城市日本多治见市市长应邀参加会议。糖酒快讯联席总裁秦柯、酒类行业战略咨询专家铁犁、中国白酒大师严志勇等发表主题演讲。

　　此次"蓉欧产业对话"首次聚焦国际酒业发展。来自西班牙、捷克、波兰、匈牙利、日本、智利、奥地利、意大利、德国、荷兰等国家驻成渝总领事馆、贸易机构代表近 40 人线下参加，法国地中海大区、意大利皮埃蒙特大区、匈牙利托卡伊大区、西班牙里奥哈大区、欧洲葡萄酒行业协会等全球 50 余个政府机构、酒庄酒企、文化遗址项目代表 500 余人线上参会。

　　本节内容精选自论坛中的精彩演讲。

邛酒品质　贵在于标

宋书玉

　　蜀南有醪兮，香溢四宇。很高兴通过视频的方式与大家见面，共同见证成都产区（邛崃）白酒质量智慧监管体系与首批"白酒新国标品质示范产品"的发布。在此，我代表中国酒业协会，向各位来宾、朋友长期以来对中国酒业的关心、支持和爱护致以诚挚的敬意，向举办此次发布会的邛崃市人民政府表示热烈的祝贺！

　　"沽酒临邛人翠微，穿崖客负白云归。"邛崃，自古便是盛产美酒的地方。在五千年中国文明史中，邛崃集好诗、好酒、好典故于一城。"文君当垆时，佳话传千古""不绝经史跨千年，风水流香诗欲醉"。两千多年来，邛崃的山川风物，才子佳人，美酒佳肴，让多少文人雅士魂牵梦萦，乐而忘归。作为中国酒文化的重要发祥地之一，在新国标颁布实施之际，在新时代消费升级的背景下。"邛酒振兴"正当时。同时，邛崃产区在产业链集群创新发展模式，以及全面提升成都美酒产区品牌方面也可以当仁不让，大展宏图。

　　多年来，独特的产区禀赋缔造了成都地区白酒品质的口碑，我们高兴地看到，邛崃市委、市政府在守护邛酒品质方面付出了巨大努力。为了引导和鼓励产区酒企坚持走好"品质邛酒"之路，在2021年酒类新国标正式发布后，邛崃启动了产区"白酒新国标品质示范产品"评选，并着力建设"邛酒质量智慧监管体系"，以迎接新国标正式实施后的白酒市场变化。

　　《白酒工业术语》《饮料酒术语和分类》的修订和颁布对提高白酒酿造技艺、提升白酒品质、规范白酒市场行为、推动白酒产业高质量发展意义重大。新国标的核心意义是将分类定义和消费者的认知高度契合。让酿酒原料清晰化：什么是粮食酒，什么是非粮食酒。让酿造工艺明确化：什么是勾兑，什么是酿造。让产品特点明白化：什么香型，什么特点，品类区别在哪里。也就是让专业更专业，让消费者更明白。

现在是消费多元化的时代，每一个品类，每一款美酒，只要具备足够的特色，就一定会有喜爱的消费者。美酒各有其美，消费者各爱其美。所以，美酒产区与企业一定要传承酿造技艺，结合自身的特点，不断创新提升酿造技术，创立独特的价值表达和文化价值，就一定会赢得更广阔的发展空间。

中国酒业协会一直在倡导产区表达，产区是中国白酒产业未来发展的重要方向，产区培育是协会近年来一直研究并践行的工作，在产区培育与建设上，产区政府、企业、行业协会联动是最好的模式，三方合作可以发挥各自优势。早在 2018 年，中国酒业协会就与邛崃市人民政府就邛崃产区共建签署了战略合作协议。这些年来，在邛崃市委、市政府的努力下，我们见证了邛酒品质的不断提升，以及邛酒产区全面贯彻落实新国标的信心和决心，看到了邛酒产区树立起"中国白酒纯粮品质典范区"的形象，看到了邛酒市场竞争力和品牌价值。我们完全有理由相信，邛酒产区高质量发展指日可待！

再次对成都产区（邛崃）白酒质量智慧监管体系与首批"白酒新国标品质示范产品"的发布表示热烈祝贺！期待我们深化合作，携手推动邛酒产区创造新的辉煌！

世界酒文化传承与酒文化项目遗址保护

刘刚

正夏初临时，欣欣万物荣。非常高兴在这翠色盈盈、风景如画的美好时节，与各位市长、各位嘉宾，以酒为媒，共同探讨世界酒文化传承与酒文化项目遗址保护这一话题。

中国是卓立世界的文明古国，也是酒的故乡。作为世界上最早酿酒的国家之一和世界三大酒系的发源地之一，中国酒文化历史悠久、意蕴丰富、博大精深，凝结了物质生产与精神创作，渗透到社会生活各领域，经数千年的沉淀、绵续和升华，已发展成为中国文化体系中的重要组成部分。

邛崃是一座因酒而兴、与酒共生的城市。2300多年的置县筑城史，浸透着邛酒的醇香和热烈，留下了丰厚璀璨的邛酒文化，赢得了"临邛自古称繁庶，尤以酿酒胜其名"的盛誉。邛酒文化的深厚，源于酿造历史的悠久。据史料考证，出土于邛崃的汉代画像砖，便有对邛酒酿造、宴饮场景的刻录，亦是对邛酒历史的见证；而"文君当垆、相如涤器"的浪漫典故，不仅演绎了邛酒名扬天下的佳话，更是展现了古人敢于冲破旧制礼数、追求幸福生活的精神品质。邛酒文化的芬芳，出于世代匠心的坚守。北纬30度黄金酿酒带和崖谷地、冰川水、黄泥窖等自然禀赋，构成了邛崃"黄金九度"的美酒基因；一代代邛酒人不断革新酿造技艺，形成了酒曲独树、双轮发酵、量质摘酒、陶坛存储的精绝工艺，酿就了邛酒窖香浓郁、柔绵醇厚、甘洌爽口、饮后留香的独特风味。邛酒文化的灿烂，在于诗酒交融的传颂。"酒为诗侣，诗见酒魂"。历代文人墨客从不吝惜对邛酒的赞美，从唐代李百药"始酌文君酒，新吹弄玉箫"，到宋代陆游"一尊尚有临邛酒，却为无忧得细倾"，再到清末民初宁缃"买得文君酒，来寻司马琴"，百余

2022 年的"蓉欧产业对话"首次聚焦国际酒业发展。

线下参加论坛的部分代表合影留念。

首的名诗佳作，无不述说着邛酒的千古风雅。邛酒文化的多彩，融于酒瓷共鸣的辉映。"饮酒需持器"，酒业的繁盛加速了陶瓷酒器取代青铜酒器，也催发了邛瓷工艺的演进发展，让邛窑成为中国历史上著名的民窑之一，也让邛崃享有中国彩瓷发源地之称。唐代"邛州酒枓"已成为贡品，邛窑出土的盘口瓶、执壶等精美酒具，亦是邛酒器皿文化的明证。

酒文化的传承与保护，既要对优秀技艺进行传承赓续，也要对生态环境严格保护，更要对文化遗产创新转化。近年来，在邛酒的发展中，我们始终坚持匠心精神，全面施行《邛酒地理标志产品保护办法》《邛崃浓香型白酒原酒生产技术规范》等生产标准，引导酒企传承优秀酿造工艺，用心用情沉淀最极致的产品，"邛酒"连续四年登上中国品牌价值评价区域品牌（地标产品）百强榜。我们严格酿造环境保护，联合科研机构对产区微生物、风味物质等生态特质进行研究，开展邛酒原产地生态保护，保护好水源、土壤等自然环境，精心呵护产区独特的环境禀赋。我们大力推进酒文化遗产"活化"保护，加大对老窖池、老酒坊等宝贵资源的修缮与利用，现存老窖池群1万余口，距今400余年的明朝万历年间的42口老窖池仍在使用，并将邛陶烧造技艺、卓文君与司马相如的故事申报纳入非物质文化遗产名录，进行保护与传承。我们积极推动酒类项目遗址保护，邛窑遗址、文君井遗址分别列入了全国和省级重点文物保护单位，并在原址建设了遗址公园，弘扬邛酒历史文化；而在邛崃建立全产业链基地的中国名酒水井坊，其在成都水井街发掘的酒坊遗址，以"最古老的酿酒作坊"载入了吉尼斯世界纪录，置身其中犹如穿越时空、对话古今，就能深切感受到酒文化的独有魅力。

相知无远近，万里尚为邻。文化因交流而多彩，文明因互鉴而丰富。我们将持续加强与世界各地美酒城市在酒文化传承和酒庄、酒坊、酒窖等酒文化保护与利用方面的探讨与交流，互学互鉴酒文化价值转化方式，共促酒文化的传承、发扬与创新。

酒业的发展与城市崛起和繁荣

王德彰

酒是城市的名片，城市是酒的依托。酒与城共生共荣、相互成就，正如蒙彼利埃被誉为南法葡萄酒之都，马尔萨拉被誉为世界上最好的强化葡萄酒产区之一，洛格罗尼奥因拉里奥哈葡萄酒而知名，托卡伊作为贵腐酒的发源地被列入世界文化遗产。酒业的发展不仅带动城市经济的发展，更能促进城市文化传播、彰显城市人文魅力，而城市的繁荣又引领酒业的兴盛，为酒业的发展带来无限生机。

邛崃，因酒而兴、与酒共生。在邛崃城市发展过程中，邛酒的发展始终与之息息相关、交相辉映。自公元前 311 年筑城置县开始，邛崃酿酒业便已兴起，出现了前店后坊的经营模式；到唐宋时期，邛崃崇文重农、营工经商、酒家林立，成都在邛专门设置"酒务"，统制酿酒、实行专卖；到了明清时期，邛崃城市繁荣，享有"天府南来第一州"美誉，而烤酒作坊已逾百家。时至今日，邛崃持证酒企和备案作坊已达 260 余家，拥有国、省级白酒评委、大师 86 人，产品销往中国各个省份和欧洲、东南亚部分国家，先后获得了"中国白酒原酒之乡""中国最大白酒原酒基地""世界美酒特色产区"等荣誉。目前，邛酒营收已接近百亿级规模，呈现蓬勃发展的良好态势，为城市发展注入了强劲动力。

酒业既是城市经济的重要支撑，更是城市的宝贵资源。当前，邛崃迎来了成渝地区双城经济圈建设、成都都市圈建设、公园城市示范区建设等系列重大机遇，为酒业发展提供了有利条件，更为城市崛起赋予了充足势能。我们依托地处成都的区位优势，顺应产区发展趋势，深挖"千年邛酒"的深厚底蕴，进一步围绕严格品质管理、增强创新动能、聚合资源要素、

法国、意大利、匈牙利等欧洲名酒产区政府代表、行业专家应邀作线上发言。

邛崃市人民政府与成都欧盟项目创新中心、匈牙利出口促进局现场签订了国际项目战略合作协议。

增进发展活力、坚持酒旅融合、着力酒庄发展六个方面，提出了成都产区·邛崃发力新赛道的实践探索，打造最具包容、创新、活力的美酒产区IP，不断培厚产业生态、促进业态融合、创新价值表达，加快推动城市高质量发展。

——我们将加强产区品控，扩充优质产能。始终以酿造老百姓喜爱的纯粮好酒为宗旨，始终把质量作为产区的生命线，探索产区标准引导生产，结合白酒新国标的施行和产区化发展趋势，建立严于国标的产区生产标准，引导酒企坚守匠心、规范生产，坚持纯粮固态、双轮发酵、分层蒸馏、量质摘酒、陶坛存储的传统工艺，传承和彰显邛酒特色。健全邛酒固态酿造"白名单"体系运用机制，鼓励企业实行"一瓶一码""一箱一码"产品质量追溯，让消费者可随时查验、全程追溯、放心饮用。同时，鼓励企业实施技改扩能和低碳化改造，提升产区优质产能。

——我们将坚持开放包容，推动美美与共。秉持"和而不同"的理念，定期发布产区机会清单，支持鼓励露酒、米酒、配制酒等各类美酒进入产区发展，分类推进特色酿酒工坊建设，引进伏特加、清酒等酒品，联合打造国际烈酒体验中心，创建中国首个威士忌产区。推进国际化交流合作，借力成都丰厚的外事资源优势，成立国际酒文化交流中心，联合世界美酒城市共同组建国际美酒产区联盟、国际酿酒大师工作室，推动邛酒走上"一带一路"，拓展国际市场，加强对外文化交流与传播。同时，积极承办国际性酒业论坛、评选、会展等活动，力争成为白酒行业标准制定、发布活动的重要承办地。

——我们将强化创新策源，增强产区动能。依托邛崃国家级天府现代种业园科研能力，开展酿酒专用粮品种研发，提升优质酒出酒率。推进产品创新研发，与科研机构共建酒业技术研究院，引入酒品创新机构和人才，合作开展酿酒关键技术、共性问题研究，支持企业开发创意白酒、预调酒、果酒、配制酒等适合不同年龄段客户、不同消费场景的新产品需求。同时，加快建设"白酒梦工场"，搭建从产品策划到落地生产、品牌营销的创新孵化平台，提高品牌策源能力。引导产区酒企抱团推介营销，积极参加糖酒会、博览会等大型展会，保持产区与市场的同频共振。

——我们将优化服务配套，激发产区活力。结合企业需求，实施储酒中心、仓储物流等配套项目建设，设立国际名酒电商专区、建立直播基地，提供"网上定制＋大师勾调"C2M服务，探索F2C营销模式直达消费终端，

论坛期间，举办了融入邛崃元素和特色的"邛酒之夜"歌舞晚会。

支持酒企、酒商入驻产区、开拓市场，不断繁荣产区生态。加快推进储酒中心、仓储物流等功能配套项目建设，增强产业承载能力。探索建设沉浸式储酒公园，集中提供白酒陈储、特色藏酒、创意包装、物流仓储、交易服务、博览展示、供应链金融等服务，打造最具活力的酒业生态圈。

　　——我们将突出酒旅融合，提升产业价值。以国际视野招引专业规划团队，高位编制酒庄集群发展规划，形成白酒酒庄、国际酒庄、非遗大师酒庄、新酒饮酒庄等集群打造方案，并将一流产品、独特的酿酒技法作为酒庄的入门条件，支持有条件的酒企向酒庄升级，结合城市片区开发、川西林盘修复和全域旅游发展，分类打造一批森林酒庄、林盘酒庄、崖谷酒庄，力争通过 3～5 年的努力，培育形成 50 家左右规模的酒庄集群，成为中国酒庄最为聚集、内涵最为丰富的产区。策划打造汇聚不同国家和地区酒韵醴香的"丝路酒街"、唤起乡愁记忆的"天府酒巷"，导入不同国家和地区以及不同年代的美酒原真性生活消费、文化娱乐等体验场景，定期开展主题文化展演、商务博览等活动，为酒旅融合和酒业高质量发展探索新实践、提供新路径。

作为此次论坛活动的主办城市，我们深感荣幸！我们将以本次活动为契机，进一步加强与世界各地美酒城市在酒文化传承与保护、酒产业发展等方面的交流探讨与务实合作。在此，也热诚欢迎世界各地的企业和朋友、现场嘉宾，到邛崃实地考察，共谋合作，互利共赢。

精彩的民族舞蹈吸引了论坛嘉宾驻足观看。

呼吸在城市气质、产区文化、品牌调性互生的森林

秦柯

在疫情反复的大背景下，今天这个论坛无疑就具有了它特殊的形式与意义。然而无论疫情将在多大程度上改变人们的生活，改变世界的经济和国际的关系，当我们谈论"世界酒文化传承与保护"这样一个议题时仍然绕不开的三个关键词：城市气质，产区文化，品牌调性。

在座的各位有来自法国蒙彼利埃市、意大利马尔萨拉市、匈牙利托卡伊市、爱尔兰芬戈郡等，在世界酿酒版图上，这些都是历史悠久的特色产区，拥有鲜明的文化个性和独特的产业优势。虽然中国酿酒产业拥有数千年历史,白酒也发展了六百多年。但摆脱半农业半手工业的原始经济生态，进入产业化基础建设的进程尚不足百年，在现代化、市场化及规范化发展等各个方面，各个城市都有值得我们借鉴和学习的地方。

我们看到法国产区城市的政策会倾向支持产区、酒庄和家族的世代传承；意大利产区则更注重从原料品种到口味口感多样化的发掘；我们也看到匈牙利产区的城市如何通过政策来保护它独有的历史自然风土和它传统而特别的酿造技术；而爱尔兰城市的高福利政策则在最大程度上鼓励了爱尔兰人民对美酒的热爱，这种热爱深深地植入了他们的生活方式当中。

作为中国白酒产业的一分子，我们也热切希望这些丰富而宝贵的经验都能够通过交流，为以邛崃为代表的中国白酒产区，和以成都为代表地承载着产区发展使命的城市，带来重要的启迪。

即使我们身处地球不同的经纬度，各产区间的规模、特点和优势，各城市间的历史、环境与人文也都不尽相同，但对于酿酒文明与自身价值之间的关系认同却是高度一致的，就像底特律或斯图加特与汽车，巴黎或米

兰与时装的关系一样，在世界各国人们的心目中，各位都是来自酒香四溢、令人向往、让人陶醉的酒神之乡、酒神之城。

今天代表中国白酒产区来到邛崃，同时也是成都酒文化区的核心地带，唐代大诗人李商隐一千多年前就为它写下了"美酒成都堪送老，当垆仍是卓文君"这样的美丽诗句，对于这样一些拥有得天独厚历史、人文与自然资源的城市来说，酿酒产业的发展对城市的全面崛起具有决定性作用。

中国人，或者熟悉中国的朋友我想都应该知道，成都在人们心目中具有极为美好的城市印象，大家都说它是一座来了就不想走的城市，是一座滋润的城市，是一座文化底蕴丰厚的城市，是一座懂得生活真谛的城市……我想酒对这种成都气质的养成具有不可磨灭的历史性贡献，而且这种气质并非是完全抽象的，不是形而上的，它是以邛崃这样的具体的、生动的酒乡风土、酒乡生活和酒乡人来作为充满生命力的证据。

互联网、人工智能的信息与技术革命，让当下人们的生活方式和消费趋势以日新月异的变化速度在重构每一座城市的基底，对于酒产区与酒城市而言，新的审美叙事也因新一代的生产者和消费者的参与而置换底色。回望过去二三十年，无论是产业格局的变革，还是酒业市场的创新，悄然间都已发生了巨大变化。

"越是民族的，就越是世界的。"这种超越国界、时空局限的先见之明在酒这个领域，无论是对于产业还是产品，无论是对于品牌还是品质，体现的都再贴切不过了，在法国的葡萄酒，日本的威士忌身上，我们都能看到这种奇妙的文化互动与迷人的产业成果。

同样，今天我们站在成都这样一座传统文明与现代价值并存的城市，以它在地的独特性与来自欧洲的五个美丽酒城一起，发酵出一种世界性的文化共情。

邛崃作为中国白酒产业的特色产区、成都美酒文化的核心承载地，其政府管理者、企业家、酒庄庄主和从业人员都一直以探索者的姿态去努力实现并创造产区文化独立价值和商业价值的可能性。我们说竞争本质是差异化竞争，而只有文化的差异才是终极的差异和永恒的差异。因此，产区不仅仅是酒业竞争与发展的核心，同时也是城市竞争与发展的关键。

在公元前 4 世纪到 6 世纪有一个哲学轴心时代，东西方思想家同时达到一个不可企及的高峰。我们发现，在 14 到 16 世纪前后，东西方酿酒文明也不约而同地产生了一个高度酒，烈性酒的酒精轴心时代，威士忌、白兰地、伏特加以及中国白酒都在这个阶段得以诞生并迅速成为各个地区的主流酒种。帝亚吉欧有个重要理念，叫作"酒精度越高文化属性越高"，白酒能够取代千年米酒、黄酒成为中国酒品当仁不让的代表，本质也是更能代表中国人的精神与生活审美。

在全球化时代文化接驳的当下，酒业的可持续发展需要形成传统文化的当代性表达，在这其中包括生产、销售等环节对环保生态的友好性、包括原料能否被聪明、智慧地运用、包括对产业消费趋势走向审美下的观察和自我审视。

抢在同行前面站在时代的聚光灯下早已不再是当今商业的特征，而是让每一次消费者与品牌接触的时候，他都能感受你眼神中的善意、共情、用心。酒是物质与精神的载体，产区和城市也具有自我的生命形态，我相信当人们一次次邂逅在城市气质、产区文化、品牌调性三者生长的森林中，酒文化的传承与保护也就理所当然的像呼吸般自然。

首个集中对外展示产区文化和产品销售的标志性窗口——酒业梦工场落户邛崃文脉坊。

白酒甲天下　美酒出邛崃

铁犁

　　白酒甲天下。华夏酒事，诞于夏商，盛于今日，越3000年历史，媲美两河流域，早西方数百年。白酒风格独异，迄今与威士忌、白兰地、伏特加号称世界四大蒸馏酒，且为群酒之首。威士忌、白兰地分别发源苏格兰、法兰西一隅，其发源地地形狭窄，物种单一，中国白酒却地跨江淮河汉，群聚长江、黄河中下游，地域辽阔、物产丰富、风格多样、文化多元；中国白酒工艺独特，以高粱、小麦、玉米、大米等谷物为本，制曲添香，风味迥异；地位独重，历代君王祭祀天地、自古庶民酒饮礼节，约定俗成，影响甚远；文化独美，肇始于酒神仪狄、杜康，纵横于军政文商之间，传诵于李白、杜甫、苏轼诗词韵中，流连于市井百姓之口，李时珍在《本草纲目》中奉"酒为百药之长"；市场独荣，坐拥万亿消费市场，得中国资本市场第一股、世界酒业第一股，产业兴旺，市况空前。

　　美酒出邛崃。美丽四川，钟灵毓秀，自古繁华，为华夏之天府，乃中国、世界最大的蒸馏酒产区；而邛崃、成都、三星堆为川酒有文字记载的最早三大酿酒区域，传承至今，唯邛酒持续繁盛，蔚为大观。邛酒之美，美在文化。古都临邛，巴蜀名城，留卓文君、司马相如、扬雄、杜甫、白居易、司马光、李商隐历史佳话，为川酒文化之魂；丝绸茶马古道必经此路，成都乃两汉唐宋时期之上海，邛崃则为彼时成都之浦东，经济富庶，底蕴深厚。

　　邛酒之美，美在地利。邛崃背负青藏，屏障崃山，东接成都平原，西连都江堰，毗邻中心城市，为盆地要钥，天府之明珠，实乃白酒酿造"九度理论"天然样本。类比世界三大蒸馏酒产区，邛酒恰如干邑、勃艮第之于法国葡萄酒，芝华士、尊尼获加之于苏格兰威士忌，比肩遵义仁怀与泸州江阳等国内产区，得山、水、气独有之崖谷小气候，因水而生、依水而兴，物产丰饶，地处川酒酿造"心脏地带"，集美酒而成产区，为北纬30度"黄金酿酒带"上的又一颗璀璨明珠。

邛酒之兴，兴在未来。邛崃享有"世界美酒特色产区""中国白酒原酒之乡"美誉，为市级核心支柱产业、成都白酒核心板块、中国第三大白酒产区；水井坊、文君、古川、金六福、川池、宜府春、大梁、渔樵、源窝子、锐澳、巴克斯、川牌白酒等品牌企业坐落于此，拥有世界白酒酒庄产业集群、中国最大白酒原酒基地、邛酒风情酒旅环线等美酒名片。然而邛酒也是世界六大蒸馏酒产区中品牌力量最弱势的板块，缺乏国家级与世界级的蒸馏酒品牌。但坐拥近2000万人口、占四川白酒销售价值一半的成都市场，足以支撑邛酒发展，通过引进战略资本、整合渠道资源、引进人才、强化品牌培育与推广，邛酒未来充满希望。有言道："世界白酒看中国，中国白酒看四川。"而四川白酒，邛崃必属三极之一，补上品牌短板，邛酒前景无限！

中国白酒是民族文化表达的重要符号

严志勇

我是一位做酒超过 30 年的白酒工匠，今天非常荣幸有机会与大家探讨中国酒文化传承和酒文化遗址这一话题。

酿酒文化是中国传统文化中最具特色的部分之一，蕴含着浓厚的民族特性，它与中国的农耕文化、烹饪文化、传统发酵酿造技艺、中医、饮食、民俗文艺等人文、社会生活都息息相关。我国酿酒起源于一万年前的新石器磁山文化时期，白酒是世界上工艺最复杂、对人的感官冲击最丰富的蒸馏酒。中国人酿酒遵循"天人合一"与"和而不同"的哲学思想，这也是中国哲学对万物关系的理解和对社会理想境界的构思。中国白酒的酿造技艺属于我国独有的知识产权，是可以肩负中国民族文化表达的重要符号。

酒文化老窖群、遗址、作坊蕴含了博大精深的文化，构成了非物质文化遗产的活态单元，具有独特性、不可复制以及不可再生性，是我们城市独一无二的发展见证，其中蕴含丰富的传统文化体系，有鲜明的地域文化体征，是市场经济和商业文化独具特色和代表性的内容。在中华文明传承体系里面，酒文化老窖群、遗址、作坊发挥了一定的作用，它们不仅仅是科技的见证，同时也是社会经济发展的见证、文化交流的见证，更可以上升到文化层面的认同。

随着城市工业化进程的加快，我国酿酒文化遗产包括酿酒老作坊、老窖池等酿酒文物遗址群落的保护显得尤为迫切，应该制定地方性的《酒文化遗产保护和传承发展条例》。在对酒文化老窖群、遗址、作坊的保护、开发和利用中，首先要坚持文物保护工作的方针——保护为主、抢救第一、

保护老窖群、遗址、作坊。

合理利用、加强管理、坚持底线的思维。其次，在坚决保护的基础上最大限度开展合理化利用，推动文旅融合，带动区域的发展，使当地群众能够切实感受到文化遗产对精神生活的丰富，和对物质生活的提升。

保护中特别要注意以下三点：

一、保护酿酒老作坊、老窖池、古遗址，激励技艺传承

将保护的窖池、作坊以及储酒空间限定在持续生产使用一定年限以上且仍在生产使用的范围，并将浓香型白酒生产窖池、酱香型白酒生产作坊、储酒空间作为核心文化遗产资源列入名录进行保护。同时，要设立"白酒传统酿造技艺代表人"名录，明确技艺代表人的权利和义务，将技艺代表人和国家、省级的非物质文化遗产项目代表传承人进行有效的制度衔接，将技艺代表人作为市、县级非物质文化遗产项目传承人的后备力量。

二、实施区域性整体保护，丰富城市建设文脉肌理

设置区域性整体保护制度，在符合条件的特定区域设立白酒文化生态保护区，明确保护区设立目的、条件、程序、规划、措施、政府职责等内容，将白酒区域性发展作为城市建设发展的有机组成和内生动力。

三、坚守文化根脉，在传承中创新白酒文化表达

实施一系列传承和创新发展的方法和措施，明确规划建设、知识产权保护、数据库建设、名录保护等方面的责任主体。明确规定有关酒文化传承及酒文化遗址保护的条例，开发酒镇酒庄，鼓励酒文化相关的文艺创作，共建教学实践基地以及科学研究基地，全方位地促进酒文化的创新发展。

综述

关于邛崃市白酒产业发展的调研报告

欧俊波

邛崃作为"中国最大白酒原酒基地",为中国白酒产业发展做出过重大贡献。但 2003 年以来,"邛酒"发展势微,既没能乘着白酒产业"黄金十年"东风完成资本、人才、声誉的原始积累,也没能在近年产业转型大潮中找到进入行业主流阵营的发展路径。当前,成都市委市政府、邛崃市委市政府正大力推进区域"五位一体"内涵式发展,白酒产业作为结合现代工业、绿色农业、休闲文旅等产业特质的区域特色产业,亟须从长远视角和全局层面对各类影响因素进行系统分析、深入研判,探索出契合区域战略、产业内涵以及市场趋势的新发展道路,重振"邛酒"雄风。

一、把握传统产业转型发展特征

(一)传统产业是区域特色产业、优势产业

一个区域的传统产业,是在该区域特色文化和生活环境下,在特色生产技术和工艺水平条件下,对特色资源、特色产品进行产业化而形成的。传统产业与地域特色、历史积淀紧密联系,因而具有明显的比较优势。"邛酒"产业,是成都平原上的经典产业,20 世纪 80 年代,曾有以文君酒为代表的 108 个品牌先后获部、省、市级优质产品和行业优质产品称号。而邛崃原酒更是独步天下,行销全国。

(二)传统产业不能简单等同于过剩产能、落后产能

产能过剩有两种情况:一种是总量过剩,即某行业、某产品的生产能力总和大于全社会消费能力总和;另一种是结构性过剩,同类产品,如果产品质量不同、档次不同,则市场消化能力也相应存在差异,因而会出现结构性过剩的现象。"邛酒"准入门槛较低、技术相对简单、产品易于模仿,

结合绿色农业、休闲文旅的邛酒产业。

中小酒企长期低端竞争的格局逐渐形成，产品同质化竞争激烈，这是典型的结构性过剩的表现。但白酒与生活消费息息相关，具有较强刚性支撑，整个白酒产业的基本面并不存在较大的系统性风险。因而，"邛酒"需要推进传统产业转型升级，突破结构性过剩瓶颈，加快提升产业发展质量，争取更广阔的市场空间。

（三）传统产业具有天然的集群效应

传统产业大多以工艺为核心，一定地域内的众多能工巧匠从事同一种职业并共同致力于这种工艺的改良，最终形成区域性的简单生产同盟，这种块状经济是传统产业天然集群效应的普遍反映。认真审视"邛酒"产业可以发现，众多白酒企业已经形成了块状特色经济，但块状经济只是产业集群的雏形，还需要优化产业发展空间、推进技术创新体系建设、强化人才支撑体系、完善公共服务体系、培育龙头骨干企业、推进可持续发展等手段来推动现代产业集群发展。

（四）推动传统产业向价值链"微笑曲线"两端提升

产业发展趋势正由产业结构的梯度转移逐步演变为增值环节的梯度转移，基于价值链的产业分工协作网络正在形成。其中，以研发、设计为代表的"科技链"和以销售、中介服务为代表的"市场链"，增值性最强。"邛酒"注重原料酒领域而缺乏"价值链"打造，要特别重视研发、设计、品牌、营销等环节，争取获得高附加值环节的创新突破，寻求传统产业在市场价值链、产业利润链中的占比。

二、审视邛崃白酒产业发展基础

（一）邛崃白酒产业现状

1. **基础条件成熟**

技术方面，全市白酒生产许可证持证企业 165 家，国省级白酒专业人才 61 人，省级以上著名品牌产品 23 个，拥有省级技术中心 1 个，成都市级技术中心 3 个。现有仍在使用的古窖池、老窖池共 2.5 万余个，年白酒生产能力 30 万千升。品牌方面，市政府积极实施品牌梯度培育，打造了以文君、金六福、古川、渔樵、环球佳酿临邛酒业等优势企业为中坚的三级品牌体系，众多企业加入了四川原酒产业联盟。政策方面，出台了《关于促进邛酒产业发展的实施意见》，推出了《邛崃浓香型白酒原酒生产技术规范》，标准化生产体系正逐步建立。

2. **增长形势乐观**

邛崃市白酒产业在原酒领域经历了较长时间的积累和发展，在四川乃至全国酒业及酒文化发展史上占据着重要地位。2017 年，"邛酒"规模以上酒企实现产值 33.7 亿元；酒类企业实现税收 4.2 亿元，同比增长 71.8%。2018 年以来，邛酒产业积极适应全国白酒行业全面复苏发展的新形势，加强产区建设、品牌创新、产业扶持等工作，邛酒产业呈现稳步发展态势，2018 年 1~7 月，全市 16 家规模以上白酒企业实现产值 13.97 亿元，同比增长 33.3%，酒类企业实现入库税收 3.15 亿元，同比增长 83.69%。按照目前的产业增长形势，白酒产业仍然是邛崃市比较优势显著的特色产业。

3. **集聚态势初现**

邛崃市建设有成都市唯一白酒产业园，占地 5 平方公里，园区基础设施完善。园区已入驻企业 25 家，其中知名酒企 17 家，协议资金 69.49 亿元，水井坊酒业拟投资 30 亿元建设全产业链基地项目（300 亩酿酒基地、264 亩包装基地），环球佳酿拟投资 50 亿元打造浓香型、清香型酿酒基地，上海光明集团已确定新建约 360 亩酿酒基地及总部的投资意向。拟依托成都临邛文博创意产业示范区打造邛酒文化中心，充分利用丰富的邛酒企业资源优势打造全国最大白酒酒庄集群，培育了平乐、卧龙两个白酒特色小镇。这些成果都为邛崃市白酒产业进一步发展提供了强大的实体支撑和发展动力。

（二）邛崃白酒产业面临的问题

一直以来，邛崃专注于原酒生产，产能不断扩张，加之本地众多中小白酒企业的无序竞争，造成原酒市场变成标准"买方市场"，"邛崃原酒"空有响亮名声，却没有定价权，产业越发展越受制。虽然近几年，在政府重视和支持下，白酒产业逐渐恢复，但行业地位大不如前，产业效益大大低于宜宾、泸州两大产区。

1. "邛酒"错失白酒"黄金十年"发展机会

以原酒生产为主的邛酒企业无须对消费市场开拓投入大量精力，同时批发式销售的特点，导致企业无法进入白酒产业增值性最高的零售环节。区域内个别小企业投机思想严重，偶有以食用酒精勾调冒充原酒的现象发生，使得全产区的高品质原酒的形象受损。因而，当中国白酒业进入品牌发展"黄金十年"时期时，邛酒品牌以原酒为主的先天缺陷，集群内企业无力与区域外的后起品牌酒企竞争，错失中国白酒发展黄金期。

2. "邛酒"企业"小散乱"现象严重

邛酒持证企业，年销售额 2000 万以上的仅 19 家，除 25 家企业入驻酒业园区外，另有 140 家仍分布于各乡镇，难以形成规模。同时，酒企习惯于"单兵作战"，相互杀价，相互诋毁内耗，未能形成"联合舰队"和真正的"拳头"。除此之外，中小酒企"重销售、轻服务，重经销商、轻消费者"，借助移动互联网、社交媒体、大数据等工具来拓展市场的能力较弱，这些客观限制都压缩了企业的发展空间。

3. "邛酒"缺乏"优势品牌"作为支撑

我市 90% 以上酿酒企业以生产原酒为主，瓶装品牌酒占比很少，没有像茅台、五粮液这样的品牌龙头企业带动邛酒产业整体发展。目前，仅有文君、古川、有缘坊等企业在发展品牌瓶装酒，但这些品牌在区域性市场的占有率都比较低，在全国市场上就更加缺乏知名度；引进的金六福、枝江虽已投产，但品牌红利仍然归属于集团所在地。

4. "邛酒"集群面临"核心技术缺失"的隐患

"邛酒"产业目前呈现小规模、粗放型发展的态势，各企业技术装备水平差异较大，技术创新较少，产品品质不稳定，缺乏核心关键技术。更进一步地，从产业安全角度来说，虽然我市已经出台《邛崃浓香型原酒生

传统发酵工艺依然展现出邛酒独有的魅力。

价格实在的散装邛酒颇受消费者欢迎。

产技术规范》，但在实施层面，相关企业还没有通过技术攻关等措施，合力推动形成统一的、独具一格的、能够代表"邛酒"的风格体系，很大程度上降低了消费者对邛酒典型风格的认知度，"邛酒"面临产业核心隐患。

5."邛酒"发展缺乏"要素资源"的支撑

与四川其他白酒主产区宜宾、泸州"举全市之力"打造白酒"首席产业"相比，邛崃市获得四川省、成都市两级政府的支持较少，缺乏高层面的白酒产业发展规划及配套产业政策支撑。同时，邛崃酒企的融资模式单一，主要以银行信贷为主，但在新常态下，传统行业领域通过单一的银行借贷资金并不能为企业发展壮大积累足够的资本，融资难、融资贵仍然是困扰酒企的头等难题。

三、研判邛崃白酒产业发展趋势

（一）国家、省、市产业发展导向

1. 国家产业发展导向

2005年，国家发展改革委将"白酒生产企业"列入"生产重要工业产品的企业"名单，从而，进入该行业需要有国家相关部门（2010年后调整为省级相关部门）颁发生产许可证，这为白酒产业设定了政策性的准入门槛。同年，"白酒生产线"被列入国家《产业结构调整指导目录》的限制类目录，进一步限制了白酒产业的全国性的无序扩张。2011年，"名优白酒"被列入《外商投资产业指导目录（2011年修订）》中的限制外商投资产业目录。总体来看，针对白酒产业发展步伐缓慢、企业规模优势不突出等问题，国家在不断通过产业政策的力量来规制、引导和推动全国白酒行业的业内调整。总体来说，国家对白酒产业发展政策引导的大方向为规范行业竞争秩序、构建理性消费模式、鼓励名优企业发展，力图在白酒这个历史经典产业上实现较好的转型升级。这样的政策形势，为我国白酒行业的价值回归创造了条件。

2. 四川产业发展导向

2017年，四川发布《关于推进白酒产业供给侧结构性改革加快转型升级的指导意见》，支持"川酒"发展壮大，"到2020年，四川省规模以上白酒产业主营业务收入达到3500亿元，全省白酒产量在全国比重稳定在30%以上；主营业务收入、利润占全国比重提高到40%左右"，提出"推动邛崃、绵竹、射洪白酒园区建设生态化转型和提升发展档次"。2018年，省委十一届三次全会公布《中共四川省委关于全面推动高质量发展的决定》，提出"重点发展电子信息、装备制造、食品饮料、先进材料、能源化工等万亿级支柱产业"。其中，就四川食品饮料产业的发展状况而言，白酒产业无疑是食品饮料打造万亿级产业的主体支撑。总的来说，白酒产业在四川产业体系架构中占据着重要的地位。

3. 成都产业发展导向

2018年，成都制定了《成都市高质量现代化产业体系建设改革攻坚计划》，谋划"5+5+1"的产业细分领域，提出要"壮大新型材料和绿色食品千亿级产业"。在这里，"绿色食品"是涵盖白酒产业的，是成都市将在下一步重点发展的五个制造业领域之一，白酒产业发展将进入战略发展的高度。此外，成都市委市政府主要领导多次批示邛崃市要建设好白酒产业集聚区、优化发展白酒产业，这种领导层面对区域经典产业发展的关怀也体现出成都全市之于"邛酒"产业的期待。

（二）"邛酒"发展机会与挑战

1. 发展机会

（1）行业整体形势。2016年开始，白酒消费形势完全扭转，带动一批白酒上市公司股票成倍大涨。在这样的总体形势下，白酒企业分化现象更加明显，品牌力强的大企业高速增长，发展区域市场的中型企业趋于稳定，但没品牌没市场的小微企业经营形势未见明显好转。邛崃必须抢抓机遇，最大限度地利用和发挥"邛酒"优势条件，努力推进"邛酒"重塑雄风，推动更多的本地企业实现品牌化转型。

（2）产业融合趋势。白酒产业融合发展具有很大的想象空间和可操作空间：纵向整合包装企业，横向涉足现代农业、结合旅游业、牵扯健康产业，甚至进入金融市场。比如泸州老窖酒业集中发展园区，融合了生产配套的种植、包装等，还涵盖了贸易、会展、餐饮、旅游等多产业类型。"邛酒"产业要发展，就不能局限在制造业，要大力发展围绕白酒的服务业领域，强力推广"邛酒"文化和"邛酒"产品，推动"邛酒"更多地占据成都地区乃至四川地区普通消费者的心智认知。

（3）产业科研转化。在创新创业氛围下，科研机构开始寻求科研成果产业化、市场化途径，诸如江南大学、四川理工等行业优势高校就在寻找校地"政产学研用"的合作伙伴。这给邛崃市白酒企业科技发展提供了良好的时间窗口，一方面利用校地合作契机，建设一批产学研合作平台、企业技术中心，另一方面也可以通过合作为邛崃市储备专业人才。

在 20 世纪八九十年代已家喻户晓的文君系列酒。

（4）区域市场需求。成都作为西部首屈一指的国家中心城市，常住人口达到 1600 万，人均消费水平远高于西南其他区域，这为我市白酒产业的发展提供了广阔的市场腹地，也为白酒企业的品牌化发展提供了较好的基础支撑，只要保证纯粮固态酿造的品质，邛酒在成都这个大市场里将有很强的优势。

2. 发展挑战

（1）行业竞争逐渐加剧。通过 2013 年以来的行业调整，白酒产业内部企业实力已明显分化，名酒白酒企业都开始发力中高端市场，大部分中小企业抢占中低市场，造成整个行业竞争形势激烈。邛酒以原酒为重的历史，造成邛酒在普通消费者中的知晓度并不高，品牌化的后发劣势比较明显，在竞争激烈的白酒行业中举步维艰。

（2）品牌重塑困难重重。邛崃曾有"文君""临邛"等众多白酒品牌，特别是"文君酒"在 20 世纪八九十年代已家喻户晓。但伴随"文君"丧失成为第五届国家名酒的机会，邛崃白酒品牌化发展越发滞后。如今，整合区域产业、重塑邛酒品牌影响，面临诸多现实制约：新品牌缺乏历史文化底蕴，推广难度大，重启"文君"这些品牌又面临产权的问题。

（3）销售模式深刻转变。在经销商模式中，地产白酒品牌均有销售主战场，流通范围有其局限性，大多数二线品牌的销售半径集中在产地周边省份。但白酒线上销售模式及第三方销售平台的加入，让白酒销售模式发生深刻转变，传统发展模式正逐渐让位于新业态、新模式。在这样的情况下，商业营销滞后的邛崃白酒品牌脱颖而出面临更大挑战。

（4）政府支持力度不够。相较于宜宾、泸州政府倾力支持白酒产业发展、千方百计为白酒企业解决困难的态度而言，成都市级层面过去对白酒产业链建设、产品营销等方面的重视程度不足。此外，邛崃市白酒产业链不够完善，缺乏营销环节的建设，没有建设起强大的供应商体系，在政府层面的产业推介和营销上也缺乏高屋建瓴的策划力。

四、邛崃白酒产业下一步创新发展建议

按照产业生态圈建设具体要求，积极构建"邛酒"产业生态圈，促进区域块状经济向现代化产业集群加速转型，促进集群品牌价值与企业品牌价值的双重提升，推动产业集群与区域经济资源良性互动，打造川西平原上集群效应充分发挥、品牌效应充分彰显、融合效应充分叠加的中国成都（邛崃）白酒产区，真正推动区域优势产业走上价值化、内涵式、高质量的发展道路。

（一）积极打造"邛酒"产区品牌

集群品牌方面，注重打造"邛酒"区域品牌，科学整合分散的品牌资源，积极提升"邛酒"品牌的市场知名度和美誉度。企业品牌方面，以产品品质为基础和核心，走原料酒与品牌酒协同共促的发展道路，推动集群内企业快速发展。

1. 强力推进"邛酒"整体品牌宣传推广

一是积极推进"邛酒出川"战略，每年组织开展几场"邛酒中国行"活动，积极参加川酒全国行、糖酒会、贵州酒博会、上海酒交会等展会。聘请高水平咨询机构，研究制定统一的邛酒产区对外传播形象、核心内容，设计邛酒产区品牌故事，指导企业讲好品牌故事。二是广泛开展"邛酒"展示活动，积极参与四川的"走进浓香帝国"活动，向全国新闻媒体推介"邛酒"，市宣传部门组织策划"走进'原酒之乡'"系列活动，以邛崃独有的酿酒自然资源和悠久的酿酒历史文化为重点，广泛邀请全国新闻媒体、品牌酒厂、投资机构等前来参观、赏鉴、投资。三是举办全国性高水平的交流活动，与中国酒业协会、金三角酒业协会、四川原酒联盟、江苏、河南、

四川金六福酒业有限公司在邛崃生产厂区的灌装车间。

四川省古川酒业有限公司将陶坛埋入地下的贮酒方法。

位于邛崃市酒源大道的成都有缘坊酒业有限公司。

山东等行业协会建立长效合作机制，定期或不定期组织全国有一定影响力的行业峰会，加强与中国酒业协会、江南大学、四川理工等机构的深度合作，举办全国领先的技术创新或学术交流活动。

2. 加快推进区域内成品酒品牌体系构建

优化资源配置、补齐规模发展短板，加快构建"邛酒"成品酒品牌体系。一是打造龙头品牌企业。以参股的方式进一步与水井坊展开战略合作，共同将水井坊打造为邛崃市白酒企业发展标杆；积极对接光明集团，大力推进全兴回归工作，制定回归策略与推进方案，实现全兴品牌振兴；建立与剑南春集团沟通联络机制，创造条件回购部分文君酒股份，增强对企业各项事务决策的表决权，大力支持重塑文君品牌。二是培育地域特色品牌。加大政策扶持，支持川酒、金六福、一坛好酒、有缘坊、古川、渔樵仙等重点企业提升市场拓展能力和覆盖面，努力将这些地域品牌打造为邛酒产业的先锋型品牌。三是积极发展贴牌生产。区域内部实力较弱的企业要积极拓展贴牌市场，全力争取国内著名品牌酒企业的生产订单，打造有影响力的白酒产业贴牌生产基地，推进原酒产能向品牌酒产能的区域内一站式转化，增加邛崃品牌酒产量。

3. 切实推进区域原酒品牌"三向拓展"

进一步优化原酒发展战略，将原酒经营策略细分为"品牌原酒、要素原酒和商品原酒"三大方向，分类引导扶持区域内企业发展。一是品牌原酒。以古川、渔樵、有缘坊等一批有一定规模的企业为培育重点，鼓励其把大成都作为市场腹地，精心培育呵护一批自有"原酒"品牌，建设完整的经销商体系，以成品酒的营销思路销售"原酒"，争取在一定时期内取得较大突破并逐渐拓展区域外市场。二是要素原酒。定位于全国基酒的卓越供应商，鼓励企业通过技改等方式建设一批优质基酒窖池，切实把"邛酒"优质基酒的产量做上去，与宜宾、泸州等地基酒供应商正面竞争市场份额。出台实质性的扶持政策，鼓励外来企业对邛崃原酒企业进行股权投资、兼并重组等，力争将更多酒类品牌引入"邛酒"产区，打造邛酒产业商业闭环，从生产到销售促进邛崃基酒产业转变经营模式。三是定制原酒。针对普通消费者"买不到纯粮酿造好酒"的消费痛点，鼓励原酒生产企业定位于健康饮酒的大众消费饮品，以"纯粮酿造原酒"为主要卖点，瞄准旅游消费、商务消费等细分市场，以定制的方式推出一批品质优异、价格实惠的原酒消费品，面向零售环节拓展销售空间。

（二）积极构建"邛酒"产业生态

搭建白酒产业链相关生产性服务专业机构体系，强化部门联动政策支持，凝聚政府、企业、社会合力，通过推进公共平台建设、加大资金投入等方式，促进区域块状经济向现代化产业集群加速转型。

1. 明确发展战略，高标准确立目标

一是坚持高起点、高标准定位抓好"邛酒"顶层发展规划，开展优质白酒产区创建工程，编制出台《邛崃市白酒产区生态发展规划》，编制产业发展路径图、产业链全景图、招商引资目标名录图，健全优质白酒生态圈建设方案及建设行动计划，推进市级相关部门积极投入白酒产业生态圈建设。二是效仿郫都区将豆瓣酱产业提升到川菜产业高度进行整体打造并获得上级政府大力支持的实践经验，依托"邛酒"历史传承属性及现实发展基础，以"邛酒"为由积极争取创建成都市的历史经典产业传承发展示范区，为"邛酒"产业发展创造更多政策机遇，并借鉴浙江省打造历史经典产业的措施和做法，为企业做大做强提供优质发展环境。

2. 着眼创新发展，增强核心竞争力

一是积极推进技术研发创新。推动区域内重点企业与高校、科研院所联合开展邛酒基础性研究工作，围绕邛崃冰川水、峡谷地、黄泥窖等产业发展共性基础展开研究并形成学术成果公开发布，围绕微生物发酵技术、制曲技术、勾调技术、蒸馏技术以及白酒循环经济等关键技术领域开展前沿技术攻关，加快推进酿酒工程新技术的研究与应用，力争取得一批行业领先的自主知识产权，形成邛酒产业链条中实力最强、价值最高、最具竞争力的重要一环，打造全川顶级的酿酒工程技术研发高地。二是积极推进生产工艺创新。以推进实施《邛崃浓香型白酒原酒生产技术规范》为关键抓手，推进区域内亿元以上企业研发机构全覆盖，推动规模以上白酒企业生产智能化、自动化改造。鼓励支持企业和科研院所积极参与白酒酿造技术、风格感官等国家标准、地方标准等行业标准和国家、省重点研发计划的制定，增强邛酒酿造话语权。

3. 加大招商引资，构建优质产业链

一是聚焦行业龙头招大引强。梳理和分析酿酒行业内重点引进企业的名单，按企业入驻可能性确定优先级别，开展精准招商；政企联合招商，积极吸引更多品牌酒企业与邛酒企业开展原酒供应、贴牌生产等方面合作。二是招引智能制造领域配套。围绕酿酒工业智能制造领域，招引产

着力打造全市全省知名的白酒工业园。

业链中、下游企业，引进一批邛酒产业发展的关键配套项目，补齐邛酒现代化酿造关键产业链条短板。三是招引产业生态圈功能性要素。认真梳理区域白酒产业生态圈所需功能要素，大力引进白酒产品设计、法律咨询、物流配送、文化发展、广告公关等功能性项目，促进白酒产业生态圈良性发展。

4. 立足持续发展，提升产业承载力

一是着力打造中国名酒工业园。加快水井坊全产业链基地项目、环球佳酿酿酒基地、光明集团360亩酿酒基地及总部等项目建设，建立健全以白酒酿造为核心，涵盖酿酒科研、智能装备、广告包装等领域的区域优势产业集群，健全科技孵化体系，引导专业技术服务、科技信息交流、科技培训、知识产权服务、科技评估和科技鉴证等科技服务机构聚集，着力打造全市全省知名的白酒工业园。二是倾力建设产业支持平台。推动完善"邛酒"标准体系，促使全市中小企业提升产品品质；加强与中科院成都生物研究所、四川省食品研究院等科研院所长期合作，围绕技术研发、管理咨询、信息交流、标准完善等领域建立技术服务平台，支撑邛酒企业发展；加快推进与四川理工、四川大学等省内外高校院所深度合作，搭建邛酒产业发展专家委员会，共建酒类新型产业技术研究院，打造创新高地和技术壁垒。三是重点发展白酒专业平台。建设成都白酒交易中心、原酒仓储基地、白酒物流中心等专业市场，健全评级、定价、销售、仓储等功能，以推动我市掌控原酒定价权。加快建设基酒投融资、成品酒投资和电子商务等平台，为邛酒的创新发展奠定基础。

5. 面向产业环境，健全生态圈要素

一是高效率提供"邛酒"产业金融支持。联合各级投资性、开发性金融机构，积极开展原酒收储、白酒金融、股权投资、原酒质押等业务，成都市和邛崃市两级政府联动，设立白酒产业发展基金，积极探索建设"省外名优品牌＋邛崃品质基酒"基金，为白酒企业发展提供资金支持。持续完善政银担企合作机制。由市政府出面，联合银保监、金融机构完善政银担企合作机制，推动建立银行对白酒企业的绿色贷款通道，完善知识产权等无形资产评估、担保、质押贷款机制，为白酒企业去杠杆、降成本。建立白酒产业风险基金和保险基金，防范经营过程中出现各种风险，消除金融机构后顾之忧，让金融机构能放心大胆地为企业提供各种金融服务。二是高水平提供"邛酒"产业人才支持。依托江南大学、四川理工等的学科优势和师资优势，设立面向酿酒科研、加工制造、运营服务、供应链管理、商务营销及其他相关行业一线岗位的学科专业，形成覆盖整个生态圈的职业技术人才培养体系，探索建立高校、职业技术学校与企业之间的产教融合、协同育人模式，采用订单培养、预就业等方式，建设邛酒学院等人才培养基地。拓宽人才引进渠道，完善生活、落户、子女入学等方面配套政策吸引产业人才到邛崃工作，设立白酒文化创意基金吸引文化创意人才到邛崃开展"文化＋白酒"相关活动，利用股权激励、专项补贴等方式引进酿酒大师、品酒大师等高端产业人才。

6. 加强开放合作，提升产业软实力

一是与宜宾、泸州共建产业发展新格局。搭建与宜宾、泸州的白酒产业发展联动合作平台，进一步构建"研发、酿造、经销"全川一体化酿酒工业全产业链条，推进三市酿酒工业高端化发展、差异化发展、集群化发展，加快形成以宜宾、泸州、川西平原为主导的四川白酒工业体系。二是大力拓展区域内白酒经销市场。积极争取省、市支持，为推进邛崃优质白酒进入成都地区商务消费主流市场创造更便利的途径；积极融入并依托"四川原酒产业联盟"，发挥文君、古川、渔樵、有缘坊等区域领军企业优势，从周边市场入手，逐渐在整个西部地区乃至全国市场全面参与行业竞争，争取在西南、西北等地区获得更多市场份额。三是积极开展技术合作。

充分对接区域内原酒企业的供应对象企业，积极促成跨区域、省市间的创新资源共享和产业链合作，加快推动实施一批联合孵化项目、共建一批联合创新平台。支持区域内企业参与科技重大合作项目、承接行业领先技术转移和促进自主技术对外推广。

（三）积极延伸"邛酒"商业价值

顺应产业融合趋势，推动产业集群与区域经济资源良性互动，深度挖掘邛崃特有的地域文化、自然风光等资源，推动产业融合催生一批以"邛酒"为基础的新业态、新模式。

1. 积极推进酒旅融合发展

一是鼓励文君酒庄、川酒酒庄、大梁酒庄、古川酒庄、源窝子酒庄等精而美酒庄建设，鼓励和支持其开发特色酒庄酒产品。在此基础上，深入挖掘邛崃现有旅游资源，建立"互联网＋酒庄＋旅游"复合模式，打造几条"白酒＋生态旅游（红色旅游、乡村旅游）"精品线路，打造邛崃酒庄生态旅游圈。二是旅游部门及产业主管部门要联合组织各种形式的酒文化节庆活动、赛事以及消费类展会，广泛吸引成都范围内消费群体积极参与，促进白酒产业和旅游产业的融合创新发展。

2. 全力传承发扬邛酒文化

依托"邛酒"悠久的历史文化，推动"邛酒"从单纯制造业到服务型制造的转型。一是打造邛酒文化中心。依托成都临邛文博创意产业示范区建设，按照"蘸着文化卖白酒"的经营模式，大力培育平乐、卧龙两大白酒文化特色小镇，建设"匠师工作室"（酿酒大师、陶瓷艺术大师、设计大师等），加快"邛酒"走向个性化定制消费市场。二是建设邛崃白酒博物馆。为全面宣传邛酒，可规划建设邛酒博物馆，一方面着力向全国展示"邛酒"历史文化、酿造工艺等方面的发展历程，另一方面也广泛收集世界各地白酒产业发展的相关展品，打造邛崃文化旅游的又一个标志性景点。

3. 全面融入现代消费模式

一是出台相关政策措施，引导和鼓励区域内企业融入"互联网＋"、直销、个性化定制产品服务、产品众筹、酒类投资收藏、用户直连制造等产业新模式，打造一批原酒连锁零售模式、商会合伙人众筹、特色化原酒连锁零售等模式的示范店，加快传统白酒产业与新技术、新业态、新模式融合，鼓励和支持谷小酒、崃一口等创新型白酒品牌快速发展。二是积极推进"邛酒"企业与域外资本合作，促进1919、环球佳酿等财团参与"邛酒"发展，推动区域内外原酒生产端、金融资本端、产品销售端的有机链接，着力健全生产、销售同频共振的共赢发展模式。

（四）积极推进"邛酒"行业治理

增强政府更深层次参与"邛酒"产业发展各微观方面的服务能力，促进企业、协会在产业宏观决策中发挥更深度的作用，构建政府、企业、第三方组织共同参与、协同共促的"邛酒"产业治理体系。

1. 切实开展扶优限劣行动

围绕白酒产业生态圈建设，加快推进酒业园区集聚、优化发展。一是以园区内 20 余家规上白酒企业为支持重点，出台奖励措施（如税收首次达到一定额度即给予相应百分比奖励等政策），鼓励重点企业进一步发展壮大。二是用好用活环评政策，积极通过环保政策对散布于全市各乡镇的中小白酒企业进行整改，将不合规、不合法，粗制滥造、以次充好的白酒企业剔除出邛崃白酒产业，同时要注重利用这些企业的证照资源引进产业资本入驻，以进一步充实"邛酒"产业。

2. 切实加强政府综合治理

一是积极发挥成都邛酒产业发展领导小组的作用，领导小组各副组长要与"邛酒"重点企业建立一对一联系机制，领导小组定期组织与企业的联席会议，与企业保持及时畅通的联系。加强企业发展软环境建设，严令禁止乱检查、乱评比、乱摊派行为，为企业发展营造良好环境。二是督促企业严格按照《邛崃浓香型白酒技术规范》进行生产，相关部门按照统一的技术规范加强产品检测，只有抽样检查合格的白酒企业的产品才允许流入市场进行交易，通过规范邛酒市场，树立质量为先、品质为魄的理念，全面提高邛崃白酒的整体质量，为邛酒的进一步发展打下坚实的基础。

3. 切实推进产业自主治理

一是进一步明晰邛酒集团和邛崃酿酒协会职能任务，强化、充实酿酒协会，研究制定整合邛酒相关平台工作方案，深化调整和完善邛酒集团、酿酒协会机构职能职责和运行机制，解决整合功能不强、发展路径不明、职能任务不清等问题。二是邛崃白酒行业协会和白酒生产企业订立行业公约，建立原酒企业群体自律组织，规范市场行为，推动集群内原酒企业整体提升，杜绝有损整个行业长远发展的行为，重新塑造邛崃白酒新形象，逐步掌握原酒话语权，为将邛崃打造成为全国基酒卓越供应商集聚区提供有力保障。

邛崃白酒产业跨越发展的战略研究

舒显奇

邛崃酿酒历史悠久，文化底蕴丰厚，在四川乃至全国酒业以及酒文化的发展史上有着举足轻重的地位。得天独厚的白酒酿造环境，以及源远流长的邛酒文化，赋予邛崃白酒产业巨大的发展潜力。20世纪90年代，邛崃曾出现过大大小小共千余家酿造原酒的酒厂，邛酒畅销全国20多个省、市、自治区，并吸引了众多名酒厂到邛崃发展，邛崃原酒为全国酒类行业众多知名品牌的形成和发展奠定了坚实的物质技术基础。然而，邛崃白酒产业发展并不是一帆风顺的。2001年以后我国酒业政策的调整，给整个中国白酒产业带来了不小的冲击，缺乏核心竞争力的邛崃白酒产业发展迅速陷入低谷。邛崃的酒厂基本上是在小作坊的基础上发展起来的，生产主要定位在粗放的原酒供应上，大多缺乏对品牌的精心打造和长远规划，导致邛酒生产长期处于一种高投入、低产出的粗放型生产模式。再加上中小企业各自为战，同质化的相互恶性竞争，导致邛崃白酒企业发展缓慢，整体竞争力不强。

近年来，邛崃借助四川省委、省政府"打造中国白酒金三角、建设千亿元产业"的重大机遇，充分发挥邛酒产业优势，有力地推动了白酒产业的快速发展。当前和今后一段时期是邛崃白酒产业发展的重要阶段和关键时期，通过对邛崃白酒产业发展的优劣势及面临的机遇和挑战进行系统的分析，进一步明确邛崃白酒产业发展的定位和总体思路，并提出具有操作性的对策建议，无疑具有非常重要的现实意义。

作为国内最大的白酒原酒基地，高峰时期邛崃拥有 30 万吨的原酒产能。

一、邛崃白酒产业的发展现状

近年来，邛崃市以四川省委、省政府"打造白酒金三角"的宏观产业战略为依托，明确提出了"振兴邛酒产业，实现邛酒产业二次创业"的发展目标，加大招商引资力度，扶持龙头企业，调整产业结构，重点打造名酒工业园，并取得了明显的成效。目前邛崃拥有酒类生产、销售企业 700余家，其中酒厂超过 400 家，引进了法国轩尼诗酒业、湖南金六福酒业、四川水井坊酒业、重庆诗仙太白酒业、河南赊店酒业、内蒙古蒙古王酒业有限公司、湖北枝江酒业、上海神仙酒业、河南汝阳杜康酒业、山东泰山生力源酒业等国内外知名酒业品牌。邛崃酿酒产业已初具规模，产品远销全国各地和一些东欧国家，拥有固定资产 20 多亿元，2010 年邛崃白酒总产量 7.09 万千升以上，主营业务收入 13 亿元以上，完成税收 1.86 亿元，占全市财政收入的三分之一，邛酒已成为邛崃经济的特色产业和支柱产业。但是，从总体上看，邛崃白酒产业发展规模仍然偏小，2010 年邛崃白酒总利税 1.86 亿元，还不到四川省白酒总利税 261.32 亿元的 1%。与泸州、宜宾等地区相比差距更为突出，2010 年泸州和宜宾酿酒行业主营业务收入分别达到 600 亿元和 500 亿元，超出邛崃酿酒行业主营业务收入几十倍。立足现实，突出重点，错位发展，进一步做大做强白酒产业，无疑是邛崃市当前发展提升特色产业面临的紧迫任务。

二、邛崃白酒产业的发展基础

邛崃白酒生产的历史已有 2000 多年，其得天独厚的酿酒条件和博大精深的白酒文化，使之成为国内最著名的原酒生产基地，再加上其独特的区位优势和近年来邛崃市政府不断完善的政策环境，使邛崃白酒产业发展具有较为突出的比较优势。

（一）源远流长的白酒文化

邛崃酿酒历史悠久，文化底蕴丰厚。邛崃有灿烂的酒文化，早在春秋战国时期，邛崃就有了酿酒的记载。历朝历代的骚人墨客及历史记载都把邛酒和临邛联系在一起，为邛酒写下了脍炙人口的诗章，生动地描绘了邛酒的醇香扑鼻，品质上乘，令人赞不绝口。西汉时卓文君与辞赋大家司马相如在临邛当垆卖酒，传为千古佳话。李商隐的"君到临邛问酒垆"，牛峤的"卓女烧春浓美"，杜甫的"酒肆人间世，琴台日暮云"，韦庄的"翠娥争劝临邛酒，纤纤手，拂面垂丝柳"，陆游的"一樽尚有临邛酒，却为无忧得细倾"等都生动地说明了邛崃酿酒不仅历史悠久，文化底蕴丰厚，而且质量上乘，千百年来久盛不衰。

（二）得天独厚的白酒酿造环境

邛崃有着适合酿酒产业发展所需的得天独厚的自然环境，水质、土质、气候俱佳，加之酿酒技艺的精湛，酿酒、饮酒文化的深厚，使得邛崃成了名闻天下的著名酒乡。邛酒之所以质量上乘，其中的秘诀是邛崃有五大酿酒优势：即水质好、土质好、气候好、空气质量好、微生物环境好。经检测，邛崃水质富含铁、锰、铜、锌、铝等矿物质，pH 值呈弱碱性，硬度较小且储量丰富，非常适合酿酒；同时，邛崃土壤肥沃，土层深厚，结构性好，熟化度高，矿物养分含量较丰富，用中性微酸的优质黄壤粘土建窖培菌，可为微生物提供足够的养分；在气候、空气方面，邛崃属于亚热带季风气候，空气温和湿润，年平均气温 16.4℃，日照量少，全年空气优良天数达 358 天、优良率达 99.2%，同时空气流动相对稳定，为空气中的微生物提供了缓流和沉降的生态系统，为酿酒微生物的富集和生长繁殖提供了良好环境；此外，邛崃是国家级生态示范区、四川省环保模范城市。全市森林覆盖率高达 42%，植物种类繁多，非常适宜于有益微生物繁衍。

（三）良好的产业基础和市场影响

邛崃具有"全国最大白酒原酒基地""中国酒源"等美誉。凭借资源、自然条件和技术的优势，多年以来，以原酒闻名的邛酒畅销山东、安徽、江苏、河南、河北、内蒙古、新疆、湖南、湖北等 20 多个省、市、自治区，并吸引了众多名酒厂到邛崃发展，邛崃原酒为全国酒类行业众多知名品牌的形成、发展奠定了坚实的物质技术基础，得到了全国各地客商和消费者的普遍认可。中国食品工业协会评价邛酒"产品畅销全国，为中国白酒工业的发展做出了重大贡献"，并授予了邛崃"中国最大白酒原酒基地"称号。

（四）优越的区位优势

邛崃市位于成都平原西南部，距成都市区65公里，在成都市"半小时经济圈"内，是成都市重点发展的中等城市之一，相对于泸州、宜宾，无疑具有得天独厚的区位优势。尤其是近年来邛名高速的开工，成新蒲通道的建设，川藏铁路的规划，使邛崃区位优势更加突出。成都西部区域经济中心的地位得到大幅提升，成都作为西南地区的中心城市，其巨大的消费能力和地域优势为邛崃白酒产业发展提供了良好的区位优势，由此带来的拉动效应，将会对邛崃白酒产业快速发展产生巨大的推动作用。

（五）良好的政策环境

邛崃市委、市政府对白酒产业极为重视，出台了一系列措施支持白酒企业发展，为邛崃白酒产业发展提供了有力的政策支撑。一是为保证白酒发展的智力支持，邛崃市委、市政府积极组织国内知名专家、学者开展邛崃白酒的专题学术研究，结合邛崃区域范围内特有的水、土、大气、气候、微生物等资源，对邛崃酿造优质白酒的条件进行科学分析论证，编制邛酒酿造报告。二是为扩大产业影响，市委、市政府通过《香港商报》《四川政协报》等新闻媒体，大力向外推介邛酒的资源优势、历史文化、名酒园区、优惠政策，扩大了邛酒的影响，提升了邛酒的知名度，增强了招商引资的吸引力。三是为解决本土企业的融资难题，邛崃市积极探索骨干企业原酒质押融资方式，拓宽白酒中小企业融资渠道。对年纳税50万元以上，管理规范、账务健全，但是抵押担保物和原酒质押物不足的企业，积极争取成都市中小企业担保公司用联保的方式提供贷款担保。四是为规范邛酒市场，营造白酒产业发展的优良环境，邛崃加大了对无证、无照、不具备生产条件小企业、小作坊的规范整治力度。出台了《关于规范整顿邛酒市场秩序的意见》，依法加强税收征管，有效遏制了异地开票、相互诋毁行为，捣毁了制售假酒窝点，创造了公平竞争的市场环境，提振了酒类企业做强做大的信心，促进了邛酒产业的健康发展。

（六）中国名酒工业园区建设初具规模

2008年底，为推进白酒工业发展，邛崃规划了全成都唯一的名优白酒酿造基地——"中国名酒工业园"，这也是四川省确定重点培养的名酒

2008 年底，为推进白酒工业发展，邛崃规划了全成都唯一的名优白酒酿造基地——"中国名酒工业园"，这也是四川省确定重点培养的名酒产业集群之一。

产业集群之一。该园区位于邛崃卧龙镇，规划面积 5 平方公里，园区环境优美，资源丰富，尤其适合白酒酿造产业发展。整个酒业园区规划有道路、天然气站、消防站、质检站、仓储物流中心、酒文化博物馆等基础配套设施，已累计投入资金约 1 亿元。建成有 G318 国道改造的酒业园区段及市政配套工程、日供气 50 万立方米的天然气配气站工程以及电力、通讯、给排水等配套工程，为进入园区投资发展的名酒企业提供了良好的基础设施保障。截至目前，邛崃名酒工业园区已入驻酒类企业 20 家，固定资产总投资 64.44 亿元。随着众多国内知名酒企的加盟，邛崃"中国名酒工业园"已俨然成为中国名优白酒的"俱乐部"，白酒酿造产业初具规模，已形成特色产业集群，成为邛崃经济的特色产业支撑。

三、邛崃白酒产业发展存在的主要困难

虽然邛崃白酒产业发展具有诸多优势，目前的发展势头也十分可喜，但不容忽视的是，在国内白酒产业发展竞争日趋加剧的背景下，邛崃白酒产业发展中存在的下述困难和问题，正不可避免地显现出来，并且在一定程度上构成了影响和制约邛崃白酒产业进一步发展壮大的重要瓶颈。

（一）技术含量较低、企业规模小

通过近年来的快速发展，邛崃已经形成一批有规模、上档次的白酒企业。但是总的来看，邛崃的大部分白酒企业是从小规模的简陋农村作坊基础上发展起来的，企业结构和产品结构不稳定，企业规模小，缺乏品牌，市场占有率和知名度低，大多数企业仍然处于一种高投入、低产出、高消耗的生产方式；并且以生产散酒为主，缺乏市场竞争力，缺少市场占有份额。一些小企业为求生存，往往在市场竞争中相互杀价、恶性竞争。小企业数量众多、各自为战，再加上技术水平不高，创新能力不强，发展后劲明显不足，严重地制约着整个邛酒产业的稳步发展与快速提升。

（二）企业开放意识不强

邛酒本地企业品牌意识依然淡薄，封闭式发展特征明显，开放意识不强。目前全市白酒装瓶率不到 50%，很多家族企业不愿意主动出击也不愿意被兼并，散酒大多成为别的企业贴牌生产的原料，产品供不应求，在一段时间内企业并不存在生存危机，但是，由于散酒价格较低，缺乏品牌优势，企业将面临盈利能力弱，长期发展缺乏无形资产储备以及其他企业发展壮大的竞争压力。由于 1999 年以后新建酒厂一律不发酒类生产经营许可证，许多投资者看中了邛崃酒厂的"壳"资源，愿意投资，可是许多

抱团亮相全国糖酒会，川酒成都产区邛崃以酒企酒庄独立形象展示位的形式开启邛酒振兴新篇章。

本地酒厂不愿合作，外来投资者想要购买小酒厂往往也难以如愿。目前邛酒发展中严重缺乏一批大胆开拓、善于经营的高素质企业家和经营管理者，导致白酒产业难以实现跨越发展。

（三）物流水平有待提高

目前，邛崃的物流水平发展仍然较为滞后，物流体系远未完善，一定程度上制约了邛崃白酒向外辐射的需要。由于目前邛崃物流服务的社会化和专业化水平仍然较低，完善的物流公共服务平台、物流通道等基础设施仍未建立起来，更缺乏一批竞争力强、服务水平高的现代物流企业，这大大阻碍了邛崃白酒产业区域竞争力的提升和市场份额的扩大。

（四）酒文化挖掘不足

深厚的邛酒文化与邛酒产业发展脱节，是邛崃白酒产业发展总体滞后的突出表现之一。现实表明，邛崃白酒发展中品牌文化发掘不足，宣传手段单一，未能塑造出独具邛酒特色的文化形象和区域符号，直接制约了白酒品牌的打造与提升。此外，由于邛酒包装普遍档次低，工艺质量不高，

邛崃作为国内最大的原酒供应基地，在原酒供应方面具有得天独厚的优势，必将有利于邛崃白酒在日后以品牌和品质拉动的竞争中站稳脚跟。

外观形象欠佳，也必然彰显不出白酒品牌的档次与文化内涵。

四、邛崃白酒产业发展面临的重要机遇与挑战

未来一段时期，邛崃白酒产业发展将进入一个快速发展的时期。四川省提出并实施的"白酒金三角"战略，原酒需求量的不断扩大将给邛崃白酒产业发展带来新的发展机遇，但同时外部竞争压力的不断加大和政策环境的不完善也给邛崃白酒产业发展带来了巨大的挑战。

（一）实施"白酒金三角"战略推动白酒产业重构空间布局

2008 年 8 月，四川省委主要领导在宜宾和泸州调研时，根据四川经济发展战略规划，因地制宜地做出了"发展川酒，打造长江上游名酒经济带和中国白酒'金三角'，为实现四川食品工业大省向食品工业强省转变而努力奋斗"的重要指示。作为千年"酒乡"，曾经在四川乃至全国酒业以及酒文化的发展史上有着举足轻重地位的邛崃，是四川省委、省政府打造长江上游千亿白酒产业的重要地区，完全有条件紧紧抓住这次重要机遇，充分发挥自身优势，以中国名酒工业园为重要依托，通过传统工艺与现代科技相结合、技术与市场相结合，推动产品技术升级，把邛崃打造为长江上游白酒经济带重要的支撑点，构建起泸州、宜宾和邛崃川酒"三角"共立的格局。

（二）优质白酒产业持续扩张导致原酒需求不断扩大

当前国内白酒优质高端化发展趋势明显，而优质白酒的酿造离不开好的原酒，高品质原酒的生产受周边自然环境的影响很大。目前国内的白酒企业有一半左右没有能力生产原酒，采取外购方式。原酒的供应和质量将成为白酒企业未来产能的瓶颈。邛崃作为国内最大的原酒供应基地，在原酒供应方面具有得天独厚的优势，必将有利于邛崃白酒在日后以品牌和品质拉动的竞争中站稳脚跟。对于外地白酒企业，在邛崃投资建厂不仅能实现空间转移，更可以降低经营成本。优质原酒需求的快速扩大无疑是邛崃必须充分把握的重要机遇，应当更有效地鼓励和支持有实力的外地白酒企业参与邛崃白酒产业的投资和开发，以兼并、联合、拍卖、租赁等方式促进企业重组，盘活存量资产，实施低成本扩张，尽快做大做强白酒产业。

（三）白酒产业竞争高端化趋势日益明显

近年来随着人们生活水平的提高，白酒消费呈不断升级的趋势，名优白酒的销售量快速增加。据统计，2005~2010年中高档和高档白酒的复合增长率分别达到5%和8%，远高于经济型和中低端白酒，名优白酒企业近几年的销量增速更高于行业平均水平，说明白酒消费升级中品牌化、名优化的趋势显著。根据市场调查，中高端产品的消费群对价格不敏感，更注重追求产品的高价、高质、文化底蕴。消费观的这一重要变化不仅将促使白酒企业在将来不断挖掘各自品牌的价值，提升品牌的文化内涵；而且随着白酒行业高端化的趋势日益明显，行业整合步伐将进一步加快。邛崃白酒行业集中度低，数量众多的小酒厂质量安全保证能力差，无序竞争现象严重，对邛崃白酒的整体形象产生了不利的影响。高端化竞争的加剧对邛崃白酒产业发展既是一个严峻挑战，但同时也是一个重要机遇。关键是必须能够真正做到审时度势，随势而为，有效加快企业并购步伐，大力提高行业集中度，显著提高邛崃白酒产业的区际竞争力。

（四）产业竞争压力不断加大

近年来，邛崃白酒产业面临的竞争压力不断加大。首先，四川省内宜宾、泸州等地发展基础良好，优势突出。其次，省外的"茅台"及黔酒势力日渐强大，黄淮板块也快速崛起，浓香型白酒风格分流，区域品牌对全国市场分割与垄断，各地自产原酒能力恢复，鄂酒多路进军四川市场，嫁接川酒独具的资源优势、技术优势、人才优势、环境优势。同时，随着消费者对健康消费的日益关注，葡萄酒、洋酒等都对高端白酒形成了明显的

不断优化原酒酿造总部的经济软硬件环境建设,吸引更多的名酒企业总部入驻。

替代,白酒市场面临的不断加大的替代品竞争压力也同样影响着邛崃白酒产业发展。

(五)政策支持力度明显偏弱

在政策上,国家和省级对白酒产业的支持政策主要是通过对五粮液、泸州老窖、剑南春等名酒龙头企业的支持来带动行业发展,由于原酒企业普遍分散,因此政策上支持力度相对较小,尤其是金融支持不足的矛盾表现得特别突出。原酒企业多为中小型企业,其生产规模普遍达不到各大商业银行的放贷标准,虽然当地政府十分重视本地重点企业融资难的问题,也力所能及地采取了一些应对措施,但是大多数原酒生产企业仍然难以获得急需的贷款,融资难依旧是邛崃白酒产业发展中比其他方面更为突出的矛盾。

五、邛崃白酒产业跨越发展的战略思路

如上所析,在新的形势下,邛崃白酒产业既面临前所未有的重大机遇,也存在不容忽视的严峻挑战,必须正视发展中的突出矛盾,立足比较优势和现实基础,合理确定如下推进白酒产业跨越发展的宏观战略思路。

（一）以错位发展为理念破解外部竞争

随着白酒产业步入新的发展期，产业竞争越来越激烈，贵州、江苏等省份出台了一系列促进白酒发展的政策措施，白酒产业快速发展，一定程度上挤压了川酒市场。省内的宜宾、泸州等把白酒作为重要产业来培育，都在抢建全国白酒制造基地。同时丰谷、江口醇等企业正在打造全国白酒企业20强。在激烈的竞争中邛崃白酒产业想要实现突围与突破，难度很大。只有另辟蹊径，错位发展，重塑优势。应进一步细分市场，发挥邛崃独特的原酒优势、良好的区位优势等，完善配套服务，吸引国内外知名白酒企业到邛崃设立总部，把邛崃打造成引领全省、辐射西部、影响全国的原酒酿造总部基地，使邛崃白酒产业走出一条优质、高效、内涵的发展道路。

（二）以打造园区为基础促进产业集聚

以建设原酒酿造总部基地为导向发展邛酒产业的关键，在于是否能筹集到吸引企业的战略资源，这些战略资源包括完善的体制和制度、较低的企业商务成本、丰富的劳动力和科研人才资源、完备的基础设施等。近年来，邛崃市加大招商引资力度，重点打造了中国名酒工业园，吸引了众多国内外知名酒企。要把邛崃打造成引领全省、辐射西部、影响全国的原酒酿造总部基地，还需要进一步以打造园区为基础，健全和完善公共服务体系和政策，不断优化原酒酿造总部的经济软硬件环境建设，吸引更多的名酒企业总部入驻。

（三）以优化配置为目标促进资源整合

应根据白酒产业本身的产业基础和产业环境进行合理定位，突出发展重点，建设形成分工合理、功能突出、配套完善、优势互补的产业空间布局、产业链，并以产业布局、产业链建设和重点企业发展为突破，优化发展环境，吸引更多的名酒企业入驻园区。应集中力量通过扶持龙头企业，拉长产业链，深化产业内部分工，完善配套项目，提高产业综合配套能力，在规划、资金、人才、园区建设等方面给予倾斜支持，形成白酒支柱产业和骨干企业群体，逐步形成具有比较优势的产业聚集区和产业带。

（四）以搭建平台为手段促进自主创新

要改变邛崃白酒企业技术含量低、企业规模小、人才缺乏的现状，就需要打造一批国家级白酒产业创新平台，提高企业自主创新能力，增加发展活力。联手国内外著名酒类企业、高校和科研院所，共同组建"国家白酒重点实验室""国家白酒工程技术研究中心"和"国家白酒企业技术中

加大原酒技术性人才和技术工人的培养，满足白酒产业发展提升需要。

心"，充分发挥科技创新作用和发展白酒酿造技术，形成白酒行业基础研究平台与成果产业化转换平台，为邛崃白酒产业的转型升级打造出新的创新载体。积极引进国内外企业高级管理人才和市场营销、资本运作等优势人才，打造优势企业决策、经营、管理和营销团队，同时加大原酒技术性人才和技术工人的培养，满足白酒产业发展提升需要，为邛崃白酒产业跨越发展构建核心竞争力。

依据上述战略思路，结合四川省"白酒金三角"战略的总体部署，邛崃白酒产业跨越发展的战略定位应为：依托名酒园区，突出原酒优势，完善配套服务，建设引领全省、辐射西部、影响全国的原酒酿造总部基地，使邛崃成为四川白酒产业发展中具有独特优势的快速增长区，在全省"白酒金三角"战略中快速崛起。

六、促进邛崃白酒产业跨越发展的保障措施

实现快速推进邛崃白酒跨越发展的战略目标，除了明确宏观发展思路和战略定位之外，必须针对仍然存在的主要瓶颈性问题，及时制定三个方面相关政策措施，以保障邛崃白酒产业的发展在较短时间内取得重大突破。

（一）加强集聚，促进合作

按照"集中办企业"向"集中办产业"转变的发展思路，以名酒工业园为平台，围绕酒业发展要求，鼓励企业横向整合，纵向延伸，推动骨干企业，优势产品和品牌集中的集群规模效应形成，积极推进酒产业的跨区域合作，加快培育特色鲜明的酒产业集群，以集群规模效应做大区域品牌。

1. 依托中国名酒工业园建设具有行业特色的总部经济区。通过政策配套与招工措施、培养模式的有机结合，大力改善园区劳动保障、交通、住宿等方面的状况，提升园区的人力资源吸引力和集聚力。

2. 积极推动白酒产业分工、协作与整合，以产业集群的规模效应做大区域品牌。加快名酒工业园区建设，积极引导园区内酒类企业和配套产业的兼并、收购、重组，以提高酒业发展集中度，加速白酒企业集群化进程和生产服务基地集聚效应的形成，为邛崃白酒区域品牌做大提供内在驱动力。同时进一步加强专业白酒产业集群服务体系建设，有效强化产业服务能力。

3. 大力提升区域内重点企业核心竞争力，强化区域品牌的支撑基础。加快白酒企业生产力促进中心、白酒企业 CIS 系统等公共平台建设，为重点企业核心竞争力的提升提供辅助系统。加快中国白酒行业基础研究平台与成果产业化研究平台建设，为促进重点企业核心竞争力提供技术支持与决策支持，全面提升重点企业核心竞争力。

4. 加快酒产业配套产业和专业市场的建设进程，依托中国名酒工业园打造一个集酒类包装、原料、基酒、成品酒等酒类产业链上的所有商品为一体的批发市场和集散中心。打造一批包括酒类终端商品、产业会展、酒类生产的原材料、辅助材料、酒类生产机械、工具、酒类包装等的酒类产业专业市场。

（二）优化配置，促进整合

针对邛崃白酒产业"小、散、乱"，资源浪费大、成本高、竞争无序、内耗严重的问题，应重点从以下几个方面加以突破。

1. 政府在白酒产业发展中既要遵循发展规律，又要强化行政管理，避免恶性和无序竞争，使白酒产业良性发展。应建立白酒行业准入与退出机制，推进白酒行业的有序竞争，实现低成本、高效益和资源利用最大化。

2. 出台适用、可操作的整合、兼并、重组政策，对白酒产业进行全面整合，彻底解决"小、散、乱"问题，使邛崃现有的数百家白酒企业分别形成 3~5 家骨干的龙头企业，实现资源整合，优势互补，合力创品牌。

3. 充分发挥龙头企业的带动作用，在政策、资金、项目和生产要素上予以重点倾斜，着力消除他们在资本扩张、资源整合和跨区域发展方面的障碍。充分发挥龙头企业资本扩张、产业聚集和产能扩散的能力，不断提高生产经营的集中度。

（三）完善政策，促进发展

坚持以政府的支持和引导为动力，加大推进力度，不断完善白酒发展促进机制，支持白酒产业快速发展。

1. 加强企业的人才队伍建设。认真研究落实促进酒业发展的人才支持措施，制定具体政策，鼓励优秀人才到企业，选拔优秀干部到企业，对企业的技术人才、管理人才和营销人才进行奖励，创造企业人才成长的良好环境。

2. 鼓励企业自主创新。对白酒企业获得国家级、省部级奖励的新产品、新技术开发，给予企业创新研发团队经济奖励。支持白酒企业开展科技创新活动，对企业在一个纳税年度内研发酿酒、包装的新产品、新技术、新工艺实际发生的技术开发费，未形成无形资产计入当期损益的，按照规定据实扣除的基础上，以研究开发费的 50%，在计算应纳税所得额时加计扣除；形成无形资产的按照无形资产成本的 150% 摊销。

3. 加大对白酒企业融资扶持力度，支持、鼓励各金融机构充分利用各自的业务优势，与重点白酒企业建立战略合作关系，将支持白酒企业的发展作为信贷业务发展的重点，在每年新增贷款中安排一定比例的资金支持酒业及相关产业的发展。创新金融产品，提高融资能力，对白酒企业积极落实票据兑现、贴现、存货、应收账款质押贷款，在风险可控的条件下，积极探索对白酒企业品牌等无形资产的质押贷款。支持建立白酒企业融资担保基金，积极培育、指导和帮助白酒企业进入资本市场上市直接融资，支持有实力的白酒企业按照国家有关规定发行企业债券和短期融资，允许白酒企业以股权融资、项目融资和资产证券化融资等方式筹集资金。

邛酒不平凡的探索之路

苏潮

一、邛酒历史悠久

中国的酿酒历史非常悠久。在近现代出土的新石器时代的陶器制品中，已有了专用酒器，表明原始社会我国酿酒已很盛行。

在《吕氏春秋》《左传》《华阳国志》中记载的"穷石""穷桑""瞿上"及敦煌古藏语和现在嘉绒藏语中的"琼"，都与"邛"古音相同或相近——"穷"最早见于甲骨文，应出自同一语源，意思是"崇拜神鸟的人家"或"邛氏""邛族"。"神鸟""大鹏金翅鸟"（金沙太阳神鸟）应该是"邛"字的正解，而且也应该是"邛酒"早期的源头。与古邛地多有联系、交往的夏禹王朝三星堆、金沙遗址出土的文物中，也有珲、杯、觚、壶等酒器。所以，有人说"邛"的意思是"盛产美酒的地方"，从引申的意义上讲也是有一定道理的。

让邛酒在历史上美名传扬且极具文化内涵的是卓文君与司马相如"琴音相通""当垆卖酒"的爱情佳话。

邛崃出好酒也与其地处自然气候环境宜人的北纬30度线上有关，即处于酿酒黄金地带。

但是，我国包括邛崃在古代所酿的酒都属于过滤酒，直到元末明初从西亚的土耳其一带传入蒸馏酒技术以后，我国才出现蒸馏白酒。

那么，联结、贯通几千年酿酒技艺或传统的应该是酿酒原料的相关性和源远流长的酒文化了——这是一个值得研究的历史文化现象。

二、邛酒发展历程

邛酒的生产和销售在中华人民共和国成立初期一直以家庭作坊的方

1951年，即以大全烧房旧址为基础，成立了国营四川邛崃酒厂。1985年改为四川省文君酒厂。

式存在和发展。1951年，即以大全烧房旧址为基础，成立了国营四川邛崃酒厂（1985年改为四川省文君酒厂），年产白酒最多时达千余吨。党的十一届三中全会以后，邛酒才真正焕发生机。其发展大致可以分为三个阶段：

（一）快速发展阶段：1981~1998

改革开放之初，以凤凰农工商联合企业创立为发端，带动了乡镇酒厂和个体小酒厂的发展。这些企业大多是以酿酒业开始或以酿酒为重点。1981年底，酒厂已发展到279家，年产白酒5836吨，其中曲酒3422吨。到1999年前后，全市酒类企业年销售白酒近10万吨。

1. 主要举措

1982年，县上成立白酒工艺改革领导小组，举办酿酒培训班，培养了一批烤酒、品酒年轻人才。由此，邛崃的浓香型白酒生产开始快速发展。

1985年，县党代会提出"举一业而兴天下"，明确了邛崃酒业的地位和发展方向。

1986 年，邛崃酒类工作会议召开，以酒业为代表的乡镇企业进一步发展壮大，达到上千家。

2. 主要成绩

（1）建立起辐射全国的销售网络。当时的白酒销售人员多达两三万人，大力发扬"千山万水、千辛万苦、千言万语、千方百计"的"四千"精神，打开了邛酒在全国的销售渠道。

（2）形成了一定规模的白酒产量。年销售白酒近 10 万吨。

（3）形成了一大批产业工人队伍。

3. 标志性事件

（1）1985 年，县酒厂更名为四川省文君酒厂。1989 年，文君酒退出全国名酒评比，沦为二线品牌。

（2）1990~1993 年，以临邛集团为主的原酒，支撑了央视标王孔府家酒的整个生产。邛崃原酒首度在全国市场亮相。

（3）1995~1997 年，以春泉集团为代表的邛崃酒企，为央视标王山东秦池供应原酒。《经济参考报》以《川酒滚滚流秦池》等五篇特稿，揭开了大型酒企对外采购原酒的真相。邛酒在全国名声大噪。

这是邛酒发展的一个巅峰时期。以一个区域生产的原酒支撑全国酒类市场与当时政府推出的两项措施分不开：一是改革工艺，形成产品质量优势。二是争取计税价格征税降低税负，形成价格优势。

（二）调整发展阶段：1999~2012

酒类产品及市场进入了结构调整期，邛酒进入阵痛性调整，其政策举措与成绩也体现在一系列标志性事件当中。

1. 文君酒厂改制

1999 年，市上决定文君酒厂改制，最终以 3600 万元将文君酒厂转让给蓝剑集团和剑南春酒厂。之后，剑南春又全部收购了蓝剑的股份。

剑南春入主文君酒厂之后，文君酒厂实质上沦为了剑南春的一个生产车间。

2. 成功申报"中国最大白酒原酒基地"

2000 年 3 月，中国食品工业协会授予邛崃"中国最大白酒原酒基地"称号。

3. 包机卖酒

2000 年 3 月，举办邛酒节暨邛酒飘香神州壮行会，市上组织邛崃酒

2000 年 3 月，在邛酒节上，邛崃被中国食品工业协会、白酒专业协会授予"中国最大白酒原酒基地"称号。

企包机前往西安参加春季糖酒会。

4. 建立白酒工业园区

2009 年，邛崃市成立了邛酒产业发展领导小组，正式启动中国白酒工业园区建设。

成都市酒业园区落户邛崃，与邛崃的早规划（2002 年左右即有相关规划），特别是大型品牌企业金六福的入驻密不可分。

5. 国家税务总局高度关注邛崃酒税

包机卖酒之后，国家税务总局专门组织精干力量对邛崃酒企进行深入核查。

从 1999 年到 2013 年这段时间，邛酒失去了中国白酒的黄金发展期。

（三）转型发展阶段：2013~2020

2013 年，中央八项规定出台以后，全国白酒行业直到 2016 年才开始回暖，邛酒也有了一定的新发展。这体现在相关的标志性事件当中。

1. 获得地理保护标志

2013 年，国家质检总局及中国轻工业联合会、中国酒业协会，先后向邛崃颁发了"邛酒地理标志保护产品""中国白酒原酒之乡"认证。

2. 组建白酒工程技术研究中心

2013 年，组建了成都市白酒行业唯一的公共科技服务平台——成都市白酒工程技术研究中心。

3. 水井坊入驻园区

水井坊的入驻，对酒业园区的品牌提升起到了积极的引领作用。

4. 建立邛酒菁蓉酒谷和邛酒集团

这为邛酒在转型升级形势下搭建了创新创业的新平台，但其作用没有得到应有发挥。

5. 出台扶持政策

邛崃市出台了扶持邛酒发展的相关政策，截至目前，已向酒企兑现产业发展扶持资金 2000 多万元。

（四）创新发展阶段：2020~2022

在头部白酒企业已经形成的市场格局下，邛酒面临着市场细分转型及消费升级的新一轮发展机遇期。针对这一趋势，市委、市政府提出了促进邛酒发展的一系列重大举措，这体现在相关的标志性事件当中。

2020年9月，邛崃市委、市政府在"书记龙门阵"与酒类企业发展专题座谈会上，提出了振兴邛酒发展新目标。

1. 大力振兴邛酒

2020年下半年，邛崃市委、市政府在"书记龙门阵"与酒类企业发展专题座谈会上，提出了振兴邛酒发展新目标，并于10月下旬，成立了以市长任组长的邛酒产业发展领导小组。制定议事规则、明确职责分工，定期召开联席会，专题研究解决邛酒产业发展中存在的问题，营造邛酒发展良好营商环境。

2. 建立酒业发展基金

为支持成都·邛酒产区发展，邛崃联合成都市产业投资集团等单位设立了50亿元的酒业发展基金。

3. 组建成都酒庄联盟

2021年4月，邛崃举办邛酒产业振兴发展大会暨成都首届天府酒庄文化周活动，正式组建了酒旅融合的成都酒庄联盟。

4. 设立邛酒发展中心

2021年7月，市上成立正局级事业单位——邛酒产业发展中心，以统筹全市酒产业的振兴发展工作。

2021 年 4 月，邛崃举办邛酒产业振兴发展大会暨成都首届天府酒庄文化周活动，正式组建了酒旅融合的成都酒庄联盟。

5. 成立成都酒业集团

2021 年 8 月，成都酒业集团公司正式成立，以成都酒业梦工厂公司、成都酒业投资公司、成都北纬三十度酒业公司整合邛酒资源优势，推进产区产业链与生态圈的加快形成。

6. 打造邛崃美酒季品牌

2021 年国庆，首届邛崃美酒季活动隆重举行，酒旅融合发展迈出了新的步伐。"邛酒"成功入选新华社民族品牌工程，邛酒产区也被赞誉为"黄金九度"。

7. 签约国际酒庄联盟

2022 年 5 月，在"蓉欧产业对话"中国（成都）—欧洲城市市长酒业论坛上，文君酒庄、古川酒庄、川池酒庄和入驻邛崃的金六福酒业、巴克斯酒业等通过"云签约"方式加入了拥有 30 多家国内外酒庄的酒庄联盟。

8. 举行首批"白酒新国标品质示范产品"发布会

2022 年 6 月，成都产区（邛崃）白酒质量智慧监管体系暨首批"白酒新国标品质示范产品"发布会在邛崃召开。

三、面临的主要问题

（一）邛酒的生产及质量不足以支撑全国市场

目前，全国年需白酒原酒 1000 万升以上（约 1000 万吨），年白酒消费接近万亿元级。在新的市场面前，邛酒的产量和质量都需要进一步提高。

（二）邛酒缺乏真正龙头企业的带动

邛酒虽然不乏区域性知名品牌，但所占市场份额与影响力极为有限，而且缺乏大额资本的进入及品牌企业的参与，难以形成文化等高附加值强势品牌的引领带动作用。

（三）酒业园区功能发挥不充分

酒业园区的孵化作用和品牌培育举措缺失。资源整合度不够，生产和市场方面的完整产业链没有形成，更没有很好地利用资本的撬动作用以发挥园区的集聚效应。

（四）一二三产业融合度不够

缺乏"贸工农一体、文博旅相融"的邛酒发展规划及资金扶持政策，尤其是如何引导与酒的生产、展示、体验、交易相结合的工业旅游和酒村、酒庄建设没有跟上，难以真正实现邛酒与一二三产业的互动融合与联动发展。

（五）邛酒聚合度下降

邛酒产业的聚合度不够，酒类企业的吸聚力减弱，直接影响了企业预期，导致了投入再生产的信心和动力不足。近年来，邛酒企业一直呈现净流出状态，名山、大邑、蒲江甚至宜宾等地都有外迁的邛崃酒企或投资者。邛崃的许多传统酒企也纷纷转型其他产业，难以形成新的产业集群。

目前，邛酒的发展虽然面临诸多困难与挑战，但挑战与机遇并存。我们相信：有邛崃市委、市政府的重视、关心与大力支持，有广大邛酒企业的创新创业与团结合作，邛酒的振兴大有希望！

黄金九度：邛酒美学的奥秘

成都酒业集团

中国白酒源远流长，邛崃因其独特历史渊源，在白酒史书上留下浓墨重彩的一笔。传承2300余年的酿酒技艺和美酒出产的极佳"黄金九度"条件，让邛酒以其独特的品质、醇厚的酒体、馥郁的留香让人沉醉其中。

邛崃为何出产美酒？

现代酿造学经过多年科学研究证明，温度、湿度、风速度、日照度、海拔度、土壤成分度、粮食品质度、水质度、酿酒工艺度，对美酒的酿造有着重大影响，它们被称之为酿造美酒的"黄金九度"。

邛崃三面环山，自然形成一片气候独特的山崖谷地。外围山脉在阻断西北寒风的同时，抬升东南暖风，形成充沛降雨，崖谷内气候温暖、湿润，空气流动慢，整个崖谷宛然一个天然的黄金酿酒窖池，形成了邛崃白酒产区的"黄金九度"——这，就是邛崃这片土地，为何能酿出好酒的关键。

黄金温度

浓香型白酒以52度为佳，酿制浓香型白酒一般要求年均气温在16℃~20℃，否则菌种容易死亡，酒料发酵难以实现。

邛崃地处盆地，群山合围，温暖，年平均气温16.5℃左右，拥有酿造浓香型白酒的黄金温度环境，有利于发酵菌群繁殖壮大，为邛酒提供更多香味物质。

黄金湿度

在美酒酿造过程中，成千上万种微生物参与其中。科研人员研究发现，65%~85%的湿度最适合酿酒微生物的生长，且尤以75%为佳。

邛崃地处河谷、水量充沛，日照少、蒸发小，空气终年湿润，各月相

邛崃拥有终年湿润的空气，富含丰富矿物质的黄壤土，以及一方好水等黄金酿酒条件。

对湿度 75%~87%，拥有酿造优质白酒的黄金湿度环境。

黄金风速度

过去有一句话，叫"酒香不怕巷子深"，现在它有了科学层面的不同解读。根据科学研究表明，风速小有利于白酒窖池微生物菌附着生长，酿造好酒一般要求风速在 5m/s 以下，最好是在 1m/s~3m/s 以内。

邛崃地处相对封闭的盆地，少风且速度低，年平均风速 1m/s~1.5m/s，在全国白酒产区中是风速最小的区域之一，拥有酿造优质白酒的黄金风速度环境。

黄金日照度

平日里用于杀菌的紫外线，在酿酒这一环节就会对微生物菌群造成极大的损害。优质白酒酿造地一般要求年平均日照时数小，在 1200 小时左右，以保证酿造过程中生物菌群的富集。

邛崃因地处盆地，日照时间相对较少，年平均日照时数在 1000 小时左右，是全国白酒产地中日照最少的地区之一，拥有酿造优质白酒的黄金日照度环境，在保证微生物菌群繁殖的同时，亦能保证它们的延续。

黄金海拔度

有高原反应的不仅仅是人，酿造美酒的粮食和微生物也是如此。优质白酒酿造区一般要求海拔高度在 300m~1200m 之间，且以 500m 左右为最优。

邛崃虽然周边群山环绕，但是中心地带是宽广的平原地区，海拔高度恰好在 500m 左右，拥有酿造优质白酒的黄金海拔度环境。

黄金土壤成分度

"千年老窖万年糟，酒好需得窖池好"，好的窖池除年份长以外，窖泥也是关键。土壤条件越好的窖池其微生物群就越富集，所产白酒品质也就越高。

邛崃，特有黄壤土，富含丰富矿物质，特别适合空气中和古窖池群中的微生物生长，这使得邛崃拥有酿造优质白酒的黄金土壤成分度环境。

黄金粮食品质度

"粮为酒之肉"，优质的粮食永远是酿出好酒的重中之重。现代科学表明，大米中较高的淀粉含量和较少的蛋白质和脂肪含量利于低温缓慢发酵。以大米为原料发酵，用白酒制作设备蒸馏出来的成品酒酒质较纯净。

邛崃优良的气候、地形以及土壤等条件为大米等酿酒作物提供了得天独厚的生长环境。作为成都平原上重要的农业生产地区，邛崃优质的大米为酿造优质白酒提供了黄金粮食品质度。

黄金水质度

"水为酒之血"，白酒酒体中含有的 1000 多种微量成分，许多源于水体本身。一泓好水可以成就一坛好酒，一方好水方能成就一片产区。

横断山脉海拔 4000 米以上的冰川融水，历经亿万年的砂滤矿化，形成亚洲最丰富的横断山脉矿泉水系。其水体富含钾、钠、锌、镁等十多种有益于人体的微量元素，非常适合酿酒。这赋予了邛崃酿造优质白酒的黄金水质度环境。

黄金酿酒工艺度

酿造黄金美酒除了天时地利之外，更需要人和。匠人们酿酒工艺技术水平及工艺本身的先进程度直接关系到白酒的品质。

川、贵地区是我国传统固态、半固态蒸馏酒酿制技艺的发祥地，邛崃，更是数千年来酿造浓香型白酒的集中区。邛崃酿造历史悠久、酿造工艺丰富、酿造水平高超，拥有酿造优质白酒的黄金酿酒工艺度环境。

当所有的条件都已齐备，那么邛崃产好酒这件事情就变得顺理成章。"黄金九度"是对邛酒全新的诠释，这是邛酒产区开启的新篇章。有理由相信，邛崃将充分利用"黄金九度""中国白酒原酒之乡"等产区资源创新表达，积极发声使邛酒新的形象扎根于消费者心中，重塑产区辉煌。

邛酒溯源

周恭

了解文明的起源和进程，一般可依靠三种方法：考古，典籍，口传。而在最后一种方法里，酒是重要的载体之一，因为它与构成文明的基础——谷物和水利有关，也与传承文明的主体——人休戚与共。从酒的本身也能推导或回溯文明的起源，折射出诸如神话原型、地脉气候、山川风物、阴阳五行、民风民俗、政治经济等。随着三星堆、金沙和邛窑遗址的深度发掘，灿烂的、可与中原文明媲美的古蜀文明再次引起世人广泛关注。释读这些远古文明的碎片，以酒为切入点的追寻方式，会不断呈现独有的内涵及其价值。

先秦时期：酿制皆为果酒米酒

自蚕丛、鱼凫开始，稻作文明日渐发达，古蜀王国农作物品种随之多样化，仅《山海经》记载的品种就有菽、稻、黍、麦、稷等。农业和手工业的不断兴盛，促进了酿酒成为独立的、规模较大的一个手工部门。而古蜀王国与处于大平原上的商朝，交往愈益频繁。在往来中，商周王朝设置的执掌酿造的官职，如《周礼》《礼记》才是提到的"酒正""酒人""浆人"等，被蜀国借鉴，酒的酿造趋于有序。

"邛"字在藏文中不仅是酒的意思，而且还有生产好酒的含义。邛人部落最早酿制的皆为果酒和米酒，一般为果实、粮食蒸煮，加曲发酵，压榨而后出酒。

聚居古临邛地域的先民也由渔猎、农牧，转为半永久和永久性定居生活，形成早期的农耕聚落。三代蜀王之后的杜宇王朝（约为中原的西周时期），"杜宇教民务农"，临邛先民开垦农地，栽桑养蚕，酿制醪酒。在生产、

《周礼》《礼记》的"酒正""酒人""浆人"等，被蜀国借鉴，酒的酿造趋于有序。

生活资料相对充裕的情况下，形成初级的商品交换，古临邛出现篱栅圈定的"市"，最早进"市"交易的便有邛酒。

公元前七世纪初，蜀地建立开明王朝。进入农业文明成熟时期的临邛，经济社会已较发达。公元前四世纪前后，九世开明帝迁入成都。此时，已形成"蜀身毒道"，即早期的南方丝绸之路，其西道经过临邛。邛酒通过古道运往外地，社会经济已较发达、交通地位已显重要的临邛，初步具备了筑城建置的条件。

酒在这个时期，不但工艺有了改进，而且还扮演了三个重要角色。一是祭祀，《华阳国志》载，九世开明帝"始立宗庙，以酒为醴"，将酒指定为祭祀天地山川、宗祖鬼神的媒介。二是酒作为一种奢侈品，堂皇地进入王室，这方面最好的旁证是殷纣王设"酒池肉林"的典故。三是贵为国礼，酒作为国家间友好往来的馈赠之物，后见于《史记·秦本纪》中"蜀人来赂"的记载。"赂"即馈赠，蜀国使者出访各国时所送的礼物中便有酒；诸侯与谋士私下交往，也常常以酒相互酬赠；史籍记载秦王与蜀王订约：秦犯夷，输黄珑一双；夷犯秦，输蜀酒一钟。可见酒已和金玉等价，在秦王眼里更非等闲之物，这足以说明酒的名气之大、价值之高。

秦汉时期：酒作坊多饮酒成风

秦惠文王更元九年（前316年），秦灭巴蜀。更元十四年（前311年），蜀守张若主持修筑了成都、郫城、临邛三座城池。郫城（今郫都区）和临邛（今邛崃市）两城相距100多里，与成都一道呈"品"字形，有鼎足之势，可互为犄角，构成军事防御体系。秦始皇二十六年（前221年），置临邛县。临邛西有芦山蕃夷侵扰之患，南有古称青衣的雅安蛮夷的威胁。因此，临邛的特殊地理位置，成为成都前沿重要的军事重镇。

临邛地处邛崃山东麓，为成都平原的一部分，海拔500米～600米，属于四川盆地中亚热带湿润气候区，年平均降雨量1117毫米，年平均气温16.5度，无霜期285天。气候温和，四季分明，冬无严寒，夏无酷暑，赋予酿酒微生物生长发酵的优越气候条件。

据唐代李吉甫编纂的《元和郡县图志》邛州临邛县条目中载"后卓王孙买为陶铸之所"以及邛崃城近年来发掘出土的"三株钱陶模"和酿酒用的土陶"过滤器"，史籍的文字记载与实物说明，早在2000多年前的西汉时期，邛崃就进行陶器生产，而且已颇具规模。陶器的生产，为邛酒酿造提供了器具。其时生产的醴酒，是一种不滤酒糟的甜酒，用来祭祀祖先、鬼神及生活食用。

"邛"字由"工"和"邑"组成；工，指工业，工作，无论是做工还是从业都属于"工业"，因为无工不成业，无业则绝不可能有工；邑，则指城市，如城邑、通都大邑等。据此，可推测出"邛"字是由工业和城市组成的一个指事字。另外，"指事字"还有一层意思，即，同这字有关系的地方，在一定程度上与"工业"和"城市"有关。说明邛崃到汉代，已是靠近崃山的一座工业极为发达和颇有知名度的"城市"。

到了汉代，临邛酿酒和饮酒之风盛行，无论是达官贵人，还是平民百姓，都对酒极为热衷。司马迁在不朽的《史记》里记叙了司马相如和卓文君与邛酒的不解之缘，一是在卓家酒席上"一坐尽倾。酒酣，……及饮卓氏，弄琴，"尽展名士风采，使卓文君"心悦而好之"。二是卓文君说服司马相如，携手返回临邛，"尽卖其车骑，买一酒舍酤酒，而令文君当垆，相如身自著犊鼻裈，与保庸杂作，涤器于市中。"《集解》引韦昭曰："垆，酒肆也。以土为堕，边高似垆。"垆也就是一个小酒店。三是司马相如奉命出使西南夷，"临邛诸公皆因门下献牛酒以交欢"。卓文君和司马相如的故事发生在西汉全盛时期，司马迁在记叙他们的故事里，多次描写了邛酒，虽未点明酒的品牌，但透露了不少重要信息：西汉时期，临邛盛产美酒；邛酒是当时招待贵客嘉宾的必需之物，不可或缺；邛酒充分发挥了激情燃烧剂、

场面热烈的汉代画像砖《酿酒图》。

爱情催生剂的巨大作用，使卓文君和司马相如的故事更具神采，更有韵味。同时，也塑造了文人与酒、酒与美人双合双馨的榜样，使相如文君成为后世文人墨客倾慕的对象。

文字记载说明，在西汉，临邛酿酒业盛行，商业繁荣。卓文君返归家乡当垆卖酒绝非偶然，望子飘飘，醇香阵阵，临邛发达的酿酒业给文君当垆创造了基础条件。文君当垆，并雇请保庸杂作，可见文君的酒坊店铺颇具一定规模。司马相如在《长门赋》序写："奉黄金百斤为相如、文君取酒。"从另一方面说明了临邛不仅酿酒历史悠久，而且酿酒业自古发达兴旺。

唐宋时期：确立邛酒品牌地位

文君酒

到了唐朝，对"蜀酒浓无故"深怀念想的，除李白外，当首推杜甫，他在四川写下的与酒有关的诗句俯首皆是，其中不乏涉及邛酒的诗，如《寄邛州崔录事》："邛州崔录事，闻在果园坊。久待无消息，终朝有底忙。应愁江树远，怯见野亭荒。浩荡风尘外，谁知酒熟香？"而作为邛酒品牌的文君酒，更是频频出现在诗人们的歌咏中：

始酌文君酒，新吹弄玉箫。
——唐李百药《少年行》
数枝艳拂文君酒，半里红倚宋玉墙。
——唐罗隐《桃花诗》

唐代邛窑生产的酒杯，其形态和色彩琳琅满目。十方堂邛窑遗址出土的青瓷褐绿双彩斑点纹鸭酒杯，更是气韵生动，美不胜收。

有唐一代，咏诵卓文君的诗，常将卓文君和邛酒合二为一，互为化身。究其原因，可能文君当垆卖酒、相如涤器跑堂是夫妻二人千古风流故事中最出彩的部分！不管"文君酒"是当时的邛酒品牌还是邛酒与佳人的化身，都说明邛酒因环境好、气候好、水质好、土质好、原料好而味道醇净绵厚，深受诗人喜爱。此外，邛酒的繁荣还对盛酒的器具提出了更高要求，加之陶瓷制作方面，蜀中技术已炉火纯青，名窑不少，尤其以邛窑、蜀窑、琉璃窑最为有名。

临邛酒

翠娥争劝临邛酒，纤纤手，拂面垂丝柳。归时烟里，钟鼓正是黄昏，暗销魂。

——五代韦庄《河传》

一樽尚有临邛酒，却为无忧得细倾。

——宋陆游《遣兴》

《河传》作者韦庄，唐末五代诗人、词人，蜀国宰相，诗词作品收录于《花间集》等诗词集。《河传》是韦庄所填《河传》系列词中的一首，"翠娥争劝临邛酒"，表明临邛酒在唐末五代时期，已进入上流社会，是蜀国高层人士经常享用的高档名酒。

《遣兴》作者陆游，南宋大诗人，南宋孝宗乾道六年（1170）入蜀，曾任蜀州通判。因爱临邛山水风物，仰慕文君相如，对邛酒情有独钟，留下许多赞美诗词。《遣兴》是陆游从临邛回到成都寓所后所作，此诗追记邛州州守宇文绍弈馈赠临邛酒的诸多感慨。陆游多次到邛州游山玩水，每次必喝临邛酒，他在临邛写下的 14 首诗中，有 7 首提到了畅饮"细倾"临邛酒的景况。如果邛酒质量不理想，州守宇文绍弈是不会将"临邛酒"作为礼品馈赠给陆游这样显赫的客人的。

从韦庄到陆游，他们的诗词都谈到了品饮临邛酒的感受，说明临邛酒从唐到宋，一直保持着自己的质量、自己的品牌，保持着畅销千百年而不衰的兴旺态势。也许有人会说，诗人笔下的"临邛酒"只是指代邛酒，不一定就是"临邛酒"品牌。果真如此的话，那也不影响邛酒美酒佳酿的地位。

卓女烧春　中山春

锦江烟水，卓女烧春浓美。

——五代牛峤《女冠子》

尉曹堆盘笠泽脍，秀才泻榼中山春。

——宋陆游《自山中泛舟归郡城》

上录词和诗的作者，所处朝代不同，身份有别，在词和诗中所言邛酒品牌名称各异——"卓女烧春""中山春"，但都赞美临邛酿酒用水如"香泉"，邛酒"烧春浓美"。而"卓女烧春""中山春"这些邛酒品牌的命名，既沿袭传统，又与时俱进，融合历史名人、酿酒工艺的特色和酒的特点。

古时，酒的命名，或按原料或按配料香料，或按地域，又因大多在冬、春两季酿酒，故也以季节命名于酒。春酒，即是按季节酿造的酒，据专家考证，以"春"字作酒名，尤以唐朝为甚，其他朝代次之。

邛酒品牌在"春"字前加"烧"字式加名人昵称等的原因，主要有二。第一是中国"烧酒"的词意，以元代为分割线，有着不同的含义。宋以前的烧酒，都是指低温加热处理的谷物发酵酒，"烧"的词意，指用加热的方法，对发酵酒进行灭活杀菌，促进酒的陈熟，而非蒸馏的意思。这种加热方法，唐人称之为"烧"。经过低温加热的酒，称为"烧春"或"烧酒"。而元朝人所说的"烧酒"，基本上都属于蒸馏的范畴……再经过一道加热灭活工序，使酒液可以长期保存（王赛时《中国酒史》）。至今，邛崃饮者中仍有人称酒为"烧酒""烧棒子"——当然，现在的烧酒，已非当年的烧酒了。第二是川人喜欢以名人命酒名。自唐出现"文君酒"后，直到清代，此风依然。如以唐朝薛涛命名的"薛涛酒"，就一直受到成都饮者的青睐。不少专家学者认为，自古以来，四川美酒与佳人芳名相得益彰，散发出缕缕香泽。

"秀才泻槛中山春"是陆游在《自山中泛舟归郡城》诗中的一句。诗句所言"中山春"是汉、魏时期的名酒。陆游不仅将邛酒与"中山春"相提并论，还将邛酒比作"叶家白""朗官清"等名酒。如其在《次韵使君吏部见赠时欲游鹤山以雨止》中所写："午瓯谁致叶家白，春瓮旋拔郎官清。"陆游如此推崇邛酒，除他好酒外，说明邛酒确是美酒佳酿。

浊酒

浊酒不禁云外景，碧峰犹冷寺前春。

——唐罗衮《清明赤水寺居》

欲买前村酒，陶然作醉人。

——宋文同《寻春》

罗衮，临邛人，唐末进士，终官梁礼部员外郎。

浊酒，又叫"醪""浊醪""白酒""白醪"，俗称醪糟。凡是酿造时间较短、用曲量较少、成酒浑浊的酒均称为"浊醪"。浊酒的特点是酒液稠浊而酒精度偏低。浊酒成熟快而保存期短，一般不经过过滤工序。从外观上看，浊酒表面往往会飘上一层米溚，犹如浮蚁，所以文人又用"浮蚁"一词来形容浊酒。

浊酒因酿制原料不同，而颜色不同。所以又有"白蚁""黑蚁""红蚁""绿蚁""香蚁"等称谓。"绿蚁新醅酒，红泥小火炉。"（白居易《问刘十九》）诗中所言"绿蚁"，即绿色的美酒。清酒与浊酒相对应，酿造时间较长，度数较高，经过过滤，酒液较清。

唐朝还创造了不少酒的隐语或代称，如将渣溚未净、质地略差的"浊酒"称为"贤人"；将过滤后纯净好饮的"清酒"称为"圣人"。"美禄与贤人，相逢自可亲。"（权德舆《醉后》），"后代称欢伯，前贤号圣人。"（陆龟蒙《劝酒》）这些诗句，就是明证。

临邛百姓自古就有不少人家酿制醪糟，俗称"醪糟酒""村酒"，除自用、待客外，常作商品销售，以补贴家用。宋朝诗人、画家文同，曾经三次在邛州任职，对邛州风物了然于胸。他在多首诗中描绘了临邛酿酒、卖酒、喝酒的风情，其中《寻春》云："欲买前村酒，陶然作醉人。"这"村酒"，就是醪糟酒，亦是浊酒或清酒。

明清时期：邛州贡酒进入宫廷

邛崃地质构造属于我国东部大陆巨型新华夏系之西缘部分。大自然的造山运动，惠赐给邛崃的黄黏土具有偏酸、细腻、保水、吸附性强等特点。土里含有磷、硫、铁、钾、钠、钙、镁等多种微量成分，是培养窖泥微生物的基础元素，用它培养出来的窖泥用于酿酒，越用越老酒质越佳。

到了明代，邛酒窖池数量增多，既为扩大产量和规模奠定了基础，也为邛酒的品质更上一层楼提供了保障。邛酒一度使用"烧春"和"瓮头春"等名，因用料考究，酒曲独树，酿出之酒清澈如镜，浓香甘洌，饮后留香，被誉为白酒中的上品、极品。"当垆不独烧春美，便汲寒浆也醉人。"（姚氏《竹枝词》）。而高启在醉饮邛酒"郎思沽酒醉临邛"（《竹枝歌》）后，大胆认定，临邛这个地方"花如秦苑好，酒比蜀都烧"（《当垆曲》）。邛酒不仅以其独特的优良品质，在明代占领了成都市场，而且被列为进献的贡品，正式以"邛州贡酒"之名进入宫廷。一方面作为王公贵胄的佳饮，另一方面为川西平原"尚滋味、好辛香"的饮食风尚推波助澜，与吃饭喝茶一道，共同构筑起天府之国的口腹之乐。

明末清初，战乱、瘟疫、天灾接踵而至，四川经济遭受严重破坏，人口稀少，粮食匮乏。清政府实行移民垦荒政策，以恢复四川经济。为限制耗费粮食酿酒，康、雍、乾三朝皇帝皆颁布禁酒政策。乾隆中期以后，因酿酒、贩酒者越来越多，地方官府只好顺应其酒业发展。

宽松的政策，令邛州城乡酒卤林立。清代前期，大批外省移民入邛，带来了不同的酿酒工艺和技术，与邛州特有的自然资源及酿酒技艺相结合，酿出了新的优质邛酒。康熙年间，有安徽歙县入川经商的余氏落户邛州，买下了位于兴贤街的寇氏烧房，改名为大全烧房。余氏善于经营，不断改进工艺，生产的曲酒远近闻名，美人牌大曲、极品大曲等品牌酒畅销不衰。嘉庆年间，来自湖广省沅陵郡的兰氏落业邛州城东门，于咸丰年间开办兰烧房，生产过油大曲、花大曲、陈色酒等品种，畅销天全、芦山、宝兴、雅安、荥经、小金等地。至清末，邛州有酿酒烧房33家。此外，咸丰年间，君平乡有张氏开设张曲房，后来4个徒弟亦分别开设4家曲房。王家曲房年产酒曲360箱（每箱80斤），畅销省内外，亦为邛州众多烧房提供了生产白酒的酒曲保障。邛酒在清代进入一个新的发展时期。

清朝300年，邛酒最终与民风民俗融为一体，形成了窖香浓郁、柔绵醇厚、甘洌爽口、回味悠长的独特风味。值得一提的是，邛酒还影响了初

"文君当垆，相如涤器"——明孙柚撰　明金陵唐氏富春堂刻本

1977 年 11 月，邛崃县酒厂的生产技术人员用传统的测量手法，给明代大全烧房老窖池测量数据，以便决定下一步如何固本养护，又怎样按需投料。

具规模的川菜，让后来人毫不费力地辨析出，那夹杂在熟悉的菜式中的邛酒之香。

从生活文化到民间文化，一种多元风俗的样态在邛酒里潜藏下来，人们津津有味地讲究酒道、酒谜、酒令，数不清的酒徒、酒客、酒仙与邛酒如影随形。面对天下闻名的菜谱，食不厌精的川西人常常能在谈吃论喝的同时，找到关于邛酒的共同话题。

"民国"年间：白酒烧房成主力军

"民国"初期，邛酒生产受到民生凋敝的影响。在军阀轮番进住成都平原的年代，邛酒一度成为少数达官显贵、倡优名伶的特定消费饮品，并在年末岁尾，与春联、鞭炮、门神一起，成为百姓除旧迎新的俏货。

抗战时期，特别是重庆作为陪都后，四川作为大后方，川西的人流、物流急剧增加，各类劝业场、劝业会交易频繁，从而刺激了邛酒的生产，产量不断攀升。

邛酒的生产制作全系私营，烧房遍及城乡各地如：大全烧房、积成烧

早年间，邛崃的酿酒烧坊，其工序仍然全靠笨重的手工操作。虽然工艺流程落后，但是酿造的邛酒酒质纯正，价格合理，深受顾客欢迎。

房、品成烧房、仁和烧房、兰烧房、兴盛烧房……其中，县城内的大全烧房因开设时间长、工艺精最负盛名。大者，指规模大，全者，指品种多。大全烧房的产品以"邖酒"最为有名。四川大学教育学院院长邓只淳以"美哉邖酒"四字相赠，使之声誉大振。川军将领刘湘在邛崃的一次酒宴上品尝邖酒后大加赞赏，连夸邖酒赛茅台。大全烧房老板欣喜万分，加之其产品多数用邛陶土瓶盛装，与贵州茅台的包装相似，故将其改名为"邛崃茅台"。邛崃茅台以"四柏商标"注册，瓶上贴有宣传广告，其文说："大全烧房老窖，开设三百余年。今又重新整顿，比前精益求精。砖曲固体发酵，西法走火熏蒸。真正回沙生料，毫无药料酿成。其味醇厚甘美。甘洌可口清心。醉后口不发渴，过饮头不眩晕。"大全烧房为了提防假冒，还专门在瓶装封口处贴上"邖酒"的封签。

这些烧房之间竞争颇为激烈，但经营出发点无不是"不求烧房大，但求酒质好"，因而制作考究。大家都深知"水是酒之血"，大全烧房制作的"邛崃茅台"，主要以通天泉的泉水为酿造用水。通天泉井深 20 米，口径 3 米，静水位 6 米。其水清澈透明，质地纯净。虽天旱而水不干，天涝而水不浑，严冬而水位不降，水源不绝。"曲是酒之骨"，各烧房大多自制曲料，有独特的配方，曲酒、白酒用曲不同，曲料均用多种原料配制。"料是酒之肉"，各烧房用料各有特色，如在粮食原料中加入陈糟和米糠，用料用水十分严格。曲酒经地窖发酵，白酒用木桶发酵。使用优质煤，粮食选择上等玉米、黄谷。装酒的器具有酒坛、木桶、土陶罐，任客户挑选。

解放战争后期，由于社会动荡，兵匪成患，经济不振，邛酒的生产降至最低。

中华人民共和国成立初：建立地方国营酿酒厂

中华人民共和国成立后，邛崃酒业生产逐渐恢复，以家庭为单位、用桶窖卤甑、俗称土酒的作坊式生产开始陆续出现，主要为烧酒、陈色、大曲三种。20 世纪 50 年代末，粮食供给严重不足，酿酒原料短缺，产酒量持续下降，市场供应紧张。面对酒类生产不足的局面，部分地方学习外地经验，尝试进行制糖副产品综合利用，将熬糖剩余的下脚料、废料——蔗渣、糖泡，酿制成酒供应市场，此法一直使用至改革开放。

1951 年，邛崃县专卖公司将原私营烧房 30 余家组织为邛崃县酿酒联营社，不久县税务局又协助邛崃县酿酒联营社在原大全烧房的旧址建成邛崃国营酿酒厂。1958 年扩大厂址后，完全集中了全县的白酒和曲酒生产，又更名为"四川省地方国营邛崃曲酒厂"。1963 年更名为"四川省邛崃县酒厂"。同年，文君酒问世。

当时的酒厂只有手工生产曲酒的小组 5 个，手工生产白酒的小组 9 个，窖池 80 余个，年总产量五六十吨，总产值五六十万元。1972 年，为满足社会需求，上级部门投资 8 万元兴建一座半机械化的白酒车间，这是县酒厂从手工生产过渡到半机械化生产的开始。1975 年又投资 40 万元再建双跨行车半机械化车间一座，并用锅炉供气生产，大大提高了生产能力，使国营酒厂进入全省大型名酒厂的行列。之后又投资 48 万元兴建了面积 4000 平方米的车间，1979 年投产后，改原来的单班生产为双班生产。酒厂因生产文君酒享誉全国。

改革开放以来：社办酒厂如雨后春笋

党的十一届三中全会后，政策陆续放宽，邛崃县逐渐允许社队企业酿酒。一大批敢闯、敢试、敢拼的人开始偷经学艺，操起了酿酒行当。先是在前进十七大队试点生产，产品销路很好，利润可观。当时的邛崃县委于

20世纪50年代末，因粮食供给严重不足，酿酒原料短缺，遂尝试进行制糖副产品综合利用，将熬糖剩余的下脚料、废料——蔗渣、糖泡，作为酿酒原料。

是决定，鼓励和发动社办企业烤酒卖，每个乡镇都可以实施。由此，社办酒厂如雨后春笋般开办起来，仅以1981年统计为例，全县农村酒厂就达279个，酒囱348根，年酿酒5836.5吨，其中曲酒3422吨，畅销十余省市，邛酒的发展也迎来改革开放的春天。为了优化资源，烤出优质白酒，县委决定组织开办酿酒培训班，选拔和培养一批烤酒、品酒的年轻人才。

1985年7月1日，报经上级批准，四川省邛崃县酒厂正式改名"四川省文君酒厂"。其时，全县大大小小酒厂已达几百家，除了文君酒厂，比较出名的有南河坎边上的曲酒一厂、曲酒二厂和曲酒三厂。其他小酒厂的酒大多销售到曲酒一厂、二厂、三厂等大酒厂，由大酒厂负责对外销售，主要以瓶装品牌酒为主，散酒为辅。当时的文君酒已是畅销全国各地响当当的著名品牌，此外，邛崃外销的瓶装酒还有邛州老窖、临邛老窖、骑龙曲酒，川平老窖、君乐大曲等上百种品牌，渠道丰富。

1986年下半年，邛崃县酒类工作会召开。谈到乡镇企业尤其是酒企的未来发展时，以糖酒公司为代表的国营企业提出，全县酒厂太多，必须

除了文君酒，社办酒厂的产品也是种类繁多。

进行严格控制，建议只保留几家。到会的各个企业各抒己见、畅所欲言。最终，在广泛听取各方意见建议后，会议决定，无论是从老百姓切身利益出发，还是从改革开放、邛崃经济发展趋势的角度，邛崃的酒厂不但不多，还应该进一步壮大规模。各镇各乡，要拿出各自的看家本事，搞好自己的企业。此后的几年，以酒业为代表的乡镇企业，规模进一步发展壮大，多达上千家。全县"村村点火、户户冒烟"，一派欣欣向荣的景象。据乡镇企业局统计数据，80年代后期，邛崃的乡镇企业产值一直都排在成都市各区县第三名。

进入新世纪后：再铸千年邛酒新辉煌

20世纪90年代中后期，因疏于对邛酒优势的发挥，放松了对酒业发展的指导和引导，一些酒类企业在激烈的市场竞争中，各自为政、散兵游勇，使邛酒声音越来越小，整体优势得不到应有发挥。

2000年3月，在分析了邛酒沉寂的原因后，借全国糖酒春交会召开之机，邛崃举办了声势浩大的"邛酒节"，并在"邛酒飘香神州壮行会"上，被授予"中国最大白酒原酒基地"牌匾。

随即，在同年10月大手笔运作第三届中国四川名酒文化节暨第二届

2000 年 3 月，为振兴邛酒，邛崃在东星大道举办了声势浩大的邛酒节。

成都商品交易博览会。2001 年 2 月糖酒会前夕，又承办国内贸易局白酒技术协作组三届四次会议，在此次会上，国内贸易局白酒技术协作组为备受争议的新型白酒正了名。一系列举措，为进一步打响邛酒的知名度起到了积极作用。邛酒的内外宣传一年比一年新，一年比一年大。

2001 年 8 月，得知来年糖酒春交会移师西安的消息后，邛崃市委、市政府和邛酒企业便开始谋划如何在会上制造热点，吸引商家，将"中国最大白酒原酒基地"的整体实力推向全国，进一步打响邛酒品牌，重铸邛酒辉煌。

2002 年 3 月 16 日，西安咸阳国际机场迎来包机参加全国春季糖酒会，并以"卖酒"为目的的四川省邛崃市代表团。这种书记市长带领企业包机参会的形式，在全国糖酒会历史上尚属首次。不仅轰动成都和西安，更震惊了全国酒类同行。

为了充分发挥邛酒产业优势和酿造的比较优势，2009 年，邛崃市委、市政府做出了振兴邛酒产业、重塑邛酒辉煌的重大举措，兴酒规划、扶持政策、市场整顿等一系列举措相继出台和实施。同时，成立了邛酒产业发展领导小组，启动中国名酒工业园基地建设——作为成都地区唯一的名优白酒酿造基地，这个占地面积 5 平方公里的工业园内，将建成灌装、仓储、包装基地和名优白酒原酒酿造基地，并重点围绕全国知名白酒生产企业和各省销售收入排名前三的白酒企业开展招商引资。金六福酒业、水井坊等项目被成功引进。这为邛崃白酒产业快速发展提供了强大的实体支撑和发展动力。2013 年 3 月 27 日，国家质检总局及中国轻工业联合会、中国酒业协会，先后向邛崃市颁发了"邛酒地理标志保护产品"及"中国白酒原酒之乡"牌匾。从小而散的白酒原酒企业布局，成长壮大为集约化、规模化、品牌化的战略性支柱产业，邛崃酒乡正逐渐成为推动全省白酒产业走向高端的一支重要力量。

在"中国白酒原酒之乡"和"邛酒地理标志保护产品"的支撑下，邛崃市以此为契机，在邛酒地标区共约 450 平方公里范围内，按照"贸工农一体、文博旅相融"的发展思路，围绕酒城、酒郡、酒园、酒镇、酒庄、酒村等项目，全力推进"世界名酒文化走廊"建设，抢抓四川省委、省政府打造"中国白酒金三角、建设长江上游名酒经济带"的契机，按照"建设世界酒业发展高端、享誉全国的原酒之乡和中国白酒金三角的重要组成部分"的整体定位，以推进邛酒产业发展为主线，加快形成以邛酒生产加工、原料基地建设、邛酒商贸旅游为主的贸工农旅一体化产业链。

邛酒在努力追赶宜宾酒、泸州酒，力争成为川酒金三角强势一角的道路上，不断走出创新、求变的铿锵步伐。2018 年初，邛崃市委提出，深挖"千年邛酒"潜能，创新"产区＋酒庄＋产品"模式，推动服务对象、产业业态、产区形象"三大转型"，实现由中国最大白酒原酒基地向中国名酒产区转变，培育千亿级产业生态圈。邛崃，作为中国最大白酒原酒基地，拥有 30 万吨的原酒产能，其原酒几乎覆盖了中国所有生产白酒的地方，对于中国白酒产业的发展意义重大。随着白酒行业的复苏，从曾经几起几落到如今思变创新，千年邛酒重现辉煌的时日值得期待。

邛酒三题

谢晓芳

"文君烧春法"考证

一、白酒蒸馏史考

中国著名酿酒专家秦含章教授根据历史学家的考证和论断，认为中国农业的起源约在 7000 年以前；中国果酒（包括葡萄酒）的起源约在6000~7000 年以前；中国酒曲（粗酶制剂）的起源约在 6000~7000 年以前；中国黄酒的起源，约在 5000~6000 年以前；中国白酒（蒸馏酒或烈性酒）的起源约在 2000 年以前。

秦含章教授认为，约同公元。中国白酒，历史悠久。西汉初期，在原始的蒸馏器发明之后，就产生了蒸馏酒，当时取名为"醺"。古代的醺，即现代的白酒或蒸馏酒，也称烈性酒。因为含有较高的酒精度可以点火燃烧，所以俗称"烧酒"。

2015 年中国十大考古发现之一南昌海昏侯墓发掘，出土了大量文物，特别是出土的蒸煮器，进一步验证推断了中国蒸馏酒起源的历史时代应为西汉。是对中国蒸馏酒起源有重要价值的考证，是对中国白酒起源学说的补充和完善。

东汉甑的贮料室仅能容固态酒醅 800g，只能蒸出约 50mL 的 20 度的酒；而海昏侯甑中部的体积约 0.0628 立方米，釜容积粗略计算约 70000mL，因此可以蒸得可观数量的酒。蒸馏酒是古人在对发酵酒加热杀菌的时候意外发现的一种副产物。作为蒸馏酒发现时期的器物，它不完备，这是符合事物发展规律的。

考古出土的西汉蒸馏器。

　　白酒产生于西汉，甚至汉代之前，既有多种出土文物的证明，又有（社会）历史事件的佐证，结论的依据比较充分。当然，白酒是为延长酒的保质期用釜甑加热发酵酒时发现的，不是为提高酒度专门研究发明的。

　　中国白酒发展过程大致为：起源于西汉时是液态发酵、液态蒸馏，至唐代开始有液态半液态发酵、固态蒸馏，至宋已有固态发酵、固态蒸馏。元代的扎赖机酒是引进的酒品，元代的统治者喜爱烈性的蒸馏酒，无疑对其普及起了推动作用。明清时代烧酒逐渐为广大消费者所接受，在全国发展起来。（见《中国史话》丛书）

　　二、烧酒法文化考

　　蒸馏酒烧春（烧酒）最早的文字记载是唐代著名诗人白居易的"荔枝新熟鸡冠色，烧酒初开琥珀香"一句。五代牛峤的"锦江烟水，卓女烧春浓美。小檀霞，绣带芙蓉帐，金钗芍药花。"直接将烧春酒的发明指向卓文君。

　　唐《国史补》云："酒有郢之富春，乌程之箬下春，荥阳之土窟春，富平之石冻春，剑南之烧春。"唐代剑南道地区所生产的白酒，均冠以烧春之名。陶雍《到蜀后记途中经历》："自到成都烧酒熟，不思身更入长安。"说明唐代时成都地区的烧酒酿造业非常发达。

　　明代著名文学家杨慎在他的著作《丹铅余录》中说："今烧酒法起自文君，卓女烧春浓美。小檀霞，则言酒色似檀色。"就是说，卓文君独创的酿酒技法酿造的烧酒，味道浓美，而且颜色呈琥珀色。

　　卓文君为什么可以创造出"浓香型"的"烧春"呢？西汉时期，在汉武帝的推崇下，炼丹术达到鼎盛，蒸馏术用于制酒而产生了蒸馏酒。当时的蒸馏器属于极为珍贵之物，非一般酿酒者可用。卓文君"富可敌国"的父亲也热衷于炼丹术，让女儿用蒸馏器生产"浓美"之酒，是十分自然的。

　　《中华酒典》说，汉代始，酿酒师为了让蒸馏酒香气四溢，会在酒醅中加入各种香味物质一起进行蒸馏，使白酒风味更佳。

　　综上，卓文君无疑是四川"浓香帝国"的创始人。

　　至于为什么文君所创"浓美"之酒呈现美丽的"檀霞"色，这还是一个待解之谜。

"邛曲"考证

《尚书·说命下》说："若作酒醴，尔惟曲蘖。"说明公元前 12 世纪中期，人们对酿酒时曲蘖作用的认识已经达到了相当程度。

以曲行酿的方法在现代酿造学中又称"复式发酵法"，以区别于蘖的单边发酵方式。这门独特的工艺在相当长的历史时期都为中国人所独有，直到 19 世纪末叶，法国人卡尔迈特经过研究中国酒曲的成分，才把这项技术移植到了欧洲大陆，名曰"阿米诺法"，最终改变了西方酿酒非以麦芽糖化谷物不可的传统做法。日本东京大学名誉教授坂口谨一郎曾说，酒曲的发明堪与中国举世闻名的四大发明并称成为第五大发明。

汉代以前的酿酒生产基本上是曲蘖并行，后来曲被独立应用于酿酒生产领域。从此，中国酒业的生产水平便与制曲工艺的发展始终保持着密切关系，酒在品种和质量方面的提高，则主要取决于制曲技术的不断改进与完善。汉代，我国曲的种类已明显增多。汉代扬雄所著《方言》就记载了10 余种曲种。

小曲主要是以米粉、米糠为原料，添加少量植物药料，接入隔年陈曲培育而成。因其颗粒形状比北方常用的麦曲要小，故名小曲。又因制曲时发生的热量较少，很适合南方的气候条件。从公元 3 世纪开始，我国南方逐渐形成了适合地方气候特点的小曲陈酿工艺。

我国小曲制作技艺，始于南北朝。小曲的生产方法很多，最有代表性、历史悠久的是四川邛崃米曲，质量好，是生产小曲的曲母；其次是四川的无药糠曲和厦门白曲。

邛崃米曲已有 150 多年历史，《邛崃县志》载："邛崃米曲属邛崃名优特产。清道光末年，童桥一带有曲房 50 余家，曲粉碾坊 20 余家，年产米曲 200 箱（每箱 70 斤或 140 斤）。"

邛崃米曲由大米、中草药和曲母为原料制成，其中大米占原料总量的96.38%，中草药为 3.31%，曲母 0.31%。邛崃米曲最具特色，在全国影响最大。

1957 年，四川糖酒科研室对邛崃米曲沿革、设备、原料、操作水平进行了评定总结，写出了《四川邛崃米曲制造》一书，为传统曲药的发展打下了基础。

1962 年，中国白酒泰斗周恒刚先生在邛崃县搜集、整理了被邛崃白

邛崃小曲制作历史悠久，在四川最具代表性。

酒匠人视为"邛酒圣经"的药曲配方，其配方中用药达72味。并撰写了中国第一本酿造制曲专著《糖化曲》，对邛崃米曲微生物生长、环境条件、中药材性能及提高产品质量的途径等进行了科学的总结。

著名酿酒技术专家熊子书对四川邛崃米曲的制造进行了深入研究，他率领课题组收集全国小曲样品共计27种，经科学测定，我国小曲以邛崃米曲最为有名，加有72种中草药，产品质量更加优良。

1965年，贵州轻工科研所、四川糖酒公司在邛崃市选育出了邛崃3号、5号纯种根霉菌种（As3866），为全国小曲白酒纯种制曲打下了基础。

"邛曲"的另一个秘密，就是"引药入曲"。长沙马王堆西汉墓中出土的帛书《杂疗方》记载，西汉初年，先人（是否是邛崃人待考）就有酿酒加入药材的工艺。古人在酒曲中使用中草药，目的是增进酒的香气，但客观上，一些中草药成分对酒曲中的微生物的繁殖还有微妙的作用。

明末清初，邛崃生产的药曲畅销云贵及长江流域各省。20世纪50至60年代，国家专门调拨大米生产曲种，最高年产近15万斤，95%调拨外地酒厂，生产小曲白酒占全国总产量的60%以上。至70年代，地方国营邛崃酒厂为降低成本，中药材由72味减少到6味（见《邛崃县志》）。

现代科研证明：小曲中加入中草药可以抑制杂菌生长，对功能菌不但无害，还可以促进其生长与酶代谢。著名白酒酿造专家徐岩经过研究发现，酒曲中的药材含有的大量萜烯类化合物进入酒体之中，其总含量是葡萄酒中同类化合物含量的三到四倍。国外科研已经表明，萜烯类化合物具有抗癌症、抗病毒和抗炎症的活性功效。可以说，百草入酒，是中国酒的独创技法，也是中国酒独有的健康之道。

明末清初，邛崃药曲制作技艺经茶马古道远播他乡，著名的贵州董酒（130 味中草药入曲）、云南鹤庆乾酒（56 味中药入曲）相继问世，流传至今。1983 年，国家轻工业部将董酒的百草配方和串香工艺双双列为科学技术保密项目。1994 年和 2006 年，国家科技部和国家保密局两度重申董酒制曲配方为国家机密。

最令邛崃人骄傲的是，清代光绪十八年（1892 年），有着"人类历史上伟大的医学之光"称号的著名细菌学家、免疫学家艾伯特·卡尔梅特来到邛崃，购得邛崃鲁氏曲房的酒曲，尔后回到他位于法属越南西贡的巴斯德研究所分所，利用先进的技术对"邛曲"进行了形态学上的描述，命名为鲁氏毛霉。从中发现一种糖化力强的根霉，国内俗称邛崃三号，细菌学分类 As3866，利用此种霉菌生产酒精，定名为阿米诺法或淀粉法，1895年正式投产。阿米诺法是淀粉质原料制造酒精的方法之一，利用菌体分泌的淀粉酶和酒化酶，分别使淀粉糖化和糖发酵为酒精，糖化和发酵同时进行，极大地提高了工业化生产效率。今天世界上的各种阿米诺改良法，如阿米诺酒母法、阿米诺酒母—麸曲混合法、阿米诺酒母—液体曲混合法等，皆源于艾伯特·卡尔梅特在四川邛崃的惊世发现。今天几乎全世界的烈性酒，都在使用利用率最高的"邛曲"生物基因。

邛酒酿造"神水"之辨

名酒产地必有佳泉，因为水是酿酒的最重要原料之一。自古以来，酿酒者对酿酒用水都非常重视，故有"水是酒之血"的说法。因为水在酒中占有很大比例，白酒中水的成分约占 50%。因此，酒质的优劣直接与水有密切关系。另外，水质的优劣也直接影响酒的酿造过程中的发酵质量，影响其出酒率；水质优劣还直接影响制曲质量（著名酿酒专家傅金泉语）。

《礼记·月令》载："乃命大酋，秫稻必齐，麴糵必时，湛炽必洁，水

邛酒产区出美酒，必然与优质的水源相关联。

泉必香，陶器必良，火齐必得。"这是先民通过实践得出的"酿酒六必"的宝贵经验。水泉必香就是对酿酒用水提出的标准。

邛酒产区出美酒，必然与优质的水源相关联。

元代《琅嬛记》载，卓文君闺中庭内有一井，文君手汲则甘香，用以沐浴则滑泽鲜好。他人汲之，与常井等，沐浴亦不少异。至今尚存，即文君井也（据此记载，文君井应为两口，一口用于酿酒，另一口用于洗漱）。《广志》："临邛有粉井，得水汰粉，则益光。"这些史料说明，邛崃的地下水确有奇异之处。

邛崃地处四川盆地西缘，含水岩组由白垩系和上三叠统须家河组砂岩夹页岩、泥岩及煤层等组成，厚度大而稳定。地下水属于典型的承压水。承压水所在的地质层面称之为承压含水层，是充满于上下两隔水层之间的含水层中的水。它承受压力，当上覆的隔水层被凿穿时，水才能从孔洞中上升或喷出。

形成承压含水的地质构造主要有自流盆地和自流斜地两类，含有一个或多个承压含水层的向斜、构造盆地，称为自流盆地，如法国巴黎自流盆地、中国四川自流盆地、澳大利亚大自流盆地。

承压水埋藏深，受气候的直接影响小，水质比较好，几乎零污染，是很好的供水水源。

含水层的构造封闭条件下保留着古老的、与沉积物同时形成的埋藏水，也就是说，在邛崃山地人工打出的地下水井（承压水的水头深度一般为60米左右），含有距今一亿多年的白垩纪之水。如此神奇的"神水"，对于酿酒者来说，乃天赐之物。当然，要找到这种亿年"神水"，需要专业地质专家的勘探才行。

酿酒界流传的一句话：离开赤水河就没有茅台。揭示了好水与好酒之间的神秘关系。

咏邛古诗里的酒礼酒俗

傅尚志

历代诗人词家写下了许多咏诵邛崃，咏诵卓文君司马相如，咏诵邛酒的诗词。其中，有不少诗词描绘了古代邛崃的酒礼、酒俗。这些酒礼、酒俗，像一幅幅鲜活动人的小品画卷，意蕴悠长。

箪食壶浆迎达官

宋代接待客人的礼节繁多，其中之一是迎客。迎客之礼，从相关诗词看，其档次有高低之分。但不论档次高低，都离不开酒。真是无酒不成礼。

"壶浆故父老，应在半途迎。"这是宋朝翰林学士范镇在《送文与可通判邛州》，即送文同到邛州担任通判，协助州守处理政务而写的一首送别诗。

文同从京城尚书省郎官下派地方担任通判，职务略次于州府长官、居政府二把手，但握有连署州府公事和监察官吏的实权。对上级委派的显贵，邛州州府长官按规矩必然要率领下属官员和地方上有身份、有名望的父老乡亲，端着名贵的食品，提着盛满美酒的壶罐，捧着酒杯，到文同进入临邛境内半途上去欢迎接待。

用美酒、美食，半途迎接新官上任，以解新官旅途饥渴劳顿，既实惠，又显诚挚热诚，在觥筹交错中，迎者与被迎者皆大欢喜。

"过家礼耆旧，接境跪壶浆。"（梅尧臣《送李才元学士知邛州》）李才元，成都华阳人。宋仁宗嘉祐二年进士，任职秘阁校理，因清正廉洁，委派到临邛任知州，官职比通判高一级，属地方政府一把手，加之李才元是位具有年高德劭、位高权重双重身份的官员。所以，对他的迎接规格自然要比通判高一格，即州府众官员和地方贤达绅士既要到成都府与邛州地界

唐代佚名创作的绢本墨笔画《唐人宫乐图》，描绘了一群宫中女眷围着桌案宴饮行乐的场面。

相连的地方去迎接，又要行跪拜礼，参见知州大人，再双手献上美酒，以示问候欢迎。其场面之大，气氛之热烈，非迎接通判的场面、气氛可比。

以美酒美食在半途、在接境处迎接莅临本地的高官显贵非宋朝独有。与邛崃密切相关的历史文献《司马相如列传》就记载了"献牛酒以交欢"的礼节：司马相如受到汉武帝的信任重用，委派担任中郎将，建节往使西南夷。"至蜀，蜀太守以下郊迎，县令负弩矢先驱，蜀人以为宠。于是卓王孙、临邛诸公皆因门下献牛酒以交欢"。古时，牛和酒常常作为不可分割的重要物品，用来或慰劳，或赏赐，或馈赠功成名就之人和重要客人。所以，王安石在《送文学士倅邛州》诗中有"忽乘驷马车，牛酒过故乡"之句。该诗句借典司马相如的故事，又告知我们宋朝各地迎送官员的礼节少不了酒，少不了食的习俗。

衣物换酒尽醉归

"鹔鹴买醉四壁立，中夜同温合欢衾。"这是清代诗人杨燮在《文君当垆处》凭吊时写下的诗句。

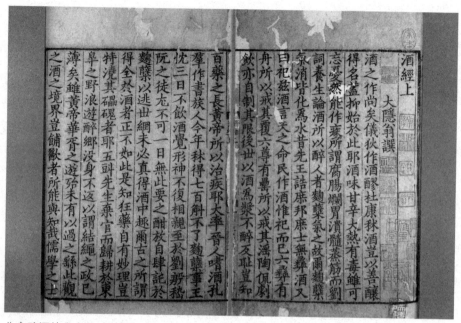

北宋酿酒技术书籍《酒经》，又名《北山酒经》。著者北宋人朱肱曾在杭州开办酒坊，有丰富的酿酒经验。

"鹔鹴买醉"，疑是从李白"鹔鹴换美酒"演绎而来。典出司马相如与卓文君驰归成都后，因相如"家居徒四壁立"，生活拮据，又不改嗜酒性情，将自己的名贵大衣鹔鹴裘，拿到酒肆换酒，和卓文君开怀畅饮，尽兴而归，过了一个甜蜜难忘的夜晚。后世即以"鹔鹴买醉"，或"鹔鹴换美酒"，或"貂裘换酒"形容名士或富贵者的风流豪放。

"鹔鹴买醉"，是"物物交换"这一经济贸易行为在酒俗上的一种体现。

以物换酒的风情民俗，不仅西汉存在，其他朝代也流行，尤以唐代更盛。李白诗云："五花马，千金裘，呼儿将出换美酒。"（《将进酒》）杜甫诗云："朝回日日典春衣，每日江头尽醉归。"（《曲江二首》）李杜诗句虽然夸张，但既表现了名士风流大不拘的风尚，又折射了衣物换酒习俗的盛行。

为了喝酒、过瘾，那些离岗退休、手头又不富裕的官员，也会"卖我所乘马，典我旧朝衣。"（白居易《晚春沽酒》）"朝衣闲典尽，酒病觉难医。"（齐己《哭郑谷郎中》）

记得20世纪50年代，我家乡有一群喜欢喝二两的老辈子，常在耕作

明代画家文徵明创作的金笺设色《兰亭修褉图》(局部),描绘了文人墨客雅集水滨,曲水流觞,饮酒赋诗,比试才艺的活动。

之余,带上一些麦豆之类的什物去县城小酒店换酒喝。每次喝上一杯两杯,用花生米、汲胡豆、豆腐干下酒,吃得红光满面,精神抖擞,十分惬意。也许这既是"物物交换"的发展变化,又是自给自足的小农经济在酒俗生活方面的一种写照。

翠娥侍酒

唐朝是一个崇尚美酒的时代,朝野上下、城市乡村,其官宦酬酢,士人交往,豪侠聚会,平民沟通,都会把酒当作媒介,来传递自己的感情信息,抒发内心的情趣寄托,化解疑难问题。刘禹锡诗云:"长安百花时,风景宜轻薄。无人不沾酒,何处不闻乐。"(《百花纾》)刘诗把唐代都城长安的世风酒貌活灵活现地勾勒出来,也是唐朝饮酒风俗的典型代表。

许诨《闻州中有宴寄崔大夫兼简邢群评事》云:"箫管筵间列翠蛾,玉杯金液耀金波。"白居易《红楼宴别》:"楼中别曲催离酌,灯下红裙间绿袍。"唐末五代词人韦庄词云:"翠蛾争劝临邛酒,纤纤手,拂面垂丝柳。"

可见唐代无论因公还是因私宴饮,都有邀请"翠娥"的风俗。

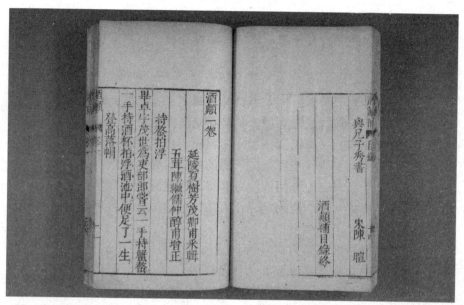

由明人夏树芳编、陈继儒补正的《酒颠》一书，分为上下两卷，内容专论酒事，引诸多历史典故以畅谈酒的妙处。

自带酒水郊外饮

古人，尤其是古代诗人词家喜欢自带酒水在郊外旅游饮酒，在享受玉液琼浆或清酒浊酒的同时，享受山川形胜、绿树红花等美景。宋代魏了翁在临邛讲学时就曾写下这样的诗句："负瓮城边闲日月，翻杯门上几春秋。"（《用李致政韵题临邛陈氏所居吕仙所留"回道人来"四字》）和"末至相如独后，对山樽劝酬多又。"（魏了翁《水龙吟》）。无独有偶，陆游流连邛崃山水，也常常"把酒孤亭半日留，西岩独擅鹤山秋。"（《西岩翠屏阁》）

古人喜欢在郊外山村旅途饮酒，固然是追求一种情趣，但"邛山千载秀"的吸引，也是一个不容忽视的重要外因。在这样的环境里饮酒，美酒使人陶醉，美景使人动情，酒景交融，必然会增添无穷的韵味和激发诗人更多的灵感，写下更多更好的诗词佳句。宋代三仕邛州州官的文同就说："擎酒挹大野，指饮一欣忭。"（《邛州赏丰亭》）"携琴秀野弹流水，没席芳州咏落霞。"（《邛州东园晚兴》）"城市压尘土，高原聊振衣。……因成求好景，更就野桥归。"（《郊外》）清代徐绍斗说，在山村饮酒，还有一奇："树色倒涵杯面绿，晴光微晕醉颜红。"（《辛酉清明日踏青至读书台》）

古代文人墨客自带酒水去郊外冶游的饮酒习俗,也许是既重物质享受、又不舍精神追求的一种选择吧?比那种不择环境、有酒就饮的俗饮,是不是要略胜一筹呢?

离群独酌也释然

俗话说,一人不饮酒,二人不打牌。其实,这一俗话有点偏颇。现实生活中,我常见人独自饮酒。如,早晨在奶汤面馆,就有人就着一碟红油鸡片,一碗奶汤面,一杯白酒,边慢慢咀嚼鸡片,边喝一口白酒,再撩一筷面条,旁若无人,专注于酒于肉于面的神态,颇为怡然自得。又如,有的地方,在公共场合,也有两人洗好麻将的一色牌,或筒子,或万字,然后你摸一张,我拿一块,按约定,比大小,定输赢,那情那景,叫人只有侧目而视,唯恐惊了局中人。

其实,离群独酌还是古时一种饮酒风情。宋代在邛州头两次任通判、第三次任知州的文同,就曾留下《县楼独酌》的诗文,公告他独酌的原因是"向晚无公事,身如太古闲",环境是"县楼明夕照,樽酒对南山",心情是"放意利名外,游心天地间"。虽然文同"生来不能饮,到此学酡颜",但却释放了一天繁忙的公务压力,在满天晚霞、南山含黛的良辰美景里自斟自饮几杯佳酿,顿感浑身自由愉悦、心旷神怡。这样的独酌,岂不快哉!清代邛州举人胡璠,对独酌情有独钟。《登平云亭题壁》记载了他对独酌的感受:"蹑屐携壶意独殷,登高盛事竟离群。……一声孤磬冲烟上,搔首亭前对夕曛。"胡老先生虽无文同知州那么旷达闲适,但借"夕曛"浇自己心中块垒、减少点愁情烦事,不也是"离群"独饮的乐事吗?

离群独酌也释然的典型代表,非唐代李白莫属。李白一生官场失意,诗坛得意,酒场得意,有时也会《月下独酌》,他把独饮之事,变成了千古佳句,绘成了千古画卷:"花间一壶酒,独酌无相亲。举杯邀明月,对饮成三人。"虽然月亮不会饮,那也不要紧,重要的是理解和参与。"我歌月徘徊,我舞影零乱"。彼此步调渐趋一致,这难道还不值得安慰、值得欣喜吗?

城乡酒肆旗高挂

昔时,城乡酒肆的主要标识是一面大小不等、颜色有别的旗帜,又称酒旗、酒幌子、酒招牌。酒旗成为酒肆一件不可或缺的物什,也是一道十分抢眼的风景。

邛崃城乡酒肆酒旗的挂法略有不同,带来的韵味不同。

城里的酒肆："一竿斾筏筏，满座皆欣欣。"（熊维芳《临邛沽酒》）斾，即旗，古代有铃铛的旗子，插在门前，上书醒目的"酒"字，风一吹来，旗子筏筏飘扬，铃铛随风随旗叮当作响，能不让人注目聆听吗？

乡村酒肆有的在树林边，有的在溪水旁，酒旗挂法也因地制宜、形式多样。如："卓氏家临锦江滨，酒旗斜挂树头新"（姚氏《竹枝词》）。又如："此日恬熙风物好，酒帘高挂曲溪隈。"（兰之清《马湖营》）。再如，"杨柳青青酒店门，阿郎吹火妾开樽"（王叔承《竹枝词》），"指点菖蒲作刺花，酒旗蹁跹留人处"（徐黎献《临邛道》）。城市酒肆，酒旗混杂在其他行业的幌子里，铃铛声交融在街上喧哗声中，虽然热闹繁华，但却少了几分清新、自然、宁静。而乡村的酒肆、酒旗，与绿树、弯弯的流水交相辉映，如诗如画，更令人神清气爽，更令诗人词家向往。

酒旗，作为酒肆必备的标志，成为酒业经营习俗。宋人洪迈的《容斋随笔》作了这样的考证："今都城与郡县酒务，及凡鬻酒之肆，皆扬大帘于外，以青白布数幅为之，微者随其高卑大小，村店或挂瓶瓢，标帚秆，唐人多咏于诗。然其制盖自古以然矣。《韩非子》云：'宋人有沽酒者，斗概甚平，遇客甚谨，为酒甚美，悬帜甚高，而酒不售，遂至于酸。所谓悬帜者此也'。"邛崃城乡酒肆均高挂酒旗、酒帘，没有悬挂瓶瓢、标帚秆，应是一种变化，也是酒业发展和繁荣的反映。

浅谈邛酒

吴代聪

酒起源于人类的史前，用粮食酿酒起源于新石器时代的晚期。邛酒作为中国历史文化名酒，它的源头应与国酒、蜀酒同辉。

一、国酒之源

现代考古发现，公元前5000年至公元前3300年的浙江余姚河姆渡新石器文化遗址，在较大范围内发现稻谷遗存，农耕文明提供了酿酒的主要原料——粮食。之后，先民在生活中发现，剩饭的霉菌与煮熟的粮食混在一起，在保温等一定的条件下产生糖化和酒化，并合二为一成为一种甜酒，这就是我国最早的酒。这种源远流长的酒，经唐宋时期以酒曲改进技艺后，成为醪糟酒，一直流传至今。关于我国蒸馏酒的起源还在探讨中，目前资料显示似乎不会早于唐宋。虽然宋金时期已有蒸馏器发现，但绝大多数人饮的还是醪糟酒。蒸馏白酒的工艺乃是元代以后的事了。公元前4300年至公元前2500年的山东泰安大汶口新石器文化遗址，出土有罐、壶、杯等陶酒具，黑陶高脚杯尤具特色。发掘的实物证明，在新石器晚期，人类已开始制作和饮用甜酒。

公元前2100年至公元前1600年的夏代，大禹的儿子启建立了中国历史上的第一个奴隶制国家，从此开启了子继父位的家天下。古籍记载启在位时，喜欢饮酒、狩猎。说明在夏代，酒已成为上层佳饮。现代考古从河南偃师二里头文化遗址出土有夏代青铜爵、角、斝等酒器，以出土文物予以实证。公元前1600年至1100年的商代，商殷的最后一位国君叫纣王，他喜淫乐、好酒色。古籍记载纣王"以酒为池，悬肉为林"，说明酿酒业在商代已具相当规模，否则，纣王何能以酒为池。商代的青铜器，以郑州

三星堆遗址出土的大量陶酒器。

商代遗址和黄陂盘龙城遗址的出土文物为代表，其中有不少觚、爵、斝等酒器。商代晚期以安阳殷墟和妇好墓出土文物为代表，有大量精致的青铜酒礼器，器形丰富，花纹繁缛，有的还出现铭文。这些都是殷人好酒的实证。

二、蜀酒探源

过去只知道巴蜀地区异于中原的青铜器和船棺葬是巴蜀文化的代表，大至为春秋战国时期。近年来，广汉三星堆遗址的发掘有新的突破，进一步证明了这里很可能是早期蜀国的一个重要的都邑。其地下文化堆积层根据地层学与器物学的分析，可分为四期：第一期出土物为新石器晚期的东西，是先蜀文化，即蜀文化的前身。第二、三期是早蜀文化的堆积，以类型学排比得知其年代相当于夏商时代。第四期达到鼎盛，相当于中原的殷末周初时代。所以，三星堆遗址的考古发掘，把蜀文化的年代提前到了距今4000年至3000年的夏商时代。

三星堆遗址出土有大量的陶酒器，饮酒器有觚、盉、杯，盛酒器有瓮、缸、壶等。青铜酒礼器主要有尊和罍，有些铜尊形体高大，花纹繁缛，如八鸟四牛尊，器形与商周铜尊相似。铜罍饰凸弦、云雷、饕餮纹，有的表面光洁，至今无半点锈斑，可见蜀人铸造工艺的精湛。古蜀青铜酒器的出土，除三星堆外，已知重要的考古成果有：属于殷末周初的成都金沙遗址，出土的青铜酒礼器有尊和罍；成都百花潭 M10、成都羊子山 M172、新都马家木椁墓、郫县土坑墓、简阳糖厂窖藏等，出土的青铜酒器已达 100 余件。特别是彭县竹瓦街发现的一处窖藏，在大陶缸中有 21 件青铜器，其中兵器 13 件，酒器 8 件（五罍一尊二觯），器物表面饰以繁缛的饕餮、云雷、涡纹等。其器形与纹饰均区别于中原酒器，具有蜀文化独到的特色，其断代在殷末周初。由此可见，与夏商同时代的三星堆古蜀时期，蜀人已有谷物酿酒的技术与祭祀和饮用酒的需要。古籍记载，当时的蜀酒为蜀醴酒，也是一种由霉菌发酵而糖化和酒化合一的甜酒。因此，蜀酒之源起码始于与夏商同代的三星堆古蜀时期。

三、邛酒溯源

邛崃，古称临邛。山川秀丽，历史悠久。"石斧劈天地，铜钺伐春秋"。早在新石器时代，临邛的先民就在这方热土披荆斩棘，繁衍生息。古蜀国开明三世"帝攻青衣，雄张僚僰"，在古临邛地域形成民生不可或缺的盐市，开启了古临邛的繁庶。公元前 316 年，秦灭巴蜀。公元前 311 年，蜀郡守张若在筑成都、郫城的同时，特别看重邛盐集市的战略价值，优先选择在邛盐集市筑城，并定名临邛。加上巴郡的江州城，史称巴蜀四大古城。之后，邛崃 2000 多年的历史，文化底蕴十分厚重。崇文重农，营工经商，百业兴旺，繁荣富庶。千百年来，坚实的经济基础，灵秀的自然山川，精湛的古蜀酿酒技艺，不息的奋斗传承，在邛崃这方富饶的土地上，孕育了享誉中外的历史文化名酒——邛酒。

邛酒的溯源，已有可考的历史 2000 多年。邛酒被司马迁以如椽之笔载入正史，首功当属蜀中四大才女之首的卓文君。司马迁在《史记·司马相如列传》中，浓墨重彩地记述了卓文君和司马相如《凤求凰》的爱情故事，一代风流，才得以千古流芳。而"文君当垆，相如涤器"，更让邛酒名扬遐迩。

邛酒的源头，难道就仅止于西汉吗？答案是否定的。邛崃考古出土的汉代画像砖中，发现一定规模的酿酒作坊图案；有宴饮、伎乐场景，图像中摆放着酒具，众人席地而饮。临邛城中还有不少"当垆涤器"的酒舍。可见临邛的酒产业当时已具相当规模，饮酒已成为百姓生活的常态。如此繁荣的酒产业，绝非短期内能够形成。因此，邛酒的溯源，理应前推。

据四川大学考古系教授、巴蜀考古专家林向《巴蜀考古论集》的著作中，《蜀酒探原》记载："巴蜀铜酒器的出土，除三星堆外，已知重要的有：彭县竹瓦街殷末西周的窖藏……大邑五龙船棺及土坑木椁墓（战国早、中期）……"众所周知，战国时期秦国的临邛地域包含现在的大邑。大邑五龙船棺及土坑木椁墓出土的青铜酒器，就是古临邛地域出土的青铜酒器。也就是说考古文物证明，战国时期临邛存在酒产业。因此，邛酒的溯源，可考历史应追溯到公元前475年起始的战国时期，距今2400多年。

由于三星堆遗址的发掘，蜀酒可考的历史，已追溯到距今3000多年前。邛酒作为蜀酒的一枝奇葩，历史源流密不可分。而且，从三星堆遗址到金沙遗址，再到以成都为中心的周边区（市）县，现代考古发掘证明，这一区域的蜀酒产业，都有一个共同的源头，那就是三星堆。因此，笔者认为，邛酒的源头理应追溯到三星堆，同样具有3000多年的历史，无愧中国历史文化名酒的称号。

四、诗酒相传

酒文化是一种广义的文化，是人类有关酒的物质财富和精神财富的总和。汉唐以降，诗酒相传，吟诵邛酒的诗文浩如烟海。如唐初随李世民转战南北后来当上宰相的李百药，他爱酒如命，对文君酒尤为厚爱。在他的《少年行》一诗中，有"始酌文君酒，新吹弄玉箫"的诗句，专门赞美产自邛州的文君酒。晚唐诗人罗隐在春光融融、桃花灼灼的树下饮酒赋诗，其《桃花诗》中亦有"数枝艳拂文君酒，半里红欹宋玉墙"的名句，高度赞美文君酒。前蜀宰相韦庄在其《河传》一词中，描绘当时士大夫阶层的宴饮中，美人争相劝饮临邛酒的盛况："翠娥争劝临邛酒，纤纤手，拂面垂丝柳。"晚唐进士牛峤的《女冠子》一词中，有"锦江烟水，卓女烧春浓美"之词句。描写的是成都锦江岸边的酒肆，而赞美的却是邛州名酒卓女烧春。

到宋代，临邛酒依然盛誉不衰。如爱国诗人陆游也曾对邛酒大加赞颂。淳熙三年（1176），陆游在成都因得罪上司免官。他的好友邛州守宇文绍奕带上临邛酒去看望他，陆游品饮后赋《遣兴》诗云："一樽尚有临邛酒，却为无忧得细倾。"陆游在邛州游览期间，曾在《次韵使君吏部见赠时欲游鹤山雨止》一诗中提到："午瓯谁致叶家白，春瓮旋拔郎官清。"今天的我们才有幸知道近千年前的名茶"叶家白"和名酒"郎官清"。可见宋代的邛州盛产名茶、名酒，而且名品繁多，广为士大夫阶层喜好。

邛酒在古代被推崇备至，到近现代仍广为人们喜爱。清代诗人章发《文君井》诗曾云："窈窕当垆只为贫，香泉酿出瓮头春。"清末诗人宁缃在《文君井赏夏》一诗中，依然有着"买得文君酒，来寻司马琴"的雅兴。近代

清代画家苏六朋创作的纸本设色《太白醉酒图》，描绘了李白醉酒于唐玄宗宫殿之内，由内侍二人搀扶侍候的情景。

文化名人朱自清也有"共醉邛江水满瓢"的诗句,并有"邛崃邛江酒甚美"的注脚。川军高级将领刘湘在邛崃的一次酒宴上品尝邛江酒后,大加赞赏,并誉之为"赛茅台"。其后,该酒曾改名"邛崃茅台"。现代文豪郭沫若1957年在《题文君井》一词中曰:"文君当垆时,相如涤器处。反抗封建是前驱,佳话传千古。"对文君文化和邛酒文化给予高度赞誉。

综上所述,自汉以降,临邛诗酒相传,源流不息,佳酿辈出,名品繁多。仅诗词中吟诵的名品就有:文君酒、临邛酒、卓女烧春、郎官清、瓮头春、邛崃茅台等。可见邛酒源远流长,一脉相承,长负盛名,历久不衰,不愧为享誉中外的历史文化名酒。

五、再创辉煌

邛崃是中国最大白酒原酒基地,也是成都市规划确定的唯一的名优白酒基地,是四川省打造长江上游白酒经济带重要的一极。邛酒是以文君酒为代表的邛崃酿造白酒的总称。邛崃市酒类生产企业已有167家,年产优质白酒、原酒(调味酒、基础酒)20余万吨。一批更具市场竞争力的本土企业应运而生,文君酒厂、古川酒厂、有缘坊酒业、文君井酒业等一大批上规模、上档次的企业,在全国颇具影响力。凭借中国名酒工业园区基础建设的不断推进,世界500强企业英国帝亚吉欧、法国轩尼诗,以及全国知名企业金六福、水井坊、诗仙太白酒业等重要项目被成功引进,为邛崃白酒产业的快速发展提供了强大的实体支撑和发展动力。2013年3月27日,国家质检总局及中国轻工业联合会、中国酒业协会,向邛崃市颁发了"邛酒地理标志保护产品"和"中国白酒原酒之乡"的牌匾。

2018年初,邛崃市委十四届四次全会提出:要深挖千年邛酒潜能,创新"产区+酒庄+产品"模式,推动服务对象、产业业态、产区形象三大转型,实现由中国最大白酒基地向中国名酒产区转变,培育千亿级产业生态圈。今天,通过邛酒的溯源,重温昔日的辉煌。目的是要增强我们的自豪感,激励我们思变创新的决心,通过不懈的努力,让千年邛酒再创辉煌!

流光溢彩的邛酒文化

傅军

邛酒是最早见于正史的中国浓香型白酒，驰名华夏时间早于茅台（1915）2000多年，早于五粮液（1956）2000多年，早于剑南春（740）1600多年。2000年3月，邛崃被中国食品工业协会授予"中国最大白酒原酒基地"称号，全国众多白酒企业都使用邛酒基酒，邛酒被称为"中国浓香型白酒之母"。邛酒最先是伴随中国最浪漫的"凤求凰"即临邛才女卓文君与西汉赋圣司马相如的爱情故事传播，随后又随历代著名文人吟咏流播，是中国名酒中罕见的融汇爱情，以才女为崇拜对象的名酒，是"风流两千年，名扬八万里"的兼具品牌酒和基础酒的酒中奇葩，以邛酒与文人而演绎的故事，是中国文学史和中国酒文化中绚丽的篇章。

最先记载邛酒，歌吟邛酒，并将酒与才子佳人融为历史篇章的人，首推中国"史圣"司马迁，他在史家之绝唱，无韵之离骚的《史记·司马相如列传》中写道："相如与（卓文君）俱之临邛，尽卖其车骑，买一酒舍酤酒，而令文君当垆。相如身自著犊鼻裈，与保庸杂作，涤器于市中。"这就是最动人的"文君当垆，相如涤器"故事。两千多年后，大文豪郭沫若在《题文君井》诗中仍赞叹道："文君当垆时，相如涤器处，反抗封建是前驱，佳话传千古。"

最早将邛酒的盛况奉献给世人的，即是"凤求凰"的女主人公卓文君。她在著名的《白头吟》诗中写道：

今日斗酒会，明旦沟水头。

蹀躞御沟上，沟水东西流。

……

文君井是西汉遗井，相传是卓文君和司马相如当年酿酒取水处，后人为纪念他们而命名。井旁的当垆亭中，塑有"文君当垆，相如涤器"雕像。

愿得一人心，白头不相离。

西汉时期，临邛就有"斗酒会"那样宏大的比酒、卖酒、饮酒场面，可见临邛当时酿酒规模很大，在民间饮酒已成习俗。"斗酒会"是中国最古老的糖酒交易会，也是约定俗成的盛大节会，这在中国酒史上可能是仅有的，难怪后人一直把临邛作为酒的代名词。

诗圣杜甫在蜀中客住许久，临邛自然是他向往之处。《琴台》一诗中，杜甫写道：

茂陵多病后，尚爱卓文君。

酒肆人间世，琴台日暮云。

野花留宝靥。蔓草见罗裙。

归凤求凰意，寥寥不复闻。

杜甫吟琴台，怀古人，笔锋一转到邛酒，称"酒肆人间世"，对临邛酒肆的赞扬可谓是至高至美。"人间世"，人世间最好的地方。杜甫颠沛流离大半生，跑了大半个唐王朝的江山，喝了东南西北的酒，最后认定最好的酒是临邛的酒，最好的酒店（肆）是邛崃的酒店，最令人向往的酒市是临邛的酒市。

有小李杜之称的晚唐诗人李商隐，在东川节度使柳仲呈做幕僚时，赴成都公干，有《杜工部蜀中离席》一首：

人生何处不离群？世路干戈惜暂分。

雪岭未归天外使，松州犹驻殿前军。

座中醉客延醒客，江上晴云杂雨云。

美酒成都堪送老，当垆仍是卓文君。

从李商隐的诗中我可以看到，成都最好的美酒仍是临邛酒——即古代的文君酒。这位中国古代著名诗人在此诗里明白无误地用"仍是"来赞扬成都美酒临邛酒，并发出"堪送老"的慨叹，使人联想当时的邛酒（或曰文君酒）是何等的令人陶醉啊！

在另一首《送崔珏往西川》的诗中，诗人又感叹"酒垆从古擅风流"，有故事的酒，有文化内涵的酒，才是文人心中最美的人间美酒。

唐代有一位诗人，叫方干，自己进士不第，他的朋友也下第，于是以"临邛一壶酒"劝慰：

蜀路何迢递，怜君独去游。

风烟连北房，山水似东瓯。

九折盘荒坂，重江绕汉州。

临邛一壶酒，能遣长卿愁。

历代科举，中举者少，不第者多，落第时首先想到临邛酒，可见邛酒当时已名满天下，成为文人学士解愁的佳酿。

以"临邛酒"入词传颂中最著名的一首，当推唐花间派著名词人韦庄，他在《河传》中写道：

春晚，风暖。锦城花满，狂杀游人。玉鞭金勒寻胜，驰骤轻尘，惜良辰。　　翠娥争劝临邛酒，纤纤手，拂面垂丝柳。归时烟里，钟鼓正是黄昏，暗销魂。

公元907年，王建在蜀中称帝，韦庄辅之，曾为相，一切开国制度，多出自韦庄手。这首词，当是韦庄在成都时所作，"翠娥争劝临邛酒"当在某高档酒楼。翠娥为什么"争劝临邛酒"而不是"争劝某某酒"？可见临邛酒在成都（甚至蜀中）是最好的名酒。王建治蜀，一度繁荣；成都之繁华，已超过中原甚至江南，"一扬二益"绝非虚名，临邛酒能在成都乃至四川拔得头筹，临邛光荣之至。

与韦庄同时事蜀的词人牛峤，官至给事中。在《女冠子》一词中，又点出了临邛又一美酒——"卓女烧春"：

锦江烟水，卓女烧春浓美。小檀霞，绣带芙蓉帐，金钗芍药花。

额黄侵腻发，臂钏透红纱。柳暗莺啼处，认郎家。

由此看来，至唐（含蜀）的临邛酒，不仅有文君酒（文君当垆卖的酒）、临邛酒（翠娥纤纤手捧的酒），还有浓美的卓女烧春酒，真是品牌众多。

浓美，是邛酒的特色。

邛酒至宋代，发展仍蓬勃。曾任宰相的钱惟演（吴越王钱俶之子）有《成都府》一诗为证：

武侯千载有遗灵，盘石刀痕尚未平。

巴妇自饶丹穴富，汉庭还责碧砮征。

雨经蜀市应和酒，琴到临邛别寄情。

知有忠臣能叱驭，不论云栈更峥嵘。

同样为大宋宰相的王安石，在《送文学士倅邛州》诗中更有牛酒之说：

文翁出治蜀，蜀士始文章。

司马唱成都，嗣音得王扬。

莘莘汉守孙，千秋起相望。

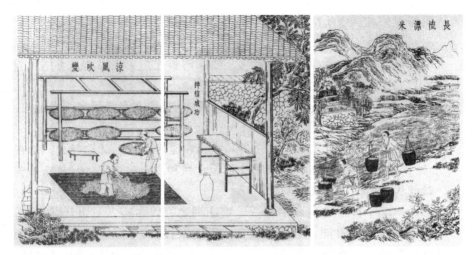

《天工开物》中有关酿酒的记载。

操笔赋上林，脱巾选为郎。

拥书天禄阁，奇宇校偏傍。

忽乘驷马车，牛酒过故乡。

……

牛酒，即牛和酒，宋代用作赏赐、慰劳或馈赠的物品。王安石送文同（即文学士）到邛州做官（通判），告诉他邛州人有送牛和酒的风俗。连宰相王安石也知道邛崃产美酒，并喜欢用美酒作为礼物送人，可见邛酒之美名也传播于朝廷了。

三位宰相（韦庄、王安石、钱惟演）谈邛酒，世所罕见。再加上"史圣"司马迁、"赋圣"司马相如、"诗圣"杜甫三位圣人，邛酒可谓荣幸之至！

大诗人陆游在蜀中为官，尤喜邛酒，他在《文君井》诗中说：

落魄西川泥酒杯，酒酣几度上琴台。

青鞋自笑无羁束，又向文君井畔来。

喝酒喝得烂醉如泥（泥酒杯）还想喝（酒酣几度），喝什么酒？文君井畔的文君酒。可见邛酒真好喝。

闲下来时，陆游也想到临邛酒，有诗《遣兴》为证：

老子从来薄宦情，不辞落魄锦官城。

生前犹着几两屐，身后更须千载名。

楼外雪山森晓色，井边风叶战秋声。

一尊尚有临邛酒，却为无忧得细倾。

这首诗是陆游从邛州回到成都寓所后，追记邛州守宇文绍奕赠邛酒后的感慨。"一尊尚有临邛酒，却为无忧得细倾"，一个"尚有"，表达了诗人对临邛酒的无比钟爱之情：幸好还有这杯临邛酒呵，它是我为最知心的朋友，它能让我慢慢品尝、无忧无虑，细细地倾诉衷肠呵。

"却为无忧得细倾"，正是邛酒的文化魅力，也是一切美酒的文化魅力，说临邛酒是中国历史文化名酒，是文化人最喜欢品的酒，名副其实。

明代大才子、吴中四杰的高启，对邛酒一往情深，他有一首《竹枝词》云：

妾爱看花下渚宫，郎思沽酒醉临邛。

春衣未织机中锦，只是丝长那得缝。

高启是江南人氏，却"郎思沽酒醉临邛"，可见邛酒之名已传遍江南，像高启这样的大才子也要"醉临邛"。

另有姚氏《竹枝词》也说邛酒之事：

卓氏家临锦江滨，酒旗斜挂树头新。

当垆不独烧春美，便汲寒浆也醉人。

由是可见，不只是卓女烧春这个品牌的酒，只要产自临邛的酒，都是好酒，都醉人。

其时，有一个叫王叔承的吴江人也出来做了一首《竹枝词》：

杨柳青青酒店门，阿郎吹火妾开樽。

千金买得文章去，不记当时犊鼻裈。

此词表现卓文君与司马相如当垆卖酒之事，诙谐，风趣，那"杨柳青青酒店"可能在临邛，可能在成都，也可能在吴江或苏州吧。

清人对邛酒亦充满向往，曾任四川尊经书院山长的湖南大文人王闿运先生作《湘绮楼·琴歌》云：

……

华阳士女论先达，

惟有临邛一酒垆。

在王闿运先生笔下，要论临邛"惟有临邛一酒垆"了。

御史赵熙在《题文君井》诗中，更是将卓文君说成"第一风流卖酒人"，用现代话说即"代言人"。

卓文君与邛酒的融合，使邛酒两千多年来不断辉煌，邛酒文化流光溢

邛崃茶马古道旁的酿酒作坊。

彩。邛酒的生产、饮用和举世扬名、流芳百代是历史的必然，邛酒文化经历代文人演绎也是历史的必然，绝无人为的矫揉造作。这在中国数不清的酒品牌中是极为罕见和宝贵的。

2000年春,邛崃举办"邛酒飘香神州壮行会",盛况空前。《中华辞赋报》特邀顾问、金国辞赋大赛金奖获得者傅军会后热情洋溢地写下了大气磅礴的《邛酒赋》,全文如下:

汲崃山之清泉,聚巴蜀之丰谷,醅千年之老窖,酿人间之琼浆。惹文君翠袖醇香风流两千年,挟汉唐盛世雄风名扬八万里。酒旗猎猎,首领天府名酒风骚;琴韵悠悠,尽诉华夏历史沧桑。墨客骚人,慕名而至,鹤山纵歌,红楼宴饮,花前月下,倾倒玉山。醉娥扶起醉郎,吟诗作赋,风情万种,有华章留世。南北商贾,歇马寻丹青屏障,日日狂醉,夜夜笙歌,花团锦簇,尤为秦淮明月夜,西湖楼外楼。夕阳映文笔塔一枝斜横,舟人唱渔歌子两江回应,金鸡报晓,惊起游人残梦,奋起登程。谁道是烟柳繁华地只应江南有,温柔富贵乡还数这天府南来第一州。美哉邛酒!

李太白读相如《大人赋》,顿生凌云气,星夜奔临邛,把酒抚琴台,痛感"台上寒萧条，至今多悲风"，热泪滂沱，长啸"大道如青天，我独不得出"。陆放翁万里觅封侯，梦断冰河，身老沧州，踏破铁鞋至临邛，常醉卧不醒，梦犹大呼杀贼；北方狼烟又起，持邛酒北上，重操铁马金戈。杨升庵状元不得志，贬官云南，留邛寻旧迹，感今怀古，"持觞不惜醉"，睹"三百六十飞升"，想"八万四千翠波"，豪气益盛，终生不向权贵俯首。江南才子杨潮观宦居邛州，寻得文君楼旧址兴建吟风阁，率众文士谈今论古，品酒吟风，吟临邛千古之淳风，吟官场难得之清风，出《吟风阁》长卷，令尔后贪官污吏闻风丧胆。更有李家钰将军请缨抗日，邛酒壮行，血染疆场，彪炳青史。莫道是邛酒尽滋润儿女情，更壮那代代英豪报国志。

邛崃山河逶迤锦绣三百里，村村鸟语酒香。环抱一座山，旋为一酒厂；临江建酿房，酒香一条江。未至临邛境，先闻邛酒味，西出玉门关，嘴噙酒仍香。地球凹为大酒缸，盛不下邛酒香气弥漫冲九霄。

君不见，天南地北，邛酒槽车如条条长龙，名酒厂家争用邛酒勾兑；谁不美，上下五千年，"中国最大白酒原酒基地"乃是我堂堂邛崃。大哉邛酒！

两千年美酒浸润斯地成历史文化名城，举一业而兴百业教数十万庶民足食丰衣。扬起邛崃经济发展的风帆，108 枚名酒金牌使邛崃山河熠熠生辉，衍生出千幢高楼、万国车队。细数道：龙池伴龙井，川江金日升；古川出万泉，君乐蜀宫春；川池文井美，川花生春晖；春泉有春源，蜀涛辣妹子；临邛川酒称川霸，群星灿烂永和平；川邛汇聚巴口香，文君沽酒在恒源。龙年举办壮行会，万民踊跃，感天动地，共祝邛酒如神龙腾跃九州。伟哉，伟哉，浩浩汤汤之邛酒！

愿邛酒再度辉煌。

愿邛酒文化更加流光溢彩。

卓文君、司马相如、卓王孙与邛酒

陶开敏　陶然

卓文君与邛酒

在卓文君与司马相如流传千古的动人故事中，邛酒扮演过重要角色，发挥过重要作用。而他们的故事对于临邛和邛酒知名度与影响力的提升，还将继续发挥重要作用。

卓文君与司马相如的相知相识，是在卓王孙宴请司马相如与县令王吉的酒宴上。王吉恰到好处地邀请司马相如展示才艺——奏琴。司马相如欣然应允，宴会进入高潮，宾主情绪热烈。"酒酣，临邛令前奏琴曰：'窃闻长卿好之，愿以自娱。'相如辞谢，为鼓一再行。"（《史记·司马相如列传》）曲引之后，即将演奏的重头曲，与其说是为了宴会现场的上百人，毋宁说是奉献给王县令一系列精心铺垫、司马相如紧密配合的目标——不在现场而又确在现场的主角——卓文君！

"是时卓王孙有女文君新寡，好音，故相如缪与令相重，而以琴心挑之。"（《史记·司马相如列传》）时机成熟，饱含满腔爱慕之情的司马相如，在"临邛酒"的激励下，神采飞扬地奏响了流传千古的名曲《凤求凰》。

对爱情和未来充满喜悦与憧憬的卓文君，与司马相如夜奔成都后，面临严峻的生存压力。因为司马相如"家居徒四壁立"。面对严酷的现实，卓文君无愧为千古讴歌的才女，既没有埋怨，更没有后悔。而是做出了一般小女子不可能做出的大胆决定，她对司马相如说："一起回临邛去！哪怕从兄弟那里借点钱，也足以谋生，为什么要这样苦自己呢！"

当卓文君私奔时，对父亲连招呼都没有打。现在竟然因为生计不得已回去，社会反应可想而知，心理压力可想而知，需要何等的勇气也可想

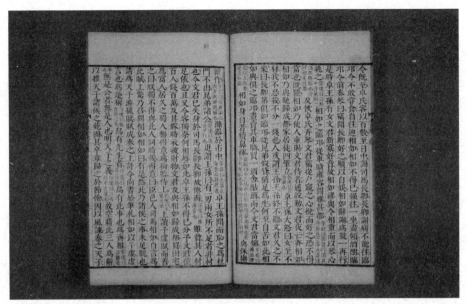

《史记·司马相如列传》（1656 年汲古阁版）。

而知。

　　让人更没有想到的是，回到临邛的卓文君，并没有找兄弟与亲朋好友借钱为生，而是做出了一个更为惊世骇俗的决定：自谋生路，开店卖酒！"相如与俱之临邛，尽卖其车骑，买一酒舍酤酒，而令文君当垆。相如身自著犊鼻裈，与保佣杂作，涤器于市中。"（《史记·司马相如列传》）

　　文君当垆，相如涤器。才貌双绝，从小锦衣玉食，平时难得一见的巴蜀首富卓王孙之女卓文君，站在街上的酒肆里卖酒。一代名士，名满天下的辞赋大家司马相如，穿着牛鼻子围裙，洗盘子洗碗，跑堂当招待。街谈巷议的同时，带来空前的生意兴隆。文君当垆，相如涤器，产生的轰动效应可想而知。开业之日，临邛城万人空巷，酒店内人头攒动，拥挤不堪。临邛为方圆数百里、上千里的商贸中心，商业繁荣，商贾云集。人们纷纷慕名，不惜远道而来。本就享有盛名的"临邛酒"，更在一时之间名扬天下，直至今日。

　　文君当垆，相如涤器。对于卓王孙的名誉损失和打击，可想而知。酒肆越是门庭若市，生意越是如火如荼，对卓王孙的打击越是沉重，羞耻至极的卓王孙唯有闭门不出。在亲朋好友的反复劝说与利益权衡下，卓王孙最终与女儿卓文君和解。与女儿和解的卓王孙，分给了卓文君"僮百人，钱百万，及嫁时衣被才物"。

卓王孙与卓文君和解后，分给她的除了钱百万和嫁妆外，还有"僮百人"。如果仅仅家务，卓文君与司马相如根本用不着"僮百人"。显然，卓文君与司马相如在卖酒时，是开了酿酒作坊的。而且，即使有了百万钱以后，卓文君已不需要当垆，司马相如也不需要涤器。但是酒作坊还在继续，而且扩大了规模。

这也说明了卓文君与司马相如回到临邛后，为什么在众多的营生行当中选择了酒业。一是卓家在冶铁、铸币之外开有规模不小的酿酒作坊，卓文君从小耳濡目染，了解并且熟悉酒的生产。二是酒的利润高。三是卓家酿制的"卓氏酒"品质好，名气大。当然，文君当垆、相如涤器产生的名人效应，更是几何级地放大了"文君酒"与"临邛酒"的知名度与影响力。

然而，享有盛誉的"文君酒"，一度被指为"寡妇酒"，不能上婚宴，成为制约"文君酒"销量的一大瓶颈。因此，对"文君酒"的再认识变得非常重要。

卓文君为了追求爱情，敢于不顾封建礼教的束缚，毅然与司马相如私奔；面对家徒四壁的贫穷，仍然不离不弃。在这个意义上讲，"文君酒"不是什么"寡妇酒"，而是"忠贞爱情酒"。

卓文君不畏俗之偏见，当垆卖酒，自主创业，改变命运。是励志、创业的典范。"文君酒"应该是"励志酒""创业酒"。

卓文君有力协助司马相如顺利完成通西南夷的任务。"文君酒"是"成功酒"。

卓文君与司马相如，直至晚年，仍然相亲相爱。著名诗人杜甫慨然赞叹"茂陵多病后，尚爱卓文君"。"文君酒"又是"幸福酒"。

司马相如与邛酒

司马相如与邛酒的直接关系，表现在以下几个方面：

一是司马相如与卓文君相识于卓府酒宴，"临邛酒"与"绿绮琴"成为他与卓文君相识相知，最终走到一起的重要媒介；二是司马相如家徒四壁的贫困状况因为"邛酒"而改变；三是"文君当垆，相如涤器"，"邛酒"使千古文豪与千古才女演绎出流传千古的爱情佳话；四是卓文君与司马相如的名人效应及其蕴含的丰富历史文化，使得"邛酒"声名远播，流传至今。

尤其是，在司马相如领军的西南夷宾服行动中，"邛酒"发挥了重要

在司马相如领军的西南夷宾服行动中，"邛酒"发挥了重要作用。

作用。

 1. 汉王朝通西南夷的行动，采用的是和平方式。其中重要的手段是赠送礼物，建立与西南夷大小部落首领的朋友关系、信任关系。喝酒，成为联络感情最有效、最常用的方法，酒也是最受部落首领欢迎的礼品。无论是联络感情喝的酒，还是作为礼品馈赠的酒，大都是司马相如从临邛采购带去，"邛酒"也因此声名远播。

 2. 司马相如在通西南夷宾服行动中，最主要的方法是，通过向西南夷少数民族传授汉民族先进的农业、手工业生产技术，发展商业，促进西南夷少数民族地区的经济发展。酒的酿制生产与销售，成为最受欢迎的工商业之一。司马相如在临邛的酿酒和销售经历，大派用场。当然，主要的培训任务还是由临邛的工匠负责完成。

 酒的酿制生产，涉及粮食、微生物发酵。技术之外，与产地的原材料，以及水、土、天候等自然条件有着至关重要的关系。历史与现实说明，西南夷宾服行动中僰道县（今四川宜宾）、江阳县（今四川泸州）的自然天候与原材料，显然符合与适合酿酒生产，通过不断地发展，至今成为闻名全国的酒业生产重地和名酒产地。尽管今天的蒸馏酒与当时的酿制酒有根本性的差别，但是任何事物从成长到成熟，与原始原点有着不可切割的重要关系。

3. 通西南夷宾服行动中，最重要，最艰辛，也最麻烦的是修路。在西南地区险峻的崇山峻岭中架桥修路，十分艰辛，耗资巨大。而最大的麻烦在于这些庞大的费用开支，主要由地方财政和民间的士绅、商贾负担。作为补偿，司马相如适当放宽了盐、铁、酒的官营限制与监管。对于川酒的发展，起到了重要的作用。

卓王孙与邛酒

史料和出土的汉画像石、画像砖，有大量酒肆、饮酒与酒的生产场景，这是由于西汉时期社会稳定，百姓富庶，宴饮盛行。婚、丧、嫁、娶、修房造屋，生日、出行、乔迁等等都要举办宴席。所谓无酒不成席，大量的饮宴，造成庞大的酒的市场需求。庞大的市场需求，刺激酿酒生产规模的扩大，工艺的提高。

根据史料记载，西汉时期，出现了多种不同的酒。其中，最有名气，也是最上乘的，叫"酎酒"。酎酒的特点是用料精致，反复酿制，原料和酿制方法都十分考究。主要供贵族和高档宴会饮用，是汉代的高端白酒。

汉代酒品多种多样，计有：酏酒，一种度数比较低的酒；助酒，又称白酒，不同于现代的白酒，汉时的白酒（助酒）是指沉淀在酿酒底部，色白的酒；米酒，用去壳的粮食酿制的酒，甘甜，又称醴糟、香酒、清酒；黍酒，以黍为原料酿制的酒；青酒，以色青得名。稻酒，以稻子为原料酿制的酒；其他还有菊花酒、桂花酒之类，分别以菊花、桂花泡制，这类酒又称姑娘酒，仅有微少酒精含量，实际上属于饮料。

临邛，西汉时期著名的工商业重镇，盐、铁、茶、酒驰名远近，既是著名的酒生产基地，也是购销两旺的交易中心。其中，卓王孙的酿酒作坊以规模大、产量高、品质好闻名于世。

作为巴蜀首富，卓王孙拥有全国三大冶铁工场之一，僮仆千人，仅仅生产工人，规模就达千人之众。再加上管理人员，员工应在千人以上。同时，还拥有铸币的资格和资质，俗称"卓氏铜钱半天下"。

冶铁与造币涉及多个上下游产业，以及大量的商务往来。在汉文帝、汉武帝时期，数度实行盐、铁、酒官营制度，使得卓王孙与官府之间存在大量的协调、沟通。无论与上下游企业的商务往来，还是与官府间的沟通

在西汉，卓王孙不仅拥有全国三大冶铁工场之一，其酿酒作坊也以规模大、产量高、品质好闻名于世。

协调，卓家的宴饮招待量都十分惊人，酒的用量也十分惊人。同时，根据史料记载，在汉代，经商致富的行业排名中，酿酒被排在相当靠前的位置。自身需求量大，而酒的利润又位列商业前端，卓王孙作为精明的商人，拥有规模巨大的酿酒工场，自在必然。卓家酿酒工场，堪比"通邑大都，酤一岁千酿，醯酱千瓨，浆千儋"，年产量达到千瓮之巨。

　　由于酎酒用料精致，酿制方法十分考究，需要反复酿制，生产周期大大长于其他种类的酒。资金占用时间长，成本高，一般的商人很难承受，而卓王孙财力雄厚，再加上他的高档宴会多，高端白酒需求量大，所以卓家工场主要以酿制高端的酎酒为主。汉代以降，由卓王孙酿酒工场开创的以生产高端酎酒为主，坚持用料精致，工艺考究，成为"临邛酒"的酿制传统，延续至今。再加上"文君当垆，相如涤器"这一流传千古的佳话，所产生的名人效应，"临邛酒"在汉代及其以后，在中国白酒业界一直享有盛誉，代代相因，绵延至今。品质愈高，规模愈盛，成为"中国最大白酒原酒基地"，实至名归。

邛崃地理环境与邛酒

李旭葵

史料记载和出土文物考古研究证明，我国是世界上最早生产酒的文明古国之一，有不下 5000 年的历史。邛崃自古称酒乡，历史源远流长，据有关史籍和古遗址发掘的文物记载，酿酒历史不下于 3000 年，在灿烂的历史长河里，占有重要的光彩夺目的位置，并以佳酿久盛不衰而闻名于天下。

酒和农业生产及采集经济是密切相连的。在我国 5000 年前的新石器时期，随着生产劳动的实践和知识的增长，人们开始有意识地采集野果使其自然发酵，这种活动为人工谷物酿酒积累了丰富的经验和知识。随着发展，农业生产的谷物逐渐代替了采集的野果，为酿酒提供了物质原料。陶器的出现则为酿酒、食酒提供了必备的器物。农业和陶器的出现，使原始氏族得以定居生活，也为酿酒奠定了社会物质生活基础。只有在谷物和陶器都出现的前提下，人工谷物酿酒才会成为事实。

酒的酿造生产，离不开气候、土壤、原料、水、陶器和生产操作工艺技术等必须具备的基本环境条件。

远古时期，临邛就是蜀人和邛人居住的地方。1992 年 3 月，邛崃市原下埧乡洗马村一姓杨的村民在修房造屋时，发掘出了原始石器时代的刀、斧、砧、锄等七件生产工具。说明了早在 5000 年前的石器时期，邛崃境内就已经有人在从事垦荒耕作进行谷物生产，为酿酒提供必不可少的物质原料。正如西汉司马迁在《史记·货殖列传》中对古临邛的记载："吾闻汶山之下，沃野，下有蹲鸱，至死不。民工于市，易贾。"

邛崃古代陶器世界闻名，历史悠久。公元 813 年，根据唐代大臣李吉甫编纂的《元和郡县图志》中邛州临邛县条目中载"后卓王孙买为陶铸之所"和发掘出土的三株钱陶摸及酿酒用的土陶过滤器，说明早在两千多年前的西汉时期，邛崃就进行陶器生产，而且已颇具规模。陶器的生产，为古临邛酿酒生产提供了器具。

邛崃地处邛崃山东麓，为成都平原的一部分，海拔高在500~600米，属于四川盆地中亚热带湿润气候区，年平均降雨量1117毫米，年平均气温16.5度，无霜期285天。气候温和，四季分明，冬无严寒，夏无酷暑，十分适宜酿酒的微生物生长发酵。

邛崃地质构造属于我国东部大陆巨型新华夏系之西缘部位。大自然的造山运动，恩赐给邛崃的黄粘土俱有偏酸、细腻、保水、吸附性强等特点且含有磷、硫、铁、钾、钠、钙、镁等多种微量成分，是培养窖泥微生物的基础物，培养出来的窖泥用于酿酒，越用越老越好，而且酒质越佳。

邛崃土地肥沃，有利黄谷生长。邛崃酿酒，用上等黄谷为原料，属纯粮，含支链淀粉、蛋白质、脂肪和磷、硫、钾、钠、镁、钙等元素，酿造出来的酒不仅优美味甜，而且出酒率高。

名酿必有佳泉。好酒除了有特殊精湛的酿造工艺技术，得天独厚的气候和土壤等条件外，还有一个重要的因素是需要有优质的水。邛崃地质构造特殊，若干年前是河道、湖海，经过了不知多少年代岁月冲积。在地下两三米深就见沙砾层，可见泉水，而且地下水源丰富。邛崃山脉，山上植被保护完好，山顶终年未化的冰雪未受污染，形成地下河流，经过地下沙砾层的天然渗透，层层过滤，水质甚佳，纯净清冽，而且含有钾、钠、镁、硒等十多种有益于人体的微量元素。在酿酒的过程中，这些微量元素与乙醇发生化学作用，产生出一种特殊的芳香，从而决定了邛酒特殊的风格和品质。这就是"酒因泉生辉，泉以酒益贵"。

古临邛有"万石农耕"的沃土良田，柳荫覆径，稻花飘香；碧波涟涟的河流清澈透绿，甘洌爽口；适宜的优越自然条件，加上兴旺的广植五谷的农业生产和发达的陶器生产，代代相传的精湛酿酒技术，使古临邛早在西汉前酿酒业就已兴旺发达。

酒的酿造生产离不开特殊的气候、土壤、原料、水、陶器等环境物质条件和酿酒生产工艺技术。为什么说邛崃自古就是酒乡？因为邛崃自古就具有得天独厚的自然环境优势。

邛崃境内山、丘、坝各占三分之一，得天独厚的地形地貌，大自然赋

邛崃有"万石农耕"的沃土良田，柳荫覆径，稻花飘香；酿酒用上等黄谷为原料，属纯粮，酿造出来的酒不仅优质味甜，而且出酒率高。

予的绿水青山，旖旎风光和宜人气候，使邛崃形成了人杰地灵，物宝天华的特色。悠久的历史文化和秀丽山水风光天然结合，深厚历史本源与诱人气质神韵相融，使邛崃成为没有被污染的绿地，远离尘嚣的净土。

邛崃，是西汉著名才女卓文君的故里，世界上最早使用天然气的地方，彩绘瓷的发源地。

西面是绵延气势磅礴的龙门山脉，东面和北面，是一望无涯地势平坦的成都平原。还有一条由火井江和白沫江汇聚的南河，波涛滚滚，横贯于邛崃境内从西向东奔流不息。

邛崃的地理位置形势，在清嘉庆《直隶邛州志》、宋代祝穆撰《方舆胜览》等古籍史书文字记载和历代文人的诗词里，都有比较精辟的概括。

"邛处蜀之西南，东望锦官，武侯过辙犹存；西临六蕃，犬牙互制；南趾蒙蔡，为神禹治水之所由始；北瞻鹤雾，汉将军子龙忠义之气若隐若见于云树间。"（《直隶邛州志》）

"东接蓉城，北联雾岭，西连蕃地，南控碉门。"（《方舆胜览》）

"前通沉黎、越嶲之邦，后接秦塞、笮都之境。"（《直隶邛州志》）

"碉门"，指今邛崃南面的雅安市天全县西。"雾岭"，即指邛崃北面大邑县的西岭雪山和雾中山。"沉黎"，汉武帝设置沈黎郡，治笮都县，在今之汉源县。"越嶲"，汉武帝元鼎六年置郡，辖邛都十五县，即今之西昌凉山地区。"笮都"，部族名，为"旄牛羌"之一部，主要分布在今之汉源、石棉、冕宁、盐源、盐边等县。"蒙蔡"，蒙山指名山，蔡山指蒲江。《邛崃县志·山水志》载："古临邛之南百里而遥，有三山，中为邛来大山，左为蔡山，右为蒙山。"

"邮水萦环于左，邛崃拥峙于右。"（《直隶邛州志》）

"邮水右旋江会合，天台曲直卦文明。"（宋张方诗）

"屏蔽川蜀，控扼西蕃。"（《读史方舆纪要》）

自古以来，邛崃就是通往神秘西藏、云南的必经之道。是"北接锦城，南通沿道"，扼古清溪道之咽喉，历史上为"军镇驻防"之所，历来成为兵家争夺的战场，是闻名于世的秦汉古道西出成都第一城。

邛崃，古称临邛，文君故里，巴蜀古城。邛崃，虽然在历史上从未建过都，也没有称过帝，但是由于它所处的特殊地理位置，却在战国时期秦惠文王更元十四年（前311年），与曾称帝建都的成都、郫城（郫县）和江州（重庆市）一起同时建城，迄今已有2300多年的悠久建城历史，名列巴蜀四大古城，名播海内外。

邛崃，地处成都平原西南边沿向川西高山高原区龙门山脉前沿的过渡带。东去成都，近连新津、彭山，南与眉山、蒲江、名山等县毗邻，西同雅安市芦山接壤，北临大邑县，是周围八县、市的交通枢纽。自古以来，是川西南商品集散中心。

邛崃境内名胜古迹众多，民风古朴纯真，乡情浓郁清新，迷人的秦汉遗风吸引着各地游人。美不美家乡水，亲不亲故乡人，就让我们走进临邛古城，漫步历史长河，去了解酒乡的前世、今生和未来。

历程

文君名酒香飘四海

傅尚志

邛崃出美酒，而文君酒最为著名。

1988 年秋，金风送爽，桂子飘香。四川省文君酒厂迎来了一个喜人的丰收季节。

9 月 3 日，一道电讯翻山越岭传到天府之国："文君酒荣获第六届香港国际食品展金杯奖。"

10 月 28 日，又一道电讯漂洋过海，飞到神州大地："文君酒在法国巴黎第十三届国际食品展览会上荣获金奖。"

11 月 14 日，文君酒厂蝉联四川省先进企业光荣称号；厂长乔其能继荣获 1988 年全国首届经济改革人才银杯奖后，又获全国优秀商业企业家和四川省商办工业优秀企业家称号。

文君酒不愧是四川名酒，在一个年度里就连夺两个国际金奖，开创了中国白酒在国际展销史上的新纪录！

文君酒为什么能取得如此辉煌的业绩？

其实，在文君酒厂早期，影响最大的品牌是崃山牌，尤其是"崃山二曲"，凭借其优良的品质和亲民的价格，广受各阶层消费者喜爱。无论是街边小店，还是上档次的大饭店，总能听到"老板，来瓶'崃二'"的熟悉喊声。随着企业的不断发展，除崃山牌外，文君酒厂又陆续推出了文君牌、抚琴牌、瓮亭牌、通天泉牌等多个品牌。其中，尤以文君牌系列产品最为畅销，深受广大顾客喜爱。

1987 年 4 月，全国评酒委员、原轻工部酿酒高级工程师秦含章在全面了解文君酒厂的现状和历史后，赠送了四句话："工厂管理现代化，青

1988年10月28日，文君酒在法国巴黎第十三届国际食品博展会上荣获金奖。

文君酒不仅畅销全国各地，而且还远销美国、日本、法国、东南亚等国家和地区。

年职工知识化，传统工艺科学化，环境布置艺术化。"这四句话高度概括了文君酒厂坚持改革，依靠科学技术和科学管理发展生产，提高质量、提高效益的成功经验。

科学管理是生产力。在十年改革中，文君酒厂在推行科学管理中迈了六大步：一是整顿劳动纪律。狠刹偷盗、赌博、打架等歪风，制定实施有10项制度、67条规定的《四川省文君酒厂企业管理条例》，端正了厂风厂纪。二是不断深化各种形式的经济责任制。把企业生产经营的好坏与每个干部职工的利益紧密联系，调动了干部职工的积极性和创造性，促进了生产经营的稳步发展。三是加强质量管理。在质量管理活动中，全厂建立了有253人参加的42个质量管理小组，设立了45个攻关项目。几年来，有19个小组25次获省、市商业厅、局和质量管理协会颁发的优秀质量管理小组称号。全厂从原料进厂、入窖发酵、蒸馏、储存、勾兑、调味成型、包装出厂到市场用户，形成8道关卡、17条防线、19个质量管理点的质量保证体系。四是应用控制图法管理生产工艺。从推广应用控制图法以来，全厂绘制控制图5000多张，利用控制图制定工艺标准30多个，保证了产品质量的稳定与提高。五是完善检测化验手段。全厂有检测化验大楼一座，专职检测化验人员43人，配备有气相色谱仪7台，微机9台，常规化验设备185台（件），所有检测化验记录齐全。六是应用微机勾兑。在应用气相色谱仪分析、掌握文君酒的各种成分含量数据的基础上，在四川省电子计算机应用中心的帮助下，进行的微机勾兑试验一举成功，并于1984年12月20日正式通过省级鉴定，使文君酒厂成为全国第一家应用微机勾兑的厂家。运用微机勾兑，较之过去依靠人工调味、用口感判断经验测酒的质量的方法，是一大飞跃。运用微机勾兑，使文君酒优质品率由过去的13.4%上升到16.3%，合格率达100%。几年中，用微机勾兑减少的产品质量误差、增加合格率的效益就达近百万元。文君酒厂还应用微机来管理库存、工资、奖金结算，以及色谱跟踪、蒸馏控制等工作和生产工艺，取代了过去繁杂的人工劳动。企业管理水平的提高，使各项经济技术指标跃居国内同行业的先进水平。1987年，文君酒厂计量管理达到国家二级水平，被评为四川省全面质量管理上等企业，节能一级先进企业，荣获四川省企业技术进步全优奖，安全工作历年达标，企业连续4年蝉联省、市、县文明单位称号。

社会主义企业生产的根本目的，在于不断满足群众物质文化生活的需

1988年，文君酒厂厂址总面积达 122600 平方米，建筑面积达 75900 平方米，比 1980 年扩大了 1 倍多。

求。改革十年，文君酒厂根据市场变化，依靠科学技术进步，不断开发新产品，形成了以文君酒为主体的多品种系列产品。产品品种由过去单一的峡山牌，发展为峡山牌、文君牌、抚琴牌、瓮亭牌、通天泉牌 5 个牌名、36 个品种。文君酒在 1963 年被评为四川名酒的基础上，蝉联 1981 年、1984 年、1988 年国家商业部优质产品称号，夺得了 1985 年、1988 年国家商业部优质产品金爵奖。文君酒及其系列产品以其优质价廉，深受消费者喜爱，不仅畅销全国各地，而且还远销美国、日本、法国、东南亚等国家和地区。法国《欧洲时报》、菲律宾《世界时报》、泰国《中华日报》、香港《大公报》等纷纷撰文赞扬文君酒："以其独特的风格和优异的品质享誉海内外。"

党的十一届三中全会以后的十年间，文君酒厂在生产发展、积累增加的过程中，先后投资 1000 多万元，将过去手工生产的白酒和曲酒的作坊，改建成 7 个机械化车间，并用锅炉蒸气生产，结束了手工操作烧煤生产的历史，大大提高了生产能力。同时，文君酒厂还围绕自身生产的特点，新建了利用酒糟的饲料厂，为酒业发展服务的纸箱厂、包装厂、玻瓶厂、胶套厂和供销公司。到 1988 年，文君酒厂厂址总面积达 122600 平方米，建筑面积达 75900 平方米，比 1980 年扩大了 1 倍多。

随着科学技术的进步，干部职工素质的提高，生产设备的不断更新，文君酒厂的产值年年上升，对国家的贡献越来越大。1988 年，全厂工业总产值达 1750 万元，比 1980 年增长 341%，平均每年递增 20.4%；曲酒产量达 4709 吨，比 1980 年增长 271%，平均每年递增 17.8%。其中，名牌产品文君酒产量达 1350 吨，比 1980 年增长 549%，平均每年递增 26.3%。从 1981 年到 1988 年 8 年间，全厂共实现利税 5270 万元，是新中国成立后建厂 29 年间实现利税总和的 3 倍，等于新建了将近 3 个文君酒厂。而且，还开创了文君酒厂出口创汇的新局面。1987 年，文君酒出口创汇 20 多万美元，荣获"中国出口名特产品金奖"。1988 年，取得了更为显著的创汇效益。

作者说明

1988 年 5 月至年底，四川省科学技术委员会、四川省计划经济委员会、四川省科学技术协会、四川省人民广播电台、四川省科技创业公司联合在全省范围内开展了"科技助我起飞"征文活动。

作者时任邛崃县科学技术委员会主任，在乔其能厂长的真诚支持下，经多次深入采访、座谈，撰写了此文。文章获征文活动二等奖，入选由四川省人民广播电台编、四川科学技术出版社 1989 年 10 月出版发行的《科技助我起飞》专集。

《文君名酒香飘四海》记录了 30 年前文君酒厂依靠科技进步所取得的成绩，反映了邛酒发展历史进程中的辉煌。30 年后，邛崃政协文史委征集、编辑邛酒专辑，特奉此文，既用文存备忘，又供研究邛酒历史发展变化的一点参考。

外来酒企金六福强势入驻

熊定钊

　　四川金六福酒业有限公司隶属华泽集团,位于邛崃市金六福大道6号,是一家白酒生产企业,拥有临邛工业园区包装中心、中国名酒工业园酿酒车间、土地坡酿酒车间三个厂区,占地面积超过千亩,是川酒新金花之一。公司开发的金六福系列、福酒系列、六福人家系列、福星酒系列等品牌,通过集团销往全国,深受消费者喜爱。

酒业黑马

　　1996年,长沙海达酒类食品批发有限公司成立,取得五粮液川酒王白酒湖南代理权。经过一年的时间,公司将其打造成为湖南省白酒第一品牌,并取得全国代理,走向大江南北。

　　此时的长沙海达公司认识到,川酒王并没有生产基地,有的只是自己的营销网络,是五粮液的下属特许品牌,仅仅利用一个商标、背靠五粮液这个强大的生产企业,利用其巨大的品牌优势进行销售,自身并没有原料、设备、厂房和生产线,这种在当时投资小、见效快的新型品牌白酒创建模式,忽略了费时费力的生产环节,可以把精力集中在主打品牌和营销两个环节上,以虚带实。尽管销售业绩好,但五粮液并没有将川酒王注册为旗下商标,各种仿冒品趁机蜂拥而上。看着满大街销售的川酒王,没有多少是自家出产,公司在倍感郁闷的同时,也体会到了品牌对于消费者的号召力。而此时,五粮液表示可以为海达弥补损失。海达人想,何不借此机会搞一个类似川酒王的品牌给五粮液生产,自己负责营销呢?经过认真仔细的市场调研,长沙海达做出了打造第二个川酒王的决定。

　　有之前川酒王的销售成果,五粮液顺理成章地与长沙海达签署了

2007 年 1 月 7 日，金六福酒业公司竣工的包装中心，具备自动洗瓶、自动定量灌装、自动定位贴标、自动封箱等功能。

OEM 生产协议,而这个 OEM 产品就是后来全国著名的白酒品牌——金六福。五粮液负责金六福的生产,金六福全权负责品牌建设和销售渠道网络。考虑到白酒产业受技术、气候、窖池等条件的影响,与五粮液采用 OEM 代工无疑为金六福提供了各方面的有力保障。

从 1998 年第一瓶金六福酒从五粮液生产车间下线开始,金六福酒始终没有停止扩张的步伐,依靠独到的营销策略迅速在市场走红。2001 年 7 月,北京申奥成功,金六福酒被中国申奥代表团高高举起,成为人们为民族喜事欢呼雀跃之时的庆功美酒;同年 10 月,中国男子足球历史性打进世界杯决赛圈,金六福酒成为中国国家男子足球队打入第 17 届世界杯决赛阶段专用庆功酒,从而获得 9999 瓶庆功珍藏酒的生产权。

为了锁定大红大紫的米卢成为金六福酒的形象代言人,金六福更是一月之内经过七次艰苦谈判,终于捷足先登,让米卢在中央电视台为金六福酒大造声势:"喝福星酒,运气就是这么好!"到 2003 年初,悉心耕耘 4 年的金六福销售收入近 20 亿,进入中国白酒行业前五强,连不少老牌名酒厂都无法望其项背。金六福,硬是在竞争残酷的中国白酒市场,众目睽睽之下,堂而皇之演出了一幕令各路白酒商家目瞪口呆的精彩大戏。

另辟蹊径

然而,金六福不产酒的模式发展到一定程度,必然要受供应商的制约。随着销售规模不断扩大、销售数量节节攀升,与生产商的摩擦也就在所难免。2002 年,五粮液单方面决定改变金六福酒包装瓶,致使金六福销售收入减少。金六福明白,市场金字塔尖的部分是利润最为丰盈的区域,但酿酒行业是中国最为古老的行业,历史积淀是白酒品牌价值中最为重要的构成要素之一。在当时牢牢占领高端市场的茅台、五粮液和剑南春等名酒,个个都拥有不少历史典故和逸闻轶事,想要跨越历史的积累,在短时期创出一个高端酒类品牌,基本上是不可能完成的任务。

金六福高层清醒地认识到,采取这种贴牌生产方式并非长久之计。因为这与当时耐克、皮尔卡丹、可口可乐等驰名品牌采取的贴牌方式比较,是截然不同的两回事。前者是在已经拥有了驰名品牌和核心竞争力以后,以严格的质量标准和成本控制标准要求,去寻找合适的生产企业代工。这些工厂遍布世界各地,但往往并不为人所知,其扮演的也仅仅是一个加工者的角色。消费者身上穿着那些驰名品牌,并不知道是在哪里加工生产的。

而金六福的运作方式则并非如此,金六福是新创的一个白酒品牌商标,起步之初并没有什么无形资产。当其组合嫁接在五粮液集团品牌之上，有了这个强大的支撑点，加上一系列漂亮的营销、公关动作，才使金六福声名鹊起，从五粮液集团旗下的诸多品牌中脱颖而出。尽管当时金六福的名声很大，但如果没有五粮液集团的品牌支撑，肯定是不行的。皮之不存，毛将焉附？金六福不同寻常之处在于，充分利用五粮液集团的无形资产，在市场营销、公关操作上比五粮液集团的其他贴牌产品做得更漂亮、更精彩。由此，才有了惊人的超速发展。这种超速发展，根本是建立在五粮液集团品牌基础之上的，金六福品牌商标只是其中的一个要素而已。

金六福要是离开五粮液集团的品牌支撑，结果会怎样呢？金六福人知道，背靠五粮液这样一个大品牌、大集团，要想让金六福实现"让每一个消费者，在每一个幸福的时刻，在每一个期盼幸福的时刻，喝上幸福的美酒"的企业愿景，还有很长的路要走。当积累到一定阶段，要进一步发展就必须另辟独立的新路。因此，在主打福文化的同时，金六福努力挖掘品牌内涵，站稳自己的脚跟，做好向酒类生产领域扩张的铺垫。虽然金六福尝试建造自己的生产基地，但受酒行业特殊生产工艺及文化的限制，自建酒厂将耗费大量时间。在酒商林立的中国市场，收购整合现有酒厂显然是转型的便捷之路。

落户邛崃

说起收购整合，早在2001年金六福就开始了酒业并购计划。2001~2003年间，先后并购了云南、广东、湖南、安徽多家酒企，经过整合调整，都有不错的发展。有了一定的收购经验积累，金六福选择生产基地时格外慎重。当时中国众多白酒产区中，邛崃产区格外突出。

"自古蜀中出美酒"，众所周知，邛崃在2300多年前筑城置县时，酿酒业已十分兴旺。漫长的岁月里，不少文人墨客与邛酒结下了不解之缘，为邛酒写下了脍炙人口的诗章，生动描绘了邛酒醇香扑鼻、甘洌爽口、令人赞叹的品质。而邛酒的闻名，不仅是因为其悠久的历史，更是得益于独特的自然条件与精湛的酿造技艺。中国各白酒产地的产品之所以在口感和质量上千差万别，是因为各地酿酒微生物种群和生长环境的差异性很大，所以酿造出的酒体风格和风味也各有千秋。

经过调查，邛崃处在中国横断山脉东麓与北纬30度的正交汇处，是一片天然的山崖谷地。此地岭谷高差1000~2000米，三面环山，谷地最宽处仅约38.5千米。西北面的高山阻挡从西伯利亚吹来的高寒气流，让崖谷内四季温差较小。由于山体的阻挡与围合，崖谷中空气流动缓慢，每年平均风速为 1 级左右的天数占 76%。崖谷内气候温和，暖湿的东南风受高山阻挡，形成充沛降雨。空气湿度大并且流动缓慢，有利于发酵微生物的繁衍生长和自我优化。天然崖谷的地理位置，与外界隔绝的内部小环境与小气候，得以让各种微生物不受外界干扰，保持种群的纯正。海拔 5000 米之上的横断山峰上，蕴藏着亿万年的雪山冰川，山势陡峭，远离人类活动，水质天然纯净。历经 2300 多年的粮食酒酿造历史，在漫长的人工培育和自然选择下，排除杂菌，各种酿酒微生物和益生菌不断优化改良，让这个天生崖谷有如一片独一无二的天然美酒窖池……无数机缘巧合造就如此稀有神奇的美酒崖谷。因此，金六福人把这里称为崖谷酿酒福地。

2004 年的邛崃已经是闻名全国的白酒原酒之乡，拥有酒类生产、销售企业 700 余家。其中，酒厂超过 400 个，酒业公司 300 多个，拥有固定资产 20 多亿元，年产白酒近 30 万吨，产品畅销全国各地甚至远销不少东欧国家，年实现税收占全市财政收入的 1/3，是中国食品工业协会命名的食品工业强县。当这些数据摆在时任金六福董事长吴向东面前时，他心里已经有了确定的答案。

对邛崃而言，当时过高的酒税、高达 10 多亿的三角债务以及品牌意识的淡薄，严重束缚了白酒的发展。"两千年来靠文君，十多年来靠山东"，对市场的过度依赖，让邛崃白酒在政策调整面前束手无策。虽然前前后后拥有 300 余个商标，但大都昙花一现，除了文君、临邛等少数几个酒品牌在市面上叫得响，其他都不过小打小闹。而做品牌酒的投入不是一般小酒厂能承担的，且培植品牌需要时间。酒老板也不等同于企业家，不足以驾驭千万企业甚至亿元企业的升级换代，因此客观上限制了企业的发展。

在这样的局面下，一方是有自己的品牌，急需有底蕴、历史、技术、环境的生产基地；一方是有大量的生产资源，却急需一个品牌来带动整个产业的二次腾飞。就这样，金六福结缘邛崃，成就了天作之合。

2005 年 7 月，金六福正式收购了位于土地坡的一家倒闭多年的老酒厂——中恒华醇酒业。占地 130 亩，没有设备，也没有人员，公司投资 1500 多万元，对厂房、设备进行了改造，年底产品上市。2006 年下半年，开始生产金六福酒。由于老厂的产能受限制，2006 年底，公司在邛崃工业园区征地 176 亩，建设一个白酒包装中心。包装中心 2007 年初建成投产，建筑面积 6 万平方米，中心拥有国内先进的包装生产线 8 条，年包装能力

2009年6月18日,金六福生态酿酒工业园在邛崃·中国名酒工业园奠基。占1000亩、投资超过20亿的金六福酿酒生态园,原酒产量满足自身需求的同时,还能为集团下属十多家酒厂提供部分高端基酒。

6万吨，有99个储酒罐，储酒能力达3.5万吨。勾贮中心装配了国内先进的白酒生产自动化系统，是全国自动化程度最高的白酒勾贮中心之一，能完成从基酒入库、勾兑过滤、计量等环节自动监测、自动控制作业。

势头强劲

依托邛崃这样一个原酒基地，金六福接下来的发展顺风顺水。由于集团公司的不断扩大，产品布局的调整和产品销量的不断增加，对原酒产量需求愈发提高。在这样的背景下，2009年，金六福率先提出"生态酿酒"的理念，并在邛崃"中国名酒工业园"大手笔征地1000亩，投资超过20个亿，建造金六福千亩酿酒生态园，原酒产量可达3万吨。满足自身酿酒需求的同时，还能为集团下属十多家酒厂提供部分高端基酒。

在金六福入驻邛崃的十多年间，品牌价值一直不断上升。2005年金六福总资产达40多亿，2018年上升到了377.82亿，品牌实力不言而喻。集团也实现了由金六福酒业—华泽集团—金东集团的华丽蜕变，一步步做大做强。2017年，金东集团入围中国民营企业500强，排名298位。集团历经20年发展，已形成"实业+投资"的商业模式。目前，集团拥有15000名员工，总资产逾300亿元。集团业务也从单一的白酒销售，转变为华泽酒业集团、华致酒行、金东投资三大板块。

现在说起邛崃产区，人们第一个想起的是金六福酒。金六福依托邛崃得天独厚的酿酒环境和悠久的酿酒历史，用始终不渝的市场耕耘，将中国传统福文化深深植根于消费者的情结之中，这一定位也让金六福产品销量累积近百万吨，使"中国人的福酒"这一理念深入人心。

2017年以来，金六福打造的宜价白酒——"金六福·一坛好酒"正式亮相，先后在5大城市开展巡回发布会，将邛崃产区与金六福捆绑销售，在白酒业和消费者群体中引起广泛关注和积极反响，进一步提升了邛崃产区和金六福酒在国内的知名度。"金六福·一坛好酒"已成为质优价宜名酒的代名词，邛崃也成为生产好酒的源头与基地。

金六福品牌创立20年来，集团秉承守信、创新的经营理念，不断发展壮大。在广大员工的共同努力，以及万余家上下游合作伙伴的鼎力支持下，已跻身全国著名民营企业行列。未来，金东集团将坚持"实业+投资"的发展战略，为消费者提供更多优质产品与服务，投资新经济，为社会创造更多价值。

古川品牌的几则故事

席永君

玉是凝固的酒，酒是液体的玉。作为一个中国白酒品牌，古川既有儒者的风范，又有道家的气度。在中国白酒江湖中，流传着关于古川的佳话，在此，谨梳理几则，与读者分享。

故事一：扬州人的古川情结

走在扬州街头，不仅能闻到琼花那香味清和、沁人肺腑的花香，还能闻到来自天府之国重镇——邛崃古川浓香甘洌、飘香百里八乡的酒香。说烟花三月的扬州，能同时闻到琼花的花香和古川的酒香，并不为过。因为，凭借邛酒在中国有口皆碑的品质、过硬的市场基本功与对路的广告营销策略，那些年，古川酒在扬州、泰州一直牢牢占据着销售冠军的宝座，扬州白酒市场的半壁江山牢牢掌握在古川人手中，且无人能撼动。其中，尤以古川纯粮液最受青睐。

古川能成为川酒在扬州地区的第一品牌，并一直辉煌至今，绝非偶然。盖因古川是现代川酒在扬州的拓荒者，已占据传播古蜀文化的先机，因此，在扬州白酒市场，古川一直独领风骚。"蜀山蜀水，古韵古川"是古川当年的广告词；而"品质至上，文化先行"则是古川人一直秉持的经营理念。

直至今天，扬州人仍钟爱古川，先是古川八代、古川纯粮液系列，而后是古川淡雅系列。在扬州人眼里，这样至尊至醇的白酒，既适合居家饮用，馈赠亲友，又适合朋友聚会宴饮。说到扬州人在饮酒上的古川情结，笔者深有感触。记得 2011 年 4 月，笔者来到扬州。一个风和日丽的中午，与朋友们在一家饭店用餐，同桌的一位扬州朋友告诉说，11 年前，就是在这家饭店，在当天 46 桌的营业中，只消费了一瓶白酒，而这瓶白酒正

1997 年，古川系列酒上市，标志着古川品牌的起航。

是古川纯粮液。从这个小小的插曲可以想见，古川酒在扬州地区是多么深入人心。而从名不见经传到家喻户晓，古川人付出了不少心血。

在众多川酒品牌中，古川一直以弘扬传统人文精神为己任，同时又不失典雅时尚。古川淡雅，一个"雅"字已让一切尽在不言中。可以说，很大程度上，古川纯粮液、古川淡雅等系列白酒，满足了扬州人潜在的心理需求。在白酒市场云谲波诡中成长壮大的古川，把川酒，尤其是邛酒的品牌基因发挥到了极致。

早在 1997 年、1998 年、1999 年，古川酒业生产的古川纯粮液、古川八代、古川六六纯等，就已先后获得国家专利局外观设计专利。古川人的品牌意识由此可见一斑。2002 年，古川荣获由四川省工商行政管理局颁发的四川省著名商标，为邛酒又一次赢得了荣誉。2004 年新年伊始，古川纯粮液酒盒取得了国家工商局颁发的立体商标注册证。

曾几何时，已有 2000 多年酿酒历史的邛崃，被中国食品协会命名为中国最大白酒原酒基地。但在古川人看来，这既是邛酒莫大的荣耀，也是邛酒难以启齿的惭愧，这表明邛崃虽然是中国出产好酒的风水宝地，但在全国叫得响的品牌却很少。邛酒对中国酒文化的贡献，不应该仅仅有

生产"古川八代"时的包装车间。

2000 多年的酿酒历史，还应该诞生更多与这一悠久的酿酒史相匹配的品牌酒。古川人知耻而后勇，在沉思中奋进！

　　故事二：捐资修缮文昌阁

　　1998 年，古川刚进入扬州，整个市场对于古川完全是陌生的。但古川人凭着灵敏的市场嗅觉和超前的应变能力，敏锐地感觉到，扬州会是一个聚宝盆、一块风水宝地。

　　好酒也怕巷子深。如何尽快让扬州人知道古川，了解古川，进而热爱古川，是摆在古川人面前的重大课题。在商言商，既然是商业，广告就必须投放，但如何投放？以怎样的形式投放呢？

　　就在这个时候，扬州，乃至中国发生了一件大事。1998 年，扬州荣膺首批中国优秀旅游城市称号，与泰州刚刚分家两年，正意气风发、踌躇满志地朝着自己的发展新定位迈进……然而，一场特大洪水，一夜之间使地处长江中下游的古城扬州沦为重灾区，位于汶河路、文昌路交叉处的文昌阁受损严重。

　　文昌阁，又叫文昌楼，建于明代万历十三年（1585），是古代扬州府学的魁星楼，位于扬州最繁华的商业中心。每于节庆之夜，阁上彩灯辉耀街衢，为扬州闹市一处胜景以及著名的地标建筑，在扬州市民心目中有着十分崇高的地位。

那时，古川酒业刚刚进驻扬州不久。当一场百年不遇的特大洪水退去，古川人第一时间想到的不是如何在特殊形势下卖酒，而是如何行善，如何雪中送炭，助困境中的扬州人一臂之力。一向具有文化情怀的古川人急扬州市民之所急，想扬州市民之所想。得知文昌阁受损严重，古川的决策层当即决定捐资28万元，帮助扬州市政府尽快修缮文昌阁，重现地标建筑昔日的风采。一家来自天府之国的企业能有这样的善举，让扬州市民大为感动。《扬州晚报》以《古川旋风再起》为标题，迅速做了报道：

"最近，几乎所有的扬州市民和外地来扬的游客都已看到了文昌阁广场的变化，四对憨态可掬的'六艺节'卡通吉祥物'欢欢''喜喜'簇拥着古川系列酒分立文昌阁四周，正手举'六艺节'小标志向扬州人民挥手致意。而且，古川系列酒中'精品古川纯粮液'正式与扬城人民见面了。"

1998年，扬州的GDP总值已达到401.6亿元。古川酒业捐资28万元，数目虽然不大，但足以解修缮文昌阁的燃眉之急。

古川酒业刚刚进入扬州市场，原本就要投放广告，而以帮助扬州市政府修缮文昌阁的形式，让自己的产品切入市场，更显亲和力和文化品质。在各种促销手段层出不穷、广告大战日趋白热化的白酒市场，古川酒的营销可谓举重若轻、四两拨千斤。

尔后，在新千年即将来临之际，古川酒业又与扬州市集邮协会、扬州市邮票公司合作，推出并发行了"千禧之献·古川八代"首日封，以此纪念新千年的到来，并热情邀请扬州市民"当钟声敲响之际，美酒浪漫共良宵"。

当时间的车轮悄然驶入新千年，古道热肠的古川人更是积极参与扬州地区的公益事业与公益活动。2000年4月，一年一度的"中国扬州烟花三月旅游节"拉开帷幕，古川酒成为旅游节唯一指定白酒产品。一时间，"古川形象的巨幅布幅广告、灯杆布旗广告、气球广告遍布城区。彩车广告在扬州市区和各县市区巡游，和许多企业与品牌共同营造了烟花三月旅游节活动旅游搭台的环境和经济唱戏的氛围。"（2000年6月8日《扬州晚报》）可以说，古川酒别样的浓香与琼花的芳香，令扬州市民久久回味。

新千年可谓好戏连台。2000年7月6日，古川又首开先河，在扬州设立了专卖店。据当年的扬州媒体报道，设立白酒专卖店，即使对经济发

古川纯粮液、古川八代、古川六六纯的第一代包装。

扬州古川首家参展店。

达的江苏省而言，古川也是第一家。

2000年3月，歌唱家毛阿敏荣获"2000年度中国流行歌曲排行榜"内地音乐杰出成就奖。为此，古川酒业在扬州新世纪大酒店为毛阿敏举办了"古川之夜·毛阿敏专场演唱会"。能容纳1000多人的大厅座无虚席，盛况空前。演唱会带来的影响力极大地增强了扬州地区经销商的信心，同时也直接提升了古川酒业在以扬州为主战场的江苏地区的品牌形象。

自此，古川纯粮液、古川八代、古川六六纯等系列白酒迅速赢得广大扬州市民的心。那些年，扬州人逢年过节，大多以古川酒请客送礼。那阖家团圆的餐桌上，那友朋相聚的酒桌上，处处能见到古川酒谦谦君子般的身影。

故事三：玉液琼浆，古川印象

作为一个邛酒品牌，古川从诞生之日起，便一直致力于塑造在中国白酒行业的独特形象。其特立独行的个性品质，早已有目共睹，有口皆碑。作为一个区域品牌，古川酒不求做大，但求做好，尽善尽美一直是始终不渝追求的目标。在人心浮躁的时代，古川酒一直以谦谦君子的形象，在中国白酒行业凌波微步。其精神气质，不仅体现于独特的经营理念，纯正绵长的口感，更体现于个性鲜明的外观包装。一款酒的外观包装在很大程度上反映了一款酒的精神气质和内在品质。在当代中国白酒业，古川人一直以弘扬中国酒文化为己任。

古川人对酒的认识是独特的。对古川人而言，酒既是物质形态的产品，更是精神和文化形态的产品。古川人知道，从现存的诸多古代酒器、酒具、酒名看，中国酒文化源远流长，博大精深，曾在各方面创下了诸多辉煌。中国酒文化在中国传统文化中的无上荣光，对古川人无疑是巨大的鞭策和激励。白酒行业是最具文化关怀和挑战的行业，作为一个不求做大，只求做好的区域品牌，古川酒深知自己的责任和使命。从古川曲酒到古川八代，从古川纯粮液到古川精品纯粮液，从古川六六纯到古川酒庄，从古川印象系列到古川淡雅系列……每一款产品的问世，都是古川人的一次文化意义上的深度觉醒。白酒行业需要文化，而文化需要积淀，需要理性之光的烛照和满怀激情的创造。渐渐地，玉的形象便成为古川人所追求的酒的形象；玉的品质便成为古川人所追求的酒的品质。那些对古川酒钟爱有加的消费者都会产生这样的认同：古川酒像一块美玉，他不事张扬，但却尽显风流，有一种深邃内敛的光芒。这是古川酒与生俱来的品质和内在精神气质，这

在扬州，古川酒受到市场追捧和消费者青睐。

一品质恰恰也是玉的品质，这一精神气质恰恰也是玉的精神气质。

　　故事四：川派淡雅型创领者

　　江南人不仅会喝酒，还善喝酒、能喝酒。只是，与粗犷豪放的东北人相比，生活细腻、讲究格调的江南人更喜欢品饮度数稍低的白酒。为了适应扬州市场，古川酒业精心研究、调制了度数为 42 度的白酒，这就是古川淡雅系列：古川淡雅·银装（简称银淡）、古川淡雅·金装（简称金淡）、古川淡雅·典范。这一国际性标准酒度系列酒甫一问世，便受到扬州地区消费者的青睐。

　　对中国酿酒人而言，淡雅至今仍是一个炙手可热的词。淡雅既是人生的一种修为境界，同时，又是一种味道，一种对白酒酒体风格的形象描述。作为白酒香型分支，在学术的层面上，对淡雅的论述却不过短短 20 个春秋。然而，这 20 年的时间却不容小觑，因为，淡雅作为中国白酒产业领域重要的品质概念，已深刻影响了白酒产业的发展，也影响了消费者的品饮习惯。

　　众所周知，中国白酒有浓香、酱香、清香、米香四大香型。其中，浓香型白酒一直占据着市场的主导地位，其年销售量占白酒总销量的近70%。在白酒消费升级的催化之下，消费潮流日趋舒适和健康，如果能在浓香的基础上添加一点绿色淡雅基因，这种饮用起来更加舒适的产品，显然会受到消费者，尤其是80后、90后消费者的青睐。

中国的酿酒人从来就不闭门造车，尤其是敢为天下先的邛酒酿造者，他们早已发现这样一个现象：以往像"推金山、倒玉柱"的梁山好汉一样不醉不归的酒桌文化，正逐渐收敛为一种追求健康优雅的饮酒态度。

仿佛上天的恩赐，此时，"淡雅"正是一个完美的切入点。自2008年以来，具有创新基因的古川酒业，十年如一日，一直专注于一件事，那就是对淡雅酒体风格的持久研究。通过深入的研究和分析，古川人认为，川派淡雅型的实质乃是在保留川酒一贯的浓香特点以外，淡而不薄，浓而清爽，其核心既要讲究舒适过瘾，又要让人感觉爽快平和，其技术难点在于如何兼顾浓与淡之间的微妙平衡。十年间，川派淡雅在不断的优化中得以成型，用古川酒业总经理罗政的话说："简而言之，川派淡雅在口感上比传统川酒更柔和，比外省浓香酒口味上更丰富和优雅。"

古川人辛勤的付出终于得到了回报，经过艰难的技术攻关，终于形成了川派淡雅型白酒的风格特征。在新一轮的酒业发展期，古川酒业以川派淡雅型为新的起点，已经在竞争激烈的白酒市场赢得了先机。由此，白酒界将古川酒业誉为蛰伏十年的川派淡雅型创领者！

2018年4月27日，古川酒业川派淡雅型标杆产品国家级白酒专家鉴评会在临邛古城落下帷幕。古川淡雅系列白酒对中国白酒业的贡献，终于尘埃落定。

2018年5月27日，历史文化名城扬州，天气晴朗，万里无云。"邛酒中国行·扬州站暨中国白酒'川派淡雅型'成果发布会"在扬州会议中心举行。现场，国家食品质量监督检验中心副主任程劲松，四川大学食品与发酵工程研究所教授、四川省酿酒工业协会专家组副组长胡永松，共同宣读了专家对古川川派淡雅型产品的品鉴意见，并为古川酒业授牌。

曾祖训、胡永松、张良、郎定常、刘念、杨官荣、卢中明、黄志瑜八位中国白酒顶级专家一致对古川淡雅产品给予高度评价——

"淡雅古川酒：无色透明、窖香、粮香、陈香清雅淡逸、醇甜圆润、爽净雅致，具有四川浓香淡雅型白酒独特风格。"

川派淡雅型白酒的独特风格，其各味配比更加协调，使得窖香、粮香、陈香充分体现出清淡幽雅的特点，让浓香型白酒不论在品质上，还是感官上，都有了全新升级。

浓香川派淡雅型一经媒体报道，遂引发行业热议。有学者认为川派淡雅型白酒具备六大价值：产区价值（在于邛崃）、风土价值（在于崖谷）、稀缺价值（在于酒庄）、工艺价值（在于分级）、品类价值（在于创新）、风味价值（在于淡雅）。

古川酒业从创立之日起就明白，想要在激烈的市场竞争中生存，唯一的选择就是与同行尽可能地拉开距离，形成差异化竞争，并始终引领消费。正如古川酒业董事长杨明所言："我们的突破点就是要进行产品创新、价值创新，始终以消费者价值为导向，深度挖掘中国白酒在新世纪的消费价值和文化价值。"

一个时代有一个时代的饮者。一个时代的饮者，又有一个时代的消费观念、价值取向与文化认同。在新世纪的第二个十年，古川人与时俱进、顺势而为，开发出川派淡雅型白酒，既是对消费升级的回应，也是浓香型白酒继绵柔品类之后的又一创举，是古川人对邛酒的又一贡献。

从高埂镇和平村到卧龙镇名优白酒酿造基地；从邛崃到成都；从四川到祖国的大江南北，回顾 30 多年的酒业发展史，古川人不敢懈怠，古川人仍在路上。

有缘坊：折射邛酒发展振兴之路

王丽　王茂楠

"文君当垆，相如涤器"的千古佳话，不仅开启了邛崃诗酒相传的酒文化传统，更是促进了邛酒酿造的日益繁荣兴旺。在邛酒迈向现代产业化的历史进程中，成都有缘坊酒业有限公司（银帆生物科技旗下企业）的际遇，以及在诸多不确定因素下的顺势之举，从一个新的维度折射出了邛酒产业的发展与振兴之路。

缘起改革，一个企业的前世今生

说到今天的成都有缘坊酒业，得先回顾一段历史渊源。清代康乾时期，湖广填四川移居邛崃的湖北麻城县几户人家，因受邛崃酒文化的影响，在兴贤街开了一间酿酒烧房，取名集成（又叫积成）烧房，意为大家合伙而成。集成烧房有酒囱一根，窖池三口，因其精选用料，秘制酒曲，制作考究，所酿之酒醇香甘洌，爽净绵长，一时供不应求。民国年间，集成烧房发展到了鼎盛，窖池达到九口，学徒、员工有十数人之多。后因战乱和社会变迁，集成烧房日渐萎缩，最终歇业，师傅、学徒、员工四散离去，集成烧房的酿酒技艺却也因此而传播开去。

临近解放之时，曾在集成烧房做过大师傅的高埂子人氏杨师傅把集成烧房的酿酒技艺带回家乡并传给了后辈。而后，党的十一届三中全会，直到沐浴着改革开放春风的农村，发生了一系列深刻变革，乡镇企业如雨后春笋般开始起步、发展。高埂镇依托传承的酿酒优势，大胆突破"以粮为纲"的单一生产结构，组建成立了集体所有制企业——邛崃市蜀粮液酒厂，走上了集传统之大成的酒业发展之路。

蜀粮液酒厂秉承了集成烧房的酿造技艺和"质量至上"的生产经营理

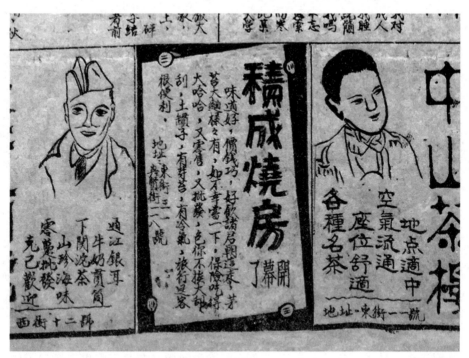

有缘坊的前身，意为大家合伙而成的集成烧房。1949 年 11 月 6 日集成烧房在《邛崃自力报》上刊登的开业启示，其附随广告语诙谐幽默。

念，所生产的白酒受到消费者欢迎和大型酒厂青睐，供销两旺，发展迅速。但是，蜀粮液酒厂和全国绝大多数乡镇企业一样，在经历了一轮快速发展之后，由于受体制机制、市场变化和自身素质的束缚与影响，在 20 世纪 90 年代逐渐进入发展的瓶颈期。根据《中华人民共和国乡镇企业法》和《中共中央、国务院关于转发农业部关于我国乡镇企业情况和今后改革与发展意见的报告通知》，乡镇企业开始了产业结构的调整和产权改革（时称乡镇企业改制），以实现机制创新、资产重组、产权明晰、职责分明、多元化发展。

在经历了改革（改制）的阵痛之后，蜀粮液酒厂（后更名为成都有缘坊酒业有限公司）打破了制约企业发展的瓶颈，经营规模稳步扩大，产品质量不断提升。在回忆那段历史时，企业不少老员工都不无感慨地说："铁饭碗莫得了，只有横下一条心，与厂子一起干。"也正是这种理念和冲劲，凝结成了后来有缘坊酒业企业文化的原始基因，引领和激励着员工们勇于

146

世纪之交的有缘坊老厂房。

克服资金、技术、销售等方面遇到的困难和问题，在改革中再次扬起了创业发展的风帆。

科技兴企，一个时代的文化觉醒

中国白酒是一个古老而传统的产业，在对现代科技的引进和利用方面一直处于比较保守和落后的状态。当"科学技术是第一生产力"成为神州大地的共识，中国白酒这个具有千年历史的民族传统产业也逐渐被现代科技唤醒，蜀粮液酒厂（有缘坊）也在长期的苦苦挣扎和思索中看到了一个新的方向：科技创新才是企业未来生存与发展的生命线，只有牢牢地把握住这条主线，走差异化、特色化发展之路，蜀粮液酒厂（有缘坊）才有可能在白酒这个传统行业中获得一席生存之地，并且脱颖而出。

2003 年，银帆生物科技有限公司以蜀粮液酒厂为班底正式组建成立，为企业在新时期的发展提供了科技研发的崭新平台和动力引擎。扛起银帆生物科技（有缘坊）科技研发这面大旗的有四位重量级专家：胡森，中国白酒大师、中国食品工业协会白酒专家委员会委员，在白酒的酿造、尝评、勾调方面具有丰富的实践经验和独特见解。当年，胡森辞去了上市公司总工程师之职加盟银帆生物科技（有缘坊），成为白酒行业的一大新闻。钟

现代化的酿酒车间。

秀训，食品酶工程、食品风味化学方面的专家，曾获原轻工部、四川省和成都市科技成果、科技进步奖 20 余项，20 世纪 80 年代，连续十几年荣获成都市优秀科学技术工作者称号。这位曾经当过国企一把手的优秀科技工作者，深刻感受到了体制的弊端而又不愿放弃挚爱的事业，在年富力强之时毅然放弃了国企优厚的待遇，是 90 年代末最早加盟银帆生物科技（有缘坊）的管理型专家。原四川省食品发酵工业研究设计院发酵研究所黄建林所长及其夫人汪淑容在微生物研发领域建树颇多，先后完成国家科委、轻工部、省科委等委托项目十几项，参加并主持过"七·五"国家 863 计划项目。四位专家的先后加入，奠定了银帆生物科技（有缘坊）走科技创新发展道路成功的基础。公司以微生物研究为重点方向，几位专家亲力亲为，创建研发中心，建设无菌室、培养室，购买相关研究的专业器材，积极开展应用实验……考虑到公司的可持续发展，他们还卓有远见地提出人才梯度培养建设的建议，从大学选招相关专业的优秀毕业生，手把手地教授，帮助他们在理论与实践的结合中加快成长。

科技兴企，助推转型升级。截至目前，银帆生物科技（有缘坊）拥有一支由中国白酒大师、中国酿酒大师、中国评酒大师、国家评委、省评委、高级品酒师组成的专业技术团队，成立了研发中心、技术开发部、尝评中心、检测中心等机构，拥有良好的实验场所和检测仪器等基础设施条件，科研投入和技术水平处于白酒行业领先地位，公司通过了 ISO9001 质量管理体系认证和危害分析与关键控制点（HACCP）体系认证。尤其在白酒副废物的开发和利用方面独树一帜，取得了多项科技成果并获得 6 项发明专利和多项实用新型专利，多次荣获中国白酒科技大会优秀科技成果奖和四川省、成都市颁发的科技进步奖，多个项目被评为国家创新基金项目、四川省重点技术创新项目和四川省重大科技成果转化工程示范项目，这些成果解决了困惑白酒企业多年的资源浪费、环境污染等问题，成为邛酒发展的重要一环。2009 年，成都市以银帆生物科技（有缘坊）为依托单位，建立了成都地区唯一的"成都白酒发酵工程技术研究中心"。银帆生物科技（有缘坊）以传统技艺为基础、科技创新为动力的发展之路越走越宽广。

合作共赢，一起经典案例的深远影响

2005 年，依靠技术团队和产品质量在行业中已崭露头角的银帆生物科技（有缘坊），已经与金六福酒业建立了长远的战略合作关系。当时正处于扩张时期的金六福酒业急需在四川投资建设生产基地。因 20 世纪八九十年代邛酒行业的无序竞争，当时邛酒（邛崃）在业内的口碑并不好，所以金六福酒业生产基地的投建并没有考虑邛崃，而是选择在眉山收购三苏酒厂或在宜宾收购另一家酒厂。金六福酒业邀请银帆生物科技（有缘坊）总经理季良威协助其前往宜宾和眉山考察谈判。在这期间，季良威总经理及时将此信息上报了邛崃市委、市政府，引起了市上领导的高度重视。市委、市政府深知，在邛酒产业正处于困境的当时，引进一家全国性品牌酒企落户的重要性。于是，一场由银帆生物科技（有缘坊）积极配合，政府大力支持的产区之间招商引资的争夺战激烈展开。

正当这个时候，与银帆生物科技（有缘坊）有信贷业务往来的成都华夏银行主动找上门来，提出要给银帆生物科技（有缘坊）追加 1500 万元贷款，希望银帆生物科技（有缘坊）能配合收购一家占地 100 余亩、生产设施条件非常好的酒厂。原来，位于邛崃土地坡的一家叫中恒华醇的酒厂，因欠银行 750 万元贷款无力偿还，经协商愿以 1500 万元的低价转让。这样，公司不需要花一分钱的现金就可以买下一家具有良好基础条件的酒厂，而银行也能成功消除一笔不良贷款，化解信贷风险。借此机会，在银帆生物科技（有缘坊）的力荐和市委、市政府的盛情邀请下，金六福酒业

有缘坊新老车间发酵池达到 3000 余口，年产原酒 9000 余吨，各种优质原酒贮存量 60000 余吨，一跃成为川西地区白酒储备量最大的企业之一。

同意来邛考察。当金六福企业董事长吴向东先生考察完中恒华醇酒厂后十分高兴，并告诉邛崃市委、市政府领导说："这将是一次多赢的合作，也是金六福和邛崃的缘分啊！"就这样，银帆生物科技（有缘坊）协助政府完成了一个邛酒发展史上具有里程碑意义的招商引资项目，更成为以企引企、合作共赢的一个典范，银帆生物科技（有缘坊）因此荣获邛崃市委、市政府颁发的"2006 年度以企引企成绩突出"特别荣誉证书。

金六福酒业成功落户邛崃，与银帆生物科技（有缘坊）的战略合作得到进一步加强和扩大，更是为后来"中国名酒工业园"的申报和建设打下了极为重要的基础。2006 年，金六福酒业入驻临邛工业园区，投资近 2 亿元扩建包装中心。2008 年，金六福酒业再次规划投资 20 亿元，建设一个占地 1000 亩的纯粮固态生态酿酒基地。邛崃市委、市政府以此为契机，充分利用金六福酒业的这次投资机会及其在全国白酒行业的影响力，结合成都市一区一主业产业布局规划的制定，大力争取在邛崃市建立白酒产业园区。

2009 年 9 月，经成都市人民政府批准，邛崃正式设立成都市唯一的名优白酒酿造基地——"中国名酒工业园"。此后，成都市所有白酒企业的扩建和新落户只能选择在邛崃名酒工业园。园区总规划面积5平方公里（位于卧龙镇），目标是建成灌装、仓储、包装和名优白酒原酒酿造基地，实现邛酒产业节约集约发展。邛酒二次振兴的号角正式吹响！从"村村冒烟"向"相对集中"的集群式发展的转变，吸引着一批名优白酒企业落户名酒工业园区，剑指中国白酒产业版图之重塑。

而邛酒产业二次振兴美好蓝图要真正变为现实，需要嗅觉敏锐、脚踏实地的企业来引领。2009年，银帆生物科技斥资2.7亿元建设现代化新厂区——成都有缘坊酒业有限公司，正式入驻中国名酒工业园，成为首批新入驻酒业园区的企业之一，有缘坊酒业又一次蝶变新生！至此，有缘坊新老车间发酵池达到3000余口，年产原酒9000余吨，各种优质原酒贮存量60000余吨，一跃成为川西地区白酒储备量最大的企业，开辟了现代化、标准化、规模化发展的新天地。

品牌之梦，一场艰苦的卓越远征

有缘坊过去的经营一直是原酒生产和销售，为四川省内外白酒企业提供原酒。如果说邛酒产业二次振兴必须要经历品牌打造的洗礼，那么涉足品牌白酒则是有缘坊在白酒产业发展的新形势下，审时度势展开的一场奋力拼搏的远征——成为"中国卓越品牌"提上了公司发展规划的议事日程。

有缘坊经过近30年的创新发展，不仅打造了一支可与国内名酒企业媲美的技术团队，同时也积累了大量优质资源，为未来品牌的长远发展打下了坚实基础。随着2012年白酒行业步入深度调整期，有缘坊也顺势对产业和产品结构进行了调整。2014年，有缘坊组建了专业的营销团队，深入市场调研，科学制定规划，细分品类和渠道，借力现代网络，加强营销宣传，并通过马明宇、魏群、姚夏等原全兴足球队球星友情代言，大力提高品牌知名度，树立品牌新形象。与此同时，有缘坊以胡森、郑荣、李平、曾宪利等中国白酒大师、评酒大师、国家级评委领衔的专业技术团队为支撑，在传统与创新的结合中深耕细作，推出了以陈香馥郁、窖香典雅、绵柔细腻、甘甜爽净为特色的瓶装有缘酒，开启了"有缘"品牌瓶装酒市场，成为继文君、临邛等品牌之后，邛崃的又一本土白酒品牌。旋即，有缘坊又针对市场梯度，主导开发了缘系列、封坛老酒系列、喜庆系列、有缘小酒系列、有缘品鉴酒、有缘酱香壹号、有缘典藏酒等特色产品。2016年4月，中国食品工业协会白酒专业委员会主办的中国白酒大师高峰论坛评酒会上，经过百余位大师的盲评，有缘典藏酒荣获"中国白酒大师十大创新产品"第一名。

因缘际会，厚积薄发。"有缘"系列品牌酒在进入大型商超、酒行专卖的同时，正大胆走出国门，出口韩国、澳大利亚、老挝等国家……"有缘人"踏上了"中国卓越品牌"的新征程！

不断发展前进的宜府春

凌冽

在邛崃酒源大道上，一座酒厂格外醒目，厂区大门和厂房呈灰色，给人以厚重的历史感，这就是四川宜府春酒业有限责任公司。

宜府春酒厂历史悠久，为家族传承企业。相传在唐朝时，由王氏兄弟在成都水井街创立王氏兄弟烧坊，用家传技艺酿酒。宋代时，王氏兄弟中一后人分支迁居邛崃，继续从事白酒酿造。

1980年，在改革开放鼓励私营经济发展、各地大办乡镇企业的背景下，王氏传人王玉芳在邛崃市固驿镇收购了一家集体所有制酒厂，创立了江南烧坊白酒酿造厂。酒厂占地面积20亩，建窖池180口，年产约200吨原浆白酒。

1999年，因经营规模不断扩大，固驿老厂区位于工业集中发展规划区以外，已经不能满足企业发展需要。同时，为了响应政府号召，由王玉芳的弟弟王久明出资，将酒厂迁至邛崃市白酒集中发展区，在卧龙镇兴建现代化酿造车间，并更名为贵兴作坊酒厂，占地面积30亩，建窖池200口。王久明运用祖传技艺并结合现代工艺，创立了独特的药曲、花曲酿造技术。这种技术以自制的药曲、花曲（桂花曲砖、蜡梅曲砖）作为糖化发酵剂，以稻谷作为媒介，高粱、玉米、小麦、大麦、大米、糯米六种粮食及山泉水作为原料；采用独特的制曲工艺，通过黄泥老窖发酵；混蒸混烧，量质摘酒；用分类以陶坛贮存在林间、地窖养酒的方式，造就独特品质。

在采取了一系列先进的生产工艺和经营管理方法后，贵兴作坊酒厂上了一个新台阶，销售区域也从成都周边地区逐渐扩大到云南、贵州等地。云贵一带酒厂较少，当地经销商大多都到四川采购白酒原酒。通过这些销

宜府春酒业川酒集团核心产区基地。

售渠道，2000 年一次偶然的机会，王久明认识了云南海埂足球训练基地相关负责人。当时正是足球职业化迅速发展的时期，每年冬天，全国的各个职业俱乐部包括国家集训队，都会集中到海埂训练基地进行冬训。此时的王久明敏锐地意识到，这次合作会给企业带来一次非常好的发展机遇。借助海埂基地这块招牌，可以大大提高贵兴作坊酒厂的知名度。通过和海埂基地的洽谈，王久明和基地达成协议，每年为海埂足球训练基地提供白酒。通过此次合作，贵兴作坊酒厂年销售额达到了 500 余万元。为了更好地适应企业不断发展的需要，贵兴作坊酒厂也于当年更名为海埂酒厂。

2001 年，新的发展机遇又一次到来。凭借良好的市场口碑，四川宜宾五粮液酒厂主动提出和海埂酒厂合作，邀请其成为五粮液的合作单位，由五粮液酒厂派出技术指导和质量监督人员，生产五粮液旗下的宜府春品牌，包括各种风味特征的原酒、调味酒。该品牌酒采用五粮配料或单粮配料、人工踩制全小麦包包曲、泥窖发酵、石甑蒸馏、地坛陈酿老熟的流程；结合双轮发酵、复式发酵、翻砂发酵、量质摘酒、分类贮藏的特殊工艺措施，保证了酒体丰满醇正、浓厚圆润、优雅细腻、空杯留香持久等特点。

企业的良好发展前景不断吸引着投资者。

　　此次合作，让企业步入了现代化的发展轨道，大大提高了在行业内的竞争优势和影响力。2003年，海埂酒厂更名为四川宜府春酒业有限责任公司，注册资金增至100万元。

　　2005年，五粮液集团应政府要求转变经营方式，实施企业瘦身计划，与一些代工企业终止了合作关系。离开了大企业，既是挑战，更是机遇。宜府春公司借着此次合作的终止，通过与五粮液集团谈判，签署了"宜府春"品牌转让协议，"宜府春"品牌归宜府春酒厂所有。

　　此时的宜府春酒厂，其销售市场已经不仅仅局限在西南地区。经过几年的发展，2010年，宜府春酒厂成功打入中原市场，并占据当地大部分市场份额。良好的市场表现引起了河南杜康酒业股份有限公司的注意。杜康公司经过充分的市场调查，决定以增资入股的方式和宜府春酒厂合作，同时决定在河南汝阳建设宜府春分厂。

　　2011年，宜府春酒厂位于邛崃市卧龙场镇的厂区已经不能满足生产需要。为此，股东会研究决定，增资重新选址扩建厂房。新厂房位于国道318线旁，一期占地约120亩，2011年当年建成第一酿造车间，新增年产能5000吨；2012年建成第二酿造车间，新增年产能5000吨，宜府春酒厂总产能达 10000 吨。

2013 年，整个白酒行业遭遇寒冬，大量酒厂减产、停产，甚至倒闭。宜府春酒厂也不例外，更雪上加霜的是，河南杜康酒业股份有限公司看着不断缩小的市场规模，从宜府春酒厂撤回了股份。一时间，各种问题不断出现。工人的工资发不出，供应商催收货款，经销商闹着退货。在这个企业生死存亡的关键时刻，公司做出了两个极为重要的决定：第一，宜府春品牌质量不能下降，坚持用高标准原材料和在工艺酿酒不变的情况下减少产能，在减少车间一线工人的前提下，将原先的车间主任和后勤技术骨干全部放到车间当工人，这样既保证了产品质量，又稳定了公司的核心骨干力量；第二，保证公司有足够的现金流，在整个白酒市场需求大幅降低的情况下，降低产品价格进行销售，以暂时的亏损换取企业账面足够的现金。

寒冬总会过去，坚持就会有回报。随着白酒行业逐渐回暖，2015 年，经股东会研究决定，增资拓展市场，四川宜府春酒业有限责任公司注册资金增至 1 亿元。现在的四川宜府春酒业股份有限公司占地面积 200 余亩，建筑面积 65000 平方米，发酵窖池 2000 个，年产浓香型、酱香型为主的各类优质大曲酒 10000 余吨，储存能力 30000 吨，成品包装机械流水线 3 条，日产瓶装酒可达 8000 件。公司管理人员和职工 300 余人，其中省评委、酿酒师、勾兑师、优秀评酒师、中高级酿酒工程师等达到 30 余人，并有国家级评委 1 人。

同时股东会通过决议，筹资注册四川琴台酒业股份有限公司，做白酒原浆直供连锁品牌店，目前琴台酒肆连锁店全国已达 700 多家。

质量是企业的生命，传统技艺结合现代工艺才能打造出适应市场的优秀产品。宜府春酒厂非常注重酒类产品的科研，是四川省酿酒研究所在邛崃中国名酒工业园设立的唯一指定权威科研基地。四川省酿酒研究所是四川省经济和信息化委员会的直属事业单位，是四川省第一个专业研究白酒酿造的科研机构，有着雄厚的技术实力和优秀的国家级白酒酿造、勾调技术专家团队，在浓香型白酒的科研攻关、生产技术方面均处于行业领先的地位。

文君井酒业：守正创新再出发

陈叙言

位于邛崃市酒源大道的文君井酒业集团有限公司，创建于改革开放初期，前身是龙井酒厂，2001年变更为文君酒业集团有限公司。公司占地面积约15万平方米，有3个传统手工白酒酿造车间，3个机械化酿造车间，1个白酒包装车间；职工200余人，其中国家级白酒评委1人、酿酒大师1人、省级白酒评委4人、其他高级技术职称和专业工匠30人。公司致力于老中青技术团队的建设与培养，科研科技实力雄厚，可持续发展潜力巨大。主要生产浓香型白酒，以五粮工艺为主，选用优质高粱、大米、糯米、玉米、小麦做原料，秘方制曲，老窖发酵，量质摘酒，陶坛贮存，精心勾调，产品具有窖香浓郁、柔和绵甜、清洌净爽、回味悠长的独特风格，经国家级品酒专家和广大消费者品鉴，获得高度评价与认可。主打纯粮原酒的同时，酒业集团选用优质原酒与老酒推进注册商标"文君井"系列瓶装酒和定制酒的生产及销售。

最初的出口贸易

20世纪80年代初，柳志林在四川省邛崃县平乐镇禹王村创办酒厂，以类似村集体企业的形式运营。80年代后期，酒厂改制为民营企业，柳先华带领几名员工艰苦创业，在如今平乐镇迎宾路中段建立新厂，并命名龙井酒厂。后因国家规范民营企业名称，遂将酒厂改为龙井酒业有限责任公司，现属文君井酒业集团旗下的一个子公司。

"我是1993年时加入龙井公司的，一直担任总经理一职，到现在都快当了30年的总经理。"回忆自己倾注几十年心血的厂子，文君井酒业集团总经理黄蜀生有些唏嘘。"当初是苦日子，我每天都住在厂里，生活条件

企业拥有一流的品酒师团队。

差，员工挤在平房里，伙食团只有一个。一日三餐大多是青菜馒头，吃得人瘠肠寡肚。"黄蜀生说，那时员工宿舍就在龙井酒厂（现称老厂）车间背后，生活用水与酒厂生产用水源自酒厂正中的人工井。一开始连抽水泵都没有，打水全靠人力，后考虑到安全，才把井封了，用泵修了一座简易水塔。"那座老水塔现在还用着，算是我们文君井酒业的生命之源吧。"黄蜀生打趣道。

发展初期，龙井酒厂以生产、销售白酒原酒为主，范围仅限于四川。摊子虽小，厂内却始终有着一股冲劲，业务专员全国各地跑，常常一年见不到几次。这种方式业内称为"跑单"，公司派遣专员前往各个具有潜在需求的城市，一个城市一个城市跑销售。这样做尽管效率低，但有两个好处，一是业务员实地考察，对城市整体需求有更具体的了解，另一方面彰显诚意，生意更好谈成。即使如今进入互联互通时代，但绝大多数企业还是愿意采取这种较为稳妥的方式来拓展业务。龙井酒厂的第一单大生意，就是用这种笨办法跑来的。

伴随产量的不断增加，龙井销售团队从成都出发，乘火车一路向西，每到一个城市，停留两到三天，边考察市场边了解风土人情，力求在最短

倾心打磨的原酒，以品质过硬取胜。

时间对城市形成较为全面的认识。不知不觉间到了新疆，在乌鲁木齐，团队按照惯例询问当地酒商，希望能揽上一单生意。不出几天，便得知那边有很大的需求，但不是白酒，而是伏特加。

"当时没有伏特加这个说法，邛崃人根据音译，把这种酒精勾兑的酒称作'俄得克'。"黄蜀生介绍，虽然是伏特加生意，但在酒厂发展初期，这样一笔大生意，自然求之不得。于是又花费一两天时间，从乌鲁木齐乘火车到达口岸。一番深入考察得知，对伏特加有需求的是哈萨克斯坦人。

20世纪90年代，我国人民生活还谈不上富足，而与新疆毗邻的哈萨克斯坦更堪称贫穷。俄得克本质上就是用谷物酒精勾兑的饮料，成本很低，自然售价不高。龙井酒厂生产的俄得克，一瓶才两三块钱，正是这个原因，哈萨克斯坦人对来自邛崃的俄得克喜欢得很。虽然在此之前从未有过生产伏特加酒的经验，但当时的龙井酒厂却信心十足。"我们公司有很硬的技术支撑——四川省食品研究院。况且伏特加的生产工艺并不复杂，对我们来说比酿造白酒还省事不少。"黄蜀生说，龙井酒厂最初因只做原酒生意，连用来制作瓶装酒的包装车间都没有。为了这单伏特加生意，公司专门在厂内划出包装车间，还请人设计了瓶身，生产的伏特加受到哈萨克斯坦人的喜爱，龙井酒厂与新疆口岸的洋酒生意因此持续了三年有余。

20世纪90年代，去新疆可是一趟不得了的远门，特别是一个团队出行，自然得做好万全准备。为了这单洋酒生意，也为了提高业务效率，龙井酒厂专门安装了一台固定电话。那个时候在镇乡打电话很麻烦，怎么与合作伙伴高效沟通，曾是困扰龙井酒厂的一大难题。以前没安座机时，要与合作伙伴通电话，得先去镇上的邮电局，告诉接线员对方的地址与名字，然后便耐心等候。工作人员则根据地方编码连线，往往需等上十几分钟才能接通，总之打一次电话非常不容易。除了打电话，还有一种远程联系方式叫拍电报，但使用频率不高。电报按字收费，除了成本高，还常常把意思表达不清楚。

安装一台座机并不简单，昂贵不说，流程也极其烦琐，需要在座机购置好后办理若干手续，最后由邮电局牵一条专线到酒厂。当时整个平乐，就只有政府机关、医院、邮电局三个地方有座机。虽然费事，但酒厂的决定是正确的，一部电话不仅大大提高了与合作伙伴的沟通效率，还让外出员工能够随时与家里取得联系，增强了大家的归属感。

然而，合作的可持续终究不能只停留于电话，在黄蜀生加入公司时，团队已前往新疆数次，对于考察流程驾轻就熟。"我第一次去新疆，也是第一次出远门，光从成都坐火车到乌鲁木齐，就用了三天三夜。"黄蜀生对新疆最深刻的印象是：远。一行人到达乌鲁木齐已经深夜，旅途劳顿让人巴不得立即找到一张能躺下的床，于是在火车站旁找了家宾馆住下。第二天醒来才发现，入住的居然是红山宾馆，响当当的五星级酒店。结账一问价格，果然非常昂贵——20元人民币一位。"我觉得入住体验不怎么样，几张床一个房间，每层楼一个公共洗浴间，连独立的都没有。然而就这样，它还是乌鲁木齐最好的宾馆，可见当时条件有多差。"30年前的新疆省会城市给黄蜀生的第一感觉是小，就比普通县级市大点儿，其繁荣程度甚至还赶不上邛崃。

虽已做过几次生意，但新疆之行大家心里其实没底，如果谈不成，那这次长途就白跑了。面对风险，龙井酒厂上下全然没有反对声。那时候做生意就一个字——闯，全国上下都是朝气蓬勃的景象，火车上也都是提着包包、全国各地到处跑的创业者。大家做生意很单纯并且勤奋，买张火车票，每到一个城市就下站了解有无对口需求。龙井酒厂也是凭一股闯劲才有了今天的规模。

2000 年邛酒节期间，龙井集团所做的巨幅广告。

新老酒厂的更替

新疆的洋酒生意给龙井酒厂带来了比较大的正向作用，但主业仍靠原酒，最初的业务范围仅限于四川，为沱牌、剑南春等提供原酒。经过不断开拓和积累，名声慢慢扩大，生意顺理成章拓展到省外。因为质量好，产品一旦出省便迅速受到欢迎。尽管如此，龙井出售的原酒数量仍不大，一是名声、信誉需要时间积累，二是原酒生产车间就 2 个，再加班加点，产量就那么多，销售自然有限。

在原酒生意一路向好的同时，龙井酒厂还生产了第一款瓶装白酒——龙井醇。之所以推出瓶装白酒，是因为 1994 年贵州有一款叫贵州醇的酒卖得比较好。于是龙井有样学样，打了个龙井醇的名头，定位是中档酒，50 元一瓶。龙井醇生产了五六年，销量始终不如人意，就没有再继续。"邛崃人好酒，更好面子。"现任文君井酒业市场销售部的李经理分析道，"在邛崃，有朋友来做客，主人即便平时再节俭，也会买一瓶好酒来招待。所以，中低端定位的白酒在邛崃市场其实并不怎么被看好。"高山让人仰望，但向上的攀爬，并不会一帆风顺。公司深知这一道理，不气馁的同时，暂时压下了做瓶装酒的念头，更加注重打磨原酒品质。因为大家坚信，是金子总会发光，作为一个白酒企业，一定要以品质过硬的白酒取胜。

企业发展到一定程度后，只有扩大产能，才能使销量实现质的突破。

龙井公司也是如此，察觉到市场情况向好后，及时对酒厂进行了扩建。1997 年，龙井公司在卧龙镇修建了新的酒厂，虽然第一期占地不到 100 亩，却为当时的企业带来了数倍的产能提升。起初建造的车间还是纯手工，一共建造了 2 个，为公司带来了接近 1000 吨的原酒产出。随着产量增加，龙井公司在四川的声誉逐渐扩大，来自全国各地的合作伙伴也越来越多。2001 年，龙井公司正式更名为文君井酒业集团有限公司。

为什么改名文君井？黄蜀生解释道："进入 21 世纪后，龙井茶兴起，我们的酒与它撞名。同时作为邛酒商家，内心深处难免有浓厚的乡土情结。做原酒散酒时不觉得，开始考虑瓶装酒，公司的招牌就显得十分重要了。'文君井'商标 1984 年龙井酒厂就已注册，我觉得这个商标比'文君'更能代表邛崃，因为文君井是现存唯一一处能够证明卓文君在邛崃的历史遗存。"

早在文君井酒业集团成立之前，酒厂便开始酝酿品牌酒，设计瓶身包装，制定运营策略，组建销售团队。经过近两年的准备，2002 年，黄蜀生带着第一款文君井酒，领队参加了在长沙召开的全国秋季糖酒会。秋季糖酒会规模远不如春季，加之文君井酒业的产品第一次露面，大家都觉得陌生，效果不尽如人意是可以理解的。"我们一开始的想法就是去凑个脸熟，为来年的春季糖酒会做铺垫。"就如集团预测的那样，在 2003 年春季糖酒会上，公司分别与山东、沈阳、河南的三家客户达成了合作关系，同年 3 月底，文君井酒靠着优良的品质、超高的性价比，成功打开了济南市场。

产能品牌双提升

走进文君井酒业厂区，整齐排列的几十个储酒罐映入眼帘，每个可存放几百吨原酒。倘若清风扑面，便可闻到浸润在泥土里、夹杂着水汽的醇香。这是酒厂产量到达一定规模后才能有的现象。1997 年第一次产能提升后，经过十年历程，企业发现产能瓶颈问题，于是下决心，于 2008 年实施了第二次产能提升。此次提升，增建了 2 个半机械化车间，一个车间能带来 1500 吨产量，从而使得文君井酒业的年产量稳定在 5000 吨左右。除了增建车间，集团还扩大了新厂面积，增修 100 多亩，使得酒厂占地达到 200 余亩。

对文君井酒业而言，2008 是特殊的一年。第二次产能提升是 4 月动的工，"5·12"汶川特大地震发生时，酒厂正在修围墙和平整场地，新车间都还没有开始打地基。全体员工一面组织抢险，一面对酒厂受灾情况进

"5·12"汶川特大地震发生后，酒业车间的屋瓦全部被震掉。

行统计。到处是支离破碎的模样，车间的屋瓦全部被震掉，库房里存酒的陶罐子在地震时互相碰撞，坛体破裂，养了多年的老酒流得到处都是。地震还造成许多连锁反应，其中包括极端天气。文君井酒业最怕的，便是伴随地震产生的暴雨，如果任由雨水灌入，一旦窖池进水，不仅正在发酵的粮食会全部坏掉，而且污浊的雨水还将破坏老窖内培育了数十年的微生物群，这是文君井酒业难以承受的损失。所以，抢修房顶是第一要务。男员工全部上房盖瓦，女员工传瓦，经过努力，厂房换上了震后的第一批新瓦。

员工们大多家在农村，以当时的农村房屋结构和质量，遭遇如此强震，肯定或多或少会有损失，但当天的抢修，没有一位员工早退，大家齐心协力投入工作，一直到深夜。因担心过度疲惫累坏身体，厂里强行要求他们返家。总经理黄蜀生留下值守，在厂房边的树林里支了顶帐篷，就着满身灰尘疲惫睡去。没想到凌晨又下起暴雨，哗啦啦打得帐篷快垮了似的。他马上想到厂房，跑去看，果然车间出现了漏水，三更半夜里，员工都回家了，车间里只有一个值班员工。两人忙得昏天黑地，但库房里的积水还是越来越多。情急之下，两人各拿一根钢钎，轮番凿墙，用了近两小时才将

与客户在厂区座谈交流。

洞凿穿，把水放出去。

抢险期间累积的这些细小感动，实实在在将文君井酒业上下凝聚在一起。2009年初，厂区扩建工程大功告成。

如今，据第一瓶文君井酒诞生又过去了许多年，酒业集团的陈列展架上，已整齐排列了数十种产品，这其中既有不断更新迭代的"文君井"系列品牌酒，也有与各方团体合作诞生的定制酒。受工艺、窖、曲、季节、温度等因素影响，不同批次原酒的风味千差万别，每一批原酒成熟，都需要进行严格定级。所谓定级，便是品酒师对该酒的风格、品质进行鉴定。"我们品酒师团队在整个四川都是一流水准，能够对原酒进行精准定位。再加上文君井酒业的曲、窖、原料属于顶级。这也是文君井没有产出过低端酒，所有子品牌零售价均过百元的原因。"黄蜀生骄傲地说。

品酒师是一个酒业集团的核心，黄蜀生于2000年获得国家级品酒师称号。作为文君井酒业最早获得最高品酒师称号的专家，他不仅夜以继日地打磨技术，而且还将自身经验毫无保留地传授给年轻一代，让文君井酒业的品酒师团队不断壮大。如今，集团内部共有2位国家级、3位省级、

5 位一级品酒师。即便团队发展至如此规模，秉承文君井酒业一脉相承的严谨，原酒成熟后的最后一关仍然由黄蜀生把控，每一款酒调制完成，都需经他亲自品鉴批准才能灌装。

从一个小酒厂发展成上规模、上档次的优质原酒集团，黄蜀生陪伴文君井酒业走过了几十个春秋。喜欢运动的他工作之余还拜大师马广禄学习太极拳，这一次看似与酒无关的结缘，还为集团带来一桩值得纪念的生意。2016 年，世界太极拳协会准备开办一场交流大会，需要为与会会员准备一些纪念品，马广禄便对协会建议：我有个徒弟在邛崃做原酒生意，生产的都是上好的白酒，要不就让他为本次活动定制一款纪念酒。于是才有了摆放在待客厅正中的一款带着太极符号的烤瓷白酒瓶的文君井酒。

细究文君井酒业的发展历程，会发现其中有两条线贯穿始终：传承在明处，于老窖培育、酿造技术乃至品牌打造上，都可以看见文君井酒业在赓续邛酒气质上的用情用力；变革在暗处，从伏特加到白酒原酒再到文君井系列瓶装酒，无不透露出文君井酒业敢于创新、勇于求变的魄力。在振兴邛酒产区、重塑品牌地位的今天，如文君井酒业这样情怀与担当兼具的本土企业便显得愈加难能可贵。黄蜀生表示，在接下来的时日里，文君井酒业集团将继续致力于打造本土白酒品牌，让文君精神长存于邛酒的醇香之中。

春泉汩汩入秦池

刘彬

　　1986 年，改革开放大潮涌动，人心思变。邛崃固驿镇 20 多岁的刘春明满怀干事创业的热情，在家人朋友支持下，东挪西凑 1000 元作为资本，创建了春泉酒厂，成为邛崃大大小小酒厂中的一员。

　　开办之初，春泉和邛崃众多酒厂一样，凭借得天独厚的环境，运用独特的工艺，酿造出了优质白酒。但作为一个刚起步的小企业，春泉酒厂面临着从资金到管理、从生产到销售各种各样的困难，特别是产品销售成为最大难题，直接影响到企业的生存。为了推销自己的酒，厂长刘春明经常带着样品四处跑市场，采取各种灵活的推销方式。慢慢地，春泉酒厂生产的白酒以优良品质和合理价格得到客户认可，在周边地区逐渐打开销路。尽管利润不算高，但还是给刘春明带来对普通人而言的"巨款"，刘春明也因此成为村民佩服和羡慕的对象。但他并不满足于现状，而是一门心思计划着怎样把自己的酒厂做大做强，成为一个真正的大企业。他同时明白，要想做大企业，销售是关键。如何扩大销售范围、提高销售量成为春泉必须迈过的一道坎。

　　在四处开拓市场过程中，春泉酒厂的销售触角也在不断延伸，信息渠道越来越多。酒厂生产的白酒不仅得到江油市酒厂认可，双方建立了良好合作关系，而且该厂厂长还与刘春明成了好朋友。业务往来中，刘春明通过这位好朋友认识了山东潍坊昌乐酒厂负责人。北方人性格豪爽，大多喜欢喝酒，白酒市场因而潜力巨大，尤其是邛崃的浓香型白酒在那里非常受欢迎。春泉酒厂抓住这个线索，积极开拓山东市场。昌乐酒厂与秦池酒厂同属山东省潍坊市，双方正好有一些业务往来，经过昌乐酒厂推荐，从

春泉和邛崃众多酒厂一样，凭借得天独厚的环境，运用独特的工艺，酿造出了优质白酒。

1993 年起，春泉开始向秦池酒厂销售自己的白酒，对方对春泉的酒很满意。

当年的秦池酒厂还是山东省潍坊市临朐县一个规模不大的县办企业，条件落后，厂区及周围基本是平房，偶尔看见一座楼房，也不过两三层，连秦池酒厂办公室地面都还是红砖铺的。然而秦池酒厂负责人是一位有魄力、有抱负的实干家，在当地政府支持下，决心用较短时间将企业做大做强，并把产品销售目标锁定于沈阳白酒市场。为了尽快取得成效，秦池酒厂在沈阳大量投放各种形式的广告。随着宣传攻势的展开，秦池酒在当地的知名度渐渐提高，销售随之有了起色。却不料，因短时间内大量投入广告推广，秦池资金链出现问题，若不及时筹措到所需资金，先前的所有努力就可能半途而废，宣传投入无疑打了水漂。为解决资金短缺，秦池想了许多办法，其中就包括向供货商拆借资金。但别的厂家不愿意，害怕投入的资金收不回来。刘春明却从中看到了机会，通过深入了解，发现秦池前期的功夫没有白费，其酒的知名度明显上升，销售形势也不错。于是，刘春明果断决定，与秦池酒厂合作，为其提供 300 万元资金。正是得力于关键时刻春泉的这笔资金支持，秦池顺利打开了沈阳白酒市场。此后的两年，秦池酒一发不可收拾，迅速在全国热起来、火起来，销售呈井喷式增长。

秦池酒厂的前身为山东临朐县酒厂。

尝到甜头的秦池继续加大广告投入力度，1997年，更以3.2亿元夺得中央电视台黄金广告时段的"标王"，成为全国的明星企业。

春泉酒厂雪中送炭的义举让秦池人铭记于心，他们将原酒、散酒的独家供应权交给了春泉，即其他酒厂必须通过春泉才能将原酒卖到秦池酒厂。据春泉一位副总回忆，当秦池酒厂火起来后，四川以及其他地区很多酒企都想把自己的原酒销售给秦池，借机分得一杯羹。于是，大家或是找关系托人介绍，或是直接派销售人员带着样品酒上门推销，甚至有的企业负责人亲自出马去找秦池酒厂负责人联系争取。那段时间，秦池酒厂的办公区经常人来客往，热闹非常。然而，秦池酒厂对上门推销的酒企，全都婉言谢绝，只接受春泉酒厂供应的白酒原酒。

起初，春泉酒厂每隔一段时间才能往秦池酒厂运送三五汽车白酒。随着秦池酒在全国热销，对优质白酒原酒的需求量成倍增长。到后来更是供不应求，需要每天不停地往山东大量发送原酒。为了满足供应，春泉酒厂迅速扩大生产规模，日夜不停地生产。尽管这样，产量仍然有限。怎么办？春泉想到了联合邛崃本土其他酒厂共同为秦池供酒，因为邛崃自然条件优越，气候、水质、土壤、微生物环境非常适合酿造浓香型白酒，生产工艺也大同小异，所以，邛崃的酒厂一般都能酿出好酒。高峰时期，大大小小数百家酒企每年出产的原酒可达 30 万吨以上。酒老板们大多属于行家里手，酿造合格的白酒原酒没问题，难的是找不到销售渠道，常常为卖酒发愁。听说春泉酒厂大量收购原酒，而且价格不错，大家都争先恐后跑去跟刘春明拉关系，希望把自己的酒卖给春泉。于是，春泉酒厂经常可见的一道风景是：各种品牌、款式的豪车停满了办公区大院，前来洽谈业务的酒老板几乎人手一部"砖头式"大哥大，坐在会客室聊天喝茶；而在春泉酒厂生产区，各个酒厂给春泉运送白酒的车子，不管是"解放""东风"还是"黄河"，几乎一个模样——长长的车厢里载着两个装满白酒的大铝罐。每天等着卸货的运酒车从春泉厂区一直排到外面的公路上，场面十分壮观。高峰时期，每天多达 30 余家酒厂源源不断将自己生产的原酒送到春泉酒厂。为了方便白酒收储运输，春泉酒厂专门定做了好几个巨大的储酒罐，每个可以装 60 吨白酒。与此同时，春泉酒厂将从其他酒厂收来的原酒集中起来，由厂里的技术人员进行统一勾调，各项指标符合要求后，再销往秦池。

货源问题顺利解决了，接着又一道难题摆在面前：如何将如此大量的白酒运往千里之外的山东？此前，白酒运输主要靠汽车。运酒的货车按照大小，将定制的铝罐固定在车厢里，有的载一个、有的载两个。白酒装进运酒的铝罐里，完全密封不会挥发，也不怕风吹雨打，经得起日晒雨淋。由于这样的方式适合长途运输，上规模的酒厂大都配备了自己的运酒车。但更多中小酒厂喜欢采取租车运酒的方式，既无须投入购买车辆的资金，又省去了保养维护、招聘驾驶员的麻烦。往外发送白酒时，按照运输量的大小租车即可，灵活又方便。到了 20 世纪 90 年代，随着邛酒大量外运，催生了酒类运输业务。除专业运输公司、车队开辟运酒业务外，一些有经济基础的人，也从中看到了运输商机，纷纷投资购买大货车加装铝罐改造成运酒车，专门帮各个酒厂运输从而赚取费用，不少人因此走上了致富之路。

但汽车荷载有限，通常一辆大货车最多装六七吨酒；加之路况不好，经常辗转迂回，往山东运送一车酒来回差不多半个月；运输成本因此较高。销量不大时，春泉酒厂主要采取汽车运输。随着销量越来越大，光靠汽车已经远远不能满足需要。于是，春泉开始通过铁路向山东发送原酒。但白酒不是普通货物，其主要成分为乙醇，属于易燃易爆的危险品，不能采取

为了方便白酒收储运输，春泉酒厂专门定做了好几个巨大的储酒罐，每个可以装 60 吨白酒。

春泉将自己的 10 辆槽车车身全部喷上"春泉酒业集团公司自备车"的标识，停靠在成都青龙场火车站，列队排开，非常有气势。

常规送货方式，必须使用特制的铁路槽车才可运输。刚开始，春泉酒厂并没有自己的铁路槽车，只能到彭山青龙场火车站租借别人的槽车。而铁路运酒的兴起，使有实力的老板投入大笔资金购买铁路槽车，停靠在火车站，专门为大大小小酒企提供运酒服务，有的老板手里掌握的槽车多达百辆。需要运酒、但又不愿投入那么多资金购买槽车的厂家，就直接在车站租槽车，省事且方便。起初，春泉酒厂也通过租借槽车往秦池运酒。运量越来越大后，租车不仅成本高（高峰时期，每辆车的租借费高达1万元），而且有很大不确定性，有时大批白酒急需运送，却找不到足够的槽车。那边，秦池电话一个接一个催，这边则急得团团转。为了彻底解决运输难题，1995年，春泉酒厂花费190万元，一次性购买了10辆铁路槽罐车，专门用来运送白酒。铁路槽车属于特种车辆，购买容易但办理各种证件、给车辆上户手续烦琐，过程漫长；后来在槽车生产厂家——西安机车厂协助下，春泉酒厂在西昌市为自己购买的10辆槽车办理好各种手续。为提升知名度，展示实力，春泉将自己的10辆槽车车身全部喷上"春泉集团酒业公司自备车"的标识，停靠在青龙场火车站，列队排开，非常有气势。发货时，先用大卡车从厂里将白酒一车车运到火车站，再用特制高压泵从汽车载的铝罐里将白酒抽到停靠在铁路上的槽车里。铁路专线运输，一辆槽车可装酒60吨，大大提高了运酒效率。印着"春泉集团酒业公司自备车"标识的槽车一路呼啸北上，穿州过多个省份到达山东省青州县（现青州市）火车站。春泉酒厂又专门安排10辆汽车长期驻扎于此，负责将通过铁路槽车运来的白酒一车车转运到40公里外的秦池酒厂。

1996年，春泉供应秦池的白酒原酒量达到高峰，平均每天要往山东发送100吨白酒，一年内销售到秦池酒厂的白酒多达3万吨以上。为了将厂里大量的白酒运到彭山青龙场火车站，除了厂里自己的酒罐车外，还租用10多辆汽车，每天不停地往返于春泉酒厂和火车站之间；运输量大时，春泉酒厂自己的10辆铁路槽车周转不过来，还要另外租借10多辆铁路槽车才能满足需要。从春泉酒厂到彭山青龙场火车站，再到千里之外的山东，汽车、铁路槽车日夜不息地将股股"春泉"注入秦池。

1997年，秦池神话开始崩溃，秦池酒厂的市场销售锐减，对白酒原酒需求量也大幅下滑。然而，鲁酒虽然衰落了，但邛崃白酒的优良品质却得到了市场认可。很快，河南仰韶酒厂、江西四特酒厂纷纷向春泉酒厂伸出橄榄枝，春泉因此赢得了更广阔的市场，很快摆脱秦池销量急剧下滑带来的影响。特别值得一提的是，秦池酒厂陷入困境时，尚欠春泉酒厂几百万货款，然而，秦池并没有赖账不还。由于当时秦池销售困难，无法支付现金，因此将自己酿造的白酒运送到邛崃，抵还了拖欠春泉酒厂的几百万元货款。秦池酒厂重信守义的行为让春泉人感动不已。

以春泉供酒秦池为代表，在春泉、临邛等企业的带动下，邛崃酿造的优质白酒开始大量销往山东、河南、安徽、江苏等全国广大地区，邛崃的许多中小酒企也随之打开了销售市场，赚到了丰厚的利润。另外，邛酒的热销，还带动了货物运输、铝罐制造等相关行业，让一大批人积累起可观的财富。这些酒企、商家后来又凭借第一桶金，或进一步发展壮大自己的企业规模，或投资其他行业，促进了邛崃经济特别是民营经济的发展。

正方的创业历程

曹爱华　邓友良

1996 年 7 月，川流不息的国道 318 线杯金村旁，卧龙镇五绵山上的龙福酒厂正式更名易主，改为四川省邛崃市正方酒厂（现成都市合义坊酒）。酒厂新主人是一位酒界资深人士——前四川省文君酒厂勾兑室主任宋一明。从此，这家有着 20 余年历史的小酒厂，迎来崭新的发展篇章。

手艺，让他挣得第一桶金

正方酒业董事长宋一明师承家传，16 岁潜心于白酒勾调技术的学习。其父亲宋其彬系文君酒厂第一代勾兑师，是中华人民共和国成立后邛崃白酒技术领军人物之一，创立文君酒厂勾兑室并一直任该室主任。20 世纪七八十年代，研发了白酒从酿造、制曲到勾调的一整套完整体系。经他勾兑的文君酒，多年后仍被邛崃人反复念及，赞其为真正的好酒。正是在这种家庭传帮带氛围里，宋一明耳濡目染，从小便练就白酒尝评勾调的真功夫。

对酿酒行当的热爱以及独到的天赋，让宋一明入职文君酒厂便进入忘我的学习工作状态。常常同事早已下班，天色漆黑一片，他仍在钻研业务。除了尝评勾调，他还同时钻研气相色谱技术，让二者有机结合。冰冻三尺，非一日之寒。正是日复一日、年复一年的进取精神，1985 年，宋一明以成都市尝评考试第一名的成绩考取了成都市评酒委员。1987 年，为庆祝中国共产党十三次全国代表大会胜利召开，全国名酒企业纷纷参选指定用酒。宋一明亲自勾调的文君酒在众多参赛选送酒品中脱颖而出，最终获选指定用酒。1988 年，宋一明在商业部举办的第五届全国白酒评委考试中名列前茅。1994 年，宋一明考取了中国食品协会第一届专业评酒员。

1985 年宋一明在成都评酒会上。

在白酒领域的不断探索与尝试，让宋一明的业务能力不断提升。靠着其领先于同行的优势技术，年纪轻轻的他在业内小有名气。慢慢地，经常有邛崃及周边市县的酒厂慕名而来，邀请他前去进行技术业务指导。宋一明便利用业余时间，往返于邛崃、大邑、蒲江、崇州等地的大小酒厂。每次指导后，这些企业会相应支付一些劳动报酬。宋一明人老实，从来不主动要价，人家愿意给多少就多少。说起这些经历，宋一明印象最深的是一次遇险，一天从外地技术服务完回邛崃的路上，天色近晚，他骑着摩托车专心前行。突然从路旁窜出几个大汉，拿着木棍朝他横扫过来。幸亏他反应快，迅速埋下头，猛踩油门，使劲冲了过去，躲过一劫。多年后回忆此事，仍心有余悸。那几年，宋一明靠着他微薄的工资，加上这些技术服务挣来的辛苦费，积攒下了后来创业的第一桶金。

信念，伴随企业一步步做大

20 世纪 90 年代初期，在市场经济冲击下，国营企业受自身体制机制束缚，遭遇前所未有的困境。曾经风光无限的文君酒厂，由于商业运作和营销模式的落后，逐渐导致资不抵债。1994年底，宋一明利用自己10多年来在文君酒厂对父辈创建的从制曲、酿造到勾调的白酒完整理论体系的传承，以及自身的宝贵经验，怀揣梦想，毅然从文君酒厂离职，踏上了自己的创业之路。

离开文君酒厂后，宋一明先后考察了固驿镇、临邛镇北门外一些大大小小的酒厂。经过多方调查了解，他最终瞄准了卧龙镇龙福酒厂。当时的龙福酒厂由于经营不善等问题，生产的原酒质量差，厂区破烂不堪，无法正常经营。但是，酒厂处于318国道旁，交通便利，一年四季的气温变化属于丘陵气候，空气相对湿度较好，地下水质优良，土壤是优质的粘性黄泥，非常适宜酿造原酒。宋一明多次同龙福酒厂负责人商谈，最终拿出自己辛苦积攒下来的10多万元，购买了龙福酒厂，改旗易帜，创建了四川省邛崃市正方酒厂。

建厂初期，公司占地面积约2000平方米，窖池30余个，贮存能力大约100吨。酒厂投产时，生产量小，通过宋一明之前为当地酒厂搞技术服务联络的各种关系，生产出来的酒主要卖给当地酒厂。

1998年，酒厂原酒销售业务开始拓展到省外。同年的成都糖酒会上，一位延安酒企老板为寻求发展，急需能提供优质白酒的企业，了解到正方酒厂无论是产品特点，还是技术实力，均符合要求。双方一拍即合，迅速建立合作关系。为了取得同延安同行的长期合作，宋一明亲自反复勾调、尝评，调配酒样，使产品从风格到口味都得到厂家认可。合作中，他经常往返于邛崃和延安两地，不顾舟车劳顿，检查产品的品质，使产品质量的稳定性达到可靠保障，赢得了对方及市场的高度评价。

正是这次与省外酒企的合作，让宋一明坚定了信心。其后，凭借自身过硬的产品品质和良好的服务态度，正方酒厂又相继和延安的宝塔酒业、延河酒业等建立合作关系。除了与这些酒厂业务上的往来，宋一明还无私地为他们提供技术指导，亲自上门品尝、点拨，提升对方产品的品质。真诚的合作帮助，让正方酒厂的销售渠道越来越多，逐步从延安扩大到山东、东北等地。

1999年，经过3年的摸索与发展，为了适应激烈的市场竞争，正方酒厂征用土地7亩多，扩大生产规模，新建窖池80个，每个窖池可投粮2吨。同时，利用现代新技术将窖泥重新扩大培养，即在新鲜晒干的黄泥中加入鲜猪血（一改以往添加血粉的培养方式），还有打细的优质双轮底

车间工人正在取沙晾沙。

母糟和自己培养的酯化液复合菌液，去掉了最早培养人工老窖泥加入的肠衣水和过磷酸钙，改为添加优质的黄水和黄豆粉，大大提高了酒质，受到周边同行的赞誉和学习。之后，宋一明又亲自带领员工长途奔波，远赴东北三省，同龙江龙、北大仓等多家企业从技术角度相互交流、学习，建立了合作伙伴关系。2003年冬，宋一明冒着刺骨的寒风前往东北某酒企洽谈，遭到拒绝。他没有气馁，转而远赴新疆，穿越戈壁沙漠，经历千辛万苦同肖尔布拉克、古城老窖等企业寻求合作切入点。功夫不负有心人，最终同古城老窖结成战略联盟，打开了新疆市场。

　　2006年，为适应市场更高要求，酒厂再次征用16亩土地，修建了120个窖池。这期间，酒厂始终坚持好酒选好粮、好酒选好水、好酒用心酿、一心一意只做好酒原则，建立了适合生产酿酒操作的规程和勾调尝评工艺，完善了从生产到勾调的检测系统，使企业逐步向知名酒企方向发展。

　　坚持，才能从挫折中挺过来

　　从一个靠技术吃饭的专业人员到当老板、搞经营，其间的艰难只有宋一明能真正体会。用他的话说："以前是别人拿着产品来求我，现在是我拿着产品去求别人。像正方这样一个最初由小酒厂起步的企业，要想在激

中国著名白酒专家参观制曲车间。

烈的行业竞争中打出一片天地，难！"

在我国市场经济刚刚起步的20世纪90年代，由于市场机制不完善，各种法律法规不健全，企业之间坑蒙拐骗的事时有发生，正方酒业也未能幸免。在山东市场差点上当受骗的经历，让宋一明记忆尤深。当酒厂的产品开始在省外市场逐渐打开局面之际，一家位于山东曲阜的某酒厂主动上门联系，说需要几车原酒。谈妥价钱，便要求立马发货。于是，宋一明亲自跟车，带着两三车原酒一路奔波，运送到这家酒厂的大门外。心细的宋一明没有忙着将酒拉进对方厂里，而是联系好对方负责人，叫先转酒款再拉酒进厂。对方软磨硬泡，说只能把酒拉进厂里才能转款。宋一明只好把酒拉进厂里。没想到，车子一进厂，对方便把大门紧紧关闭，带着宋一明一行在当地闲逛，并以各种理由搪塞，迟迟不付钱。宋一明心里一沉，觉得有诈，可能遇到了骗子，连忙报了警。警方赶来处理时，一位好心的警察私下告诉宋一明，这家酒厂采取这种手段骗外地企业已经不是第一次了，并建议他赶紧起诉。于是，宋一明连夜写好了起诉书，第二天就将对方酒厂告上法庭，并赢得了这场官司。双方虽然僵持了几天，好在有当地公安机关和法院协助，最终把几车酒从这家酒厂运了出来。宋一明又凭借在山东积累的关系，与另一家酒厂以货抵货，用瓶装酒换了这批原酒，再通过关系在当地廉价处理了这批瓶装酒，好不容易保了本，才没让正方伤元气。

销售有风险，货款的收回也异常艰辛。

1999年冬，年关将近，东北某酒企一笔数额较大的货款仍迟迟未打到正方账上。眼看酒厂就靠这笔钱给职工发工资过年，宋一明只好亲赴气温已到零下20到30度的东北。通过电话和传呼，几经周折联系上企业负责人，要求收回部分货款。然而，企业负责人却说，今年销售不太好，自己的资金也紧张，让宋一明等等，等市场销售资金回笼就马上解决。可这一等就是半月，期间宋一明多次催问资金，得到的都是同样回复。怎么办呢？还有10来天就过春节了。他每天在宾馆和酒企的路上来来回回，最后，好不容易打听到了酒企负责人的家庭住址，冒着鹅毛大雪深夜造访，硬是凭着自己的坚持和真诚打动了这名企业领导，当场同意第二天解决资金。

创新，打开公司发展新局面

2009年，邛崃市委、市政府做出了振兴邛酒产业、重塑邛酒辉煌的重大决策，兴酒规划、扶持政策、市场整顿等一系列举措相继出台和实施。同时，成立了邛酒产业发展领导小组，启动中国名酒工业园基地建设。正方酒业也得到了市委、市政府的鼎力支持。2010年，宋一明被邛崃市政府聘为市白酒鉴评组专家成员。2011年，为了响应企业向园区集中、争创百年企业的号召，公司通过科技立项，加大了曲酒酿酒基地技术改造升级，同临邛工业园区管委会签订了《工业项目投资协议书》，获得了邛崃市经济和信息化局的备案通知，新征约30亩土地，同时，邛崃市政府还对新征土地的规费实行了优惠政策。完善了相关手续后，公司修建了科研办公大楼、成品酒包装车间、半机械化酿酒车间，车间内窖池300个，每个窖池可投粮2.5吨。

酿酒车间修建完善后，宋一明亲自带领工人，冒着酷暑，利用自己多年的研究经验，将粘性黄泥晒干、粉碎，加入骨粉、豆粕、大曲粉等原料，对窖泥进行升级培养。同时，修建了制曲车间，车间内有40间曲房，每间曲房一次可生产5吨成曲。制曲车间采用人工制曲，自然微生物接种，所产酒曲为包包曲。酒曲具有丰富的微生物菌群，尤其是含量较高的黄曲霉和红曲霉。基于这些优势，公司所产原酒和调味酒，窖香浓郁，香气优雅，赢得了省内外同行和专家的认可。为了适应消费者的需求，公司还增加了小曲清香和酱香的生产，大大加强了同其他酒企的合作。

2013 年，中国酒界泰斗沈怡方及著名白酒专家曾祖训、高月明、赖登燡等，到公司考察，并对生产的原酒和调味酒作了鉴评：五粮香典型、香气浓郁、酒体醇厚、丰满、尾味净爽，具有调味酒的独特风格。2015 年，中国酒业协会秘书长宋书玉、甘权一行来到公司考察参观，充分肯定了宋一明的匠人精神和对传统工艺的坚守传承。2016 年，中国白酒协会授予宋一明国家特邀评委。在他的严格培训下，公司有 3 位技术骨干考取了白酒金三角省级评酒委员，2018 年，他被中国酒业协会聘为第三届白酒分会技术委员会委员。

21 世纪以来。白酒行业陆续经历了低迷、整顿、行业集中的发展态势。无论外界环境如何多变，正方公司始终正大做人、方圆行事，本着创百年正方的信心，坚守品质，迎接未来，打造核心优势，为振兴邛酒做出新的更大贡献。

春源品悟开新花

陈杰文

四川省春源品悟酒业有限公司始建于 1996 年，地处文君故里邛崃市，距成都 70 公里，成立之初为四川省春源酒厂，尔后更名为四川省春之源酒业有限公司，现为四川省春源品悟酒业有限公司，是一家集白酒研发、生产、灌装、销售及品牌策划为一体的综合性酒类企业。公司为中国酒业协会、四川省酿酒协会、四川中国白酒金三角酒业协会和四川省食品生产安全协会会员单位。公司先后被评为全国食品工业优秀龙头食品企业、全国食品安全示范单位、诚信示范单位。公司生产的芝麻香型白酒被四川省酿酒协会评为创新型白酒，品悟芝麻香型白酒被四川省首届网购展组委会评为网民最喜爱的十大川酒品牌。公司长期以来秉承做强一个企业、发展一个产业、致富一方百姓的经营宗旨，充分发挥龙头企业的带动作用，为地方经济发展做出了应有的贡献。

2005 年，公司经过近十年的辛勤经营，已经发展成为有一定规模的现代化酒业公司。为了适应市场多样化需求，经过市场调研，公司决定创新生产芝麻香型白酒。当时整个西南地区没有一家酒企生产芝麻香型白酒，只有山东几家酒企在生产，而四川与山东在水（水质）、土（土质）、气（空气）、气（气候）、生（生物）等方面都有很大差异，加之当时公司既无生产芝麻香型白酒的技术，又无这方面的专门人才，如何克服这些困难是摆在公司负责人面前的最大问题。

"世上无难事，只要肯攀登"。公司决定排除一切干扰，拿出最大勇气，不惜财力、物力、人力也要生产出芝麻香型白酒。没有技术，公司就组织人员学技术；没有人才，公司就下大力培养人才，采取走出去学、请进来教、

严把芝麻香型白酒质量关。

春源品悟酒业在糖酒会上的展区。

反复试验的方法，加大对生产芝麻香型白酒技术的学习和人才培养力度。

走出去学

公司组织由董事长带队，生产管理人员、生产技术人员、一线工人参加的外出学习组，远赴山东趵突泉酒业、泰山酒业拜师学艺。他们白天深入制曲、酿造车间、菌种接种室学习技艺，与两家公司技术人员、生产工人交流生产技术，晚上集中讨论学习心得，详细整理学习笔记。通过一个多月的学习，他们带着拜师学艺的收获回到公司，开始生产芝麻香型白酒，从制曲、配料到入窖发酵都严格按照学习成果组织实施。然而到了出酒的时候，生产出来的酒无论理化指标，还是口感都与芝麻香型白酒相去甚远。

请进来教

为了解决芝麻香型白酒生产中的问题，公司又多次邀请国家白酒界泰斗沈怡方、于桥、高月明、高景炎、曾祖训、胡永松、赖登燡等专家亲临公司指导，并邀请国家白酒专家组副组长于桥先生担任企业常年顾问，对公司员工进行"传、帮、带"。在各位专家的耐心教导下，公司芝麻香型白酒生产有了较大突破。

反复试验

有了在山东拜师学艺成果，又有专家的指导，公司就开始全面试验，同时为了符合芝麻香型白酒生产质量技术要求，避免各种香型白酒菌种之间相互感染，2006年初，公司在桑园镇租赁厂房，专门用于芝麻香型白酒研究和生产。为了达到芝麻香型白酒生产的技术要求，公司对生产场地进行了改造，将用于生产浓香型白酒的泥窖改为泥底石窖，新建了用于堆积发酵的发酵房、菌种接种室和麸曲生产车间。在各种条件都具备的情况下，公司通过反复试验，还是没有生产出满意的芝麻香型白酒。不是正丙醇高，就是乙酸乙酯高，或者是口感没有焙炒芝麻的复合香气。一次次试验一次次失败，公司前后损失几百万元。面对这样的情况，有的公司员工失去了信心，劝董事长放弃，业界朋友以及家人也持反对意见，可董事长却说："开弓没有回头箭，只要我们坚持，就一定会成功。"公司又邀请专家和公司生产技术人员、一线工人一起讨论，查找问题，分析原因。在不断分析总结的基础上，又一次次进行试验。功夫不负有心人，终于在2008年上半年取得了成功，生产出的芝麻香型白酒，理化、口感各项指标均达到了要求。

传统的浓香型白酒生产只用大曲足矣，而芝麻香型白酒生产必须使用高温曲、中温曲、麸曲（以河内白曲为主）才能使酒体变得更加幽香细腻，富有浓郁的复合香气。芝麻香型白酒的生产吸取了酱香型白酒的堆积工艺，通过高温堆积定向培养微生物，筛选耐高温功能菌，这些耐高温微生物的大量存在，使高温发酵成为可能，为产出的芝麻香型白酒的典型性提供了保证。芝麻香白酒由于窖池独特，各层发酵糟醅蒸出的酒的口感是不一样的，底层受窖泥影响，乙酸乙酯含量较高，风格偏浓香；中层乙酸乙酯含量较高，风格偏清香；上层酒焦香，酱香味略重，风格偏酱，这就形成芝麻香型白酒兼具酱、清、浓三香的特点。

通过三年窖藏，在国家白酒专家组副组长、公司常聘顾问于桥先生的精心指导下，公司勾调技术人员细心勾调，2010年初成功推出了芝麻香型白酒。酒体风格集酱香、清香、浓香三大香型之长为一体，而又别具一格，其突出的焦香、轻微的酱香，以及焙炒芝麻的香气，幽然入鼻，沁人心脾，浅尝则落口甜香醇厚、幽雅细腻、绵滑舒爽，且品尝之后尤觉余香悠长，不绝如缕，萦绕在唇齿之间，久久不散，具有酒体正、酒味正、酒香正；闻着香、入口香、回味香之"三正三香"的特点。2010年5月28日，公司在四川省邛崃市召开了芝麻香型白酒品鉴会，国家白酒界泰斗沈怡方、于桥、白希智、曾祖训、胡永松、高景炎、赖登燡等专家给予了"微黄透明、芝浓香气复合、醇和圆润、香味协调、尾净味长，具有独特风格"的评语，并誉为"酒中宾利"，并赞叹"千年邛酒开新花"。

凤凰展翅　飞凤于天

金成梦

　　时序已过"小雪"，灰蒙蒙的天空中飘着小雨，寒意袭人。我冒雨穿行在前进镇凤凰村的乡间小道上，路边田里种植的油菜、莴笋、莲花白长势喜人，绿油油连成一片。放眼望去，田地、竹林和房舍笼罩在薄薄的雾霭中。凤凰村，这个曾经喧嚣无比的小村庄，此刻正静静地坐落在川西平原一隅。

　　在凤凰社区书记杨建祥安排下，村会计曾庆高带我前往凤凰村原党支部书记谢福州家。一路上，曾会计不停地介绍凤凰村过去的辉煌，对远去的那段历史，过来的凤凰人仍怀着一份骄傲与自豪。路边一堵墙吸引了我的目光，上面写着"凤凰四合院茶苑"。见到"凤凰"两个字，倍感亲切。曾会计说，院墙里就是谢福州的家。十一届三中全会后，凤凰联合企业应运而生，经营得风生水起。村民富裕后，特地聘请西南建筑勘测设计院的专家设计，包括谢福州在内，共四户农民修建了洋房。现在，这些历经风雨的洋房已经斑斑驳驳，与周围村民修建的楼房比起来没有什么特别之处。但在1980年，一个农业大县祖祖辈辈靠种地为生的农民，居然修建起洋房，引发的轰动效应一时成为四川乃至全国的热点新闻。

　　74岁的谢福州步履蹒跚地将我们迎进家，然后泡上清茶。提到凤凰村的往事，他两眼瞬间充满神采。话头就从眼前的茶苑谈起，他说，茶苑于2007年春天开门营业，当初不是为了赚钱，而是专门为接待一些远道而来寻访凤凰村往事的外地客人所设，目的是能亲自给客人讲讲凤凰村当年的创业故事，让更多人能记住那段辉煌的历史。

　　谢福州告诉我，提到凤凰酒厂，不能不说时任邛崃县委书记李克耻。

凤凰酒厂生产的飞凤曲酒。

工人正在包装凤凰酒厂生产的系列产品。

1978年秋，李书记带领一个工作组来到前进公社十七大队蹲点。他吃住在四小队任庆元家，足足当了一个月农民。在此期间，大队干部在李书记指导下，开始策划筹建社队企业。

加工厂是凤凰的第一家社办企业，主要为当地群众加工、粉碎各类农产品，也吸引了周边农民前来，生意一度非常红火。见到效益后，社员办厂搞副业的热情被点燃，修建酒厂的事提上了大队的议事日程。大家纷纷建言献策，最终选定一块荒地作为酒厂厂址。当时十七大队下辖五个生产小队，由每个小队队长带头，组织社员开垦荒地、购买建筑材料。大队支部书记谢福州亲自挑选，派四小队的任庆根和五小队的鲁泽兵，进入前进公社国营农场学习酿酒技术。

酒厂从砌厂房、搭架、盖瓦，再到挖窖池、砌烟囱等活路，全部由社员自己包办。谢福州回忆，当年大队建酒厂，没有钱请专业建筑队，社员就自己摸索着干。由于外行加技术缺陷，酒厂车间墙壁砌到一半就发生了垮塌，一个生产队长被砸中头部，送到医院缝了十多针。1979年的除夕之夜，谢福州带着自己的儿子在尚未完工的酒厂守夜，睡在刚刚挖好的蒸馏锅火塘里。经过全队上下夜以继日苦干实干，几个月后，酒厂主体工程基本完成。经过大家商量，取名凤凰酒厂。

凤凰酒厂的第一任厂长是古兴松，刚建成的酒厂只有几十个窖池。从国营农场学会酿酒技术的任庆根和鲁泽兵，担任车间两个班组的组长，并你追我赶地带领各自班组的酿酒工人轮番烤酒。刚开始，厂里生产出来的白酒销路不是很理想。得知这一情况后，李克耻书记当即指示，从邛崃县国营酒厂（后来的文君酒厂）调杨泽元师傅任技术指导，帮助凤凰酒厂生产曲酒。杨师傅酿酒经验丰富，制曲、和糟、蒸馏、晾糟、入窖等工艺，一丝不苟。凤凰酒厂的产品品质很快有了提高，逐渐受到本地消费者和外地客户的喜爱。

在此基础上，谢福州和大队干部商议，要像那些大酒厂一样创自己的品牌，并聘请专家予以指导。1979年就进厂打理保管、出纳、采购、制曲、会计等事务的任仲秋回忆：凤凰酒厂瓶装酒的主要品牌一个是"川凤"，另一个叫"飞凤"。两种牌子的酒除在本地市场销售外，还远销北京、上海等大城市。

凤凰酒厂的蓬勃发展，带动了其他社办企业。依托凤凰酒厂的效益，大队又陆续办起了羊毛衫厂、机砖厂、榨油厂、地毯厂等20多家社队企

凤凰酒厂的蓬勃发展，带动了其他社办企业。生产经营搞得红红火火，1980年12月老百姓开始分红。图为大队党支部书记谢福州在分红会上作说明。

业。1980年2月13日，十七大队迎来最辉煌的时刻——正式更名为"凤凰大队"。3月6日，"邛崃县凤凰联合企业"挂牌仪式在凤凰大队隆重举行，全国各地媒体争相报道。邛崃这只金凤凰飞出川西平原，飞向了全国各地。1981年开始，到凤凰参观、学习、考察的全国各地社团、群众，以及外国友人络绎不绝，公社、大队应接不暇，受交通条件所限，吃饭成了问题，为此，专门修建了用于接待外地客人的凤凰餐厅。

据原凤凰大队四队队长、曾任凤凰酒厂副厂长的杨玖良回忆，凤凰酒厂除了生产"川凤"和"飞凤"两个牌子的瓶装酒外，还加工过"川凤特曲""川凤老窖"和"飞凤老窖""飞凤特曲""飞凤大曲"等多个品牌的瓶装酒。杨厂长的话得到其老伴证实，她说，自己当过凤凰酒厂勾兑师，那个时候的瓶装酒全部用老酒、好酒勾兑，每瓶酒的零售价从三四元到五六元不等，产品供不应求。因为瓶装酒销路非常好，产量跟不上需要，酒厂规模也就不断扩大，从一个车间发展到四个车间，几十个窖池发展到

160多个窖池。1983年,因为瓶装酒的销量大增,单凭凤凰酒厂的产量已经不能满足市场需要,村里在距凤凰酒厂不远的地方修建了新厂,村民习惯称为新凤凰酒厂,新厂的规模比老厂大得多。

为了接待造访的外地客人,让他们更详尽了解凤凰村历史,谢福州在自己家专门辟出一间大厅作展览室。墙壁上挂满中央、省、成都市领导视察凤凰村的照片。很多照片虽然已经模糊,但却是凤凰村往日辉煌的见证。谢福州记性相当好,一边介绍,一边陷入回忆。他动情地说:"现在很少有人记得凤凰酒厂了,凤凰酒厂走过的路,不同寻常,值得后来人好好研究。"1983年,因为对改革开放的探索、对凤凰村发展的巨大贡献,谢福州被推荐为全国政协委员。

1984年初春,一个春寒料峭的日子,凤凰村迎来两位客人。看过介绍信,谢福州才清楚穿着西服、操着北京口音的客人分别来自中国革命博物馆和中国体制改革委员会。他们专程从北京来四川邛崃凤凰村调研,拟寻访几件有历史意义的物件,带回北京陈列在博物馆。事情的起因是,邛崃县凤凰联合企业经各地媒体报道后,在全国引起轰动,也引起了中国革命博物馆的注意。当谢福州和村上相关负责人得知,两位客人从邛崃车站下车后,一路打听,步行到凤凰村时,都感动不已。大家带着客人进厂房、下车间、入农家,将凤凰联合企业20多个工厂、作坊情况作了详细介绍。两位客人一面参观,一面仔细聆听,生怕漏掉任何环节。在凤凰羊毛衫厂,来客选中自立牌羊毛衫,在凤凰村会议室,来客则被"邛崃县凤凰联合企业"那块牌子深深吸引,主动提出收藏。

参观、考察结束后,谢福州等在凤凰餐厅招待北京来客。凤凰餐厅属于联合企业的一员,之所以开办,是方便来凤凰村参观人员就近吃饭。几个菜端上桌,当然离不开酒,谢福州吩咐凤凰酒厂带几个牌子的瓶装酒到现场,并让工作人员一一作介绍。北京客人说,来四川就得喝川酒,到了凤凰村当然喝与凤凰有关的酒!听到这话,酒厂工作人员迅速打开一瓶川凤牌瓶装酒。北京客人品尝后,连声说:"好酒!好酒!"同时告诉在场的村干部和酒厂负责人:"凤凰酒厂的川凤酒,非常好!我们决定带一瓶回去,与先前的两件物品一起摆放在博物馆,让全国人民都看到凤凰村的成果!"话音刚落,掌声热烈响起。在这个有纪念意义的日子,"凤凰"飞进了国家博物馆!邛酒走向了首都北京!

1984年国庆节,中华人民共和国成立35周年之际,谢福州前往北京

1981 年开始，到凤凰参观、学习、考察的全国各地社团、群众，以及外国友人络绎不绝。

开会。在会议休息间隙，他专门去人民大会堂对面的中国革命博物馆（今为中国国家博物馆）参观，见到博物馆陈列的凤凰村三件物品：第一件是"邛崃县凤凰联合企业"牌匾，第二件是凤凰羊毛衫厂生产的自立牌羊毛衫，第三件是一瓶凤凰酒厂生产的川凤牌瓶装酒。这既是对凤凰村的褒奖，更是邛酒的荣耀！

提到去北京开会，谢福州又想起一个关于川凤酒的故事。在北京参加政协会议期间，他得空到王府井商场，意外看到酒柜里有凤凰酒厂生产的瓶装酒出售。正想向服务员打听酒的销售情况，不料旁边挤过来一对中年夫妻，用标准的普通话问服务员："有四川的川凤酒吗？"服务员从酒柜里拿出几瓶四川邛崃县凤凰酒厂生产的飞凤牌和川凤牌酒摆在柜台上，女顾客一边拿起酒瓶左右轻轻摇晃、仔细端详，一边不停地问："是正宗的邛崃酒吗？"得到服务员证实后，夫妻两人买了两瓶川凤酒和两瓶飞凤酒，兴高采烈地离开了柜台。此情此景，让一直站在柜台边的谢福州激动不已。从北京回到凤凰村后，他专门就此事召开会议，向村里的干部和社办企业负责人讲解见闻，并以此为鞭策，给大家加油鼓劲。时隔几年，来过凤凰村的体改委工作人员在邛崃体改委主任陪同下，又一次到凤凰酒厂调研。

谢福州仍在凤凰餐厅招待客人，并与客人一起品尝了品质得到极大提升的川凤酒。临走，还赠送两瓶川凤酒作纪念。客人回北京后，还专门来信表示感谢。

1983年2月12日除夕，英籍著名女作家韩素音夫妇在邛崃县有关领导陪同下，来到凤凰村，走进凤凰酒厂。品尝飞凤酒后，女作家兴奋地说："我站在这里，看见了中国的希望，农民的前途，中国的改革开放一定会取得成功！"临别，谢福州以几瓶凤凰酒厂系列酒相赠。

凤凰酒厂现在的情况怎样呢？我提出去看看当年的老凤凰酒厂，谢福州欣然一同前往。如今的酒厂还是在原址，厂房依旧，只是大门装修一新。进得车间，红砖砌成的墙壁布满沧桑，车间里几个工人正在操作，刚好遇到蒸馏，热酒流出，一阵阵醇香弥漫整个车间。想当年，凤凰酒厂热火朝天的场面，仿佛就在眼前；一瓶瓶美酒从这里出发，走向大江南北，摆进大都市的柜台！谢福州告诉我，现在的酒厂已易名为蜀凤酒厂，生产瓶装蜀凤酒，厂长是他儿子谢晓林。

关于凤凰酒厂的变迁，原酒厂主办会计任仲秋介绍，凤凰酒厂1979年夏天成立时，古兴松为厂长、张德志为会计。后来，自己进厂当会计，有古兴才、韩丙清、古本德、杨玖良、曹云昌等多位厂长、副厂长先后走马上任，并让凤凰酒厂名噪一时。到了1992年，村上把凤凰酒厂承包给任庆林、任庆军叔伯兄弟，后又承包给李建祥。再后来，新、旧凤凰酒厂被村集体收回，交古兴才经营。1996年，因种种原因，加上经营不善、白酒市场竞争激烈，凤凰酒厂最终难以为继，老凤凰酒厂和新凤凰酒厂分别卖给了两家私人酒厂。

在凤凰社区党群活动服务中心二楼，有一间凤凰陈列馆，这里陈列着凤凰联合企业生产的产品和许多珍贵照片。我见到了几瓶凤凰酒厂生产于1981年的灵芝仙酒，川凤和飞凤等牌子的瓶装酒已经难觅踪迹。站在凤凰村委会的楼上，极目远眺，天空下着蒙蒙细雨，初冬的原野茫茫一片。曾经盛极一时的凤凰联合企业完成了历史使命，退出了历史舞台，但凤凰人创造的奇迹却永久载入了史册。

飞出国门的"金龙"

樊安兴

逶迤起伏的五绵山，水质优良，气候温和，黄泥具有黏性……其得天独厚的自然环境，为白酒酿造提供了非常适合的条件。成立于 1978 年、邛崃唯一一家获得白酒行业出口资格证的企业——四川省邛崃市金龙酒厂便坐落于此。

金龙酒厂地处宝林镇南岳村，创始人鲁希圣是土生土长的本地人。10 岁跟随母亲耕田种地，13 岁学做泥瓦和木工，18 岁开始烤酒。在白酒行业摸爬滚打 50 余年，不仅从当初的打工仔变成酿酒、评酒专家，而且还造就了一个在业界颇有名气的企业。

进酿酒培训班

1978 年，改革开放大幕开启，敢闯、敢试、敢拼的人与事频频出现。邛崃怎么办？走什么路？有何特色可抓？进入 20 世纪 80 年代后，时任县委书记李克耻经过调研，做出了抉择——邛酒，有两千多年酿造历史的酒乡，具备十分有利于微生物繁衍发酵的环境和成熟的工艺。县委于是决定，鼓励和发动社办企业烤酒卖，每个乡镇都可以实施。此前，酒类生产、销售均处于严格的计划控制，一个县就一个酒厂，邛崃只有国营邛崃酒厂（后来的文君酒厂）。那个年月，由于资金短缺，想生产白酒搞经营，只能走联办之路。第一个乡镇酿酒企业是南河坎的邛崃县曲酒一厂，接着，土地坡的曲酒二厂、邛窑边的曲酒三厂、桑园乡的曲酒四厂、南君平乡的曲酒五厂、石头乡的曲酒六厂、临济乡的曲酒七厂、平乐镇的曲酒八厂相继诞生。

由于邛崃是四川省委选定的三个经济体制改革试点县之一，前进乡凤

金龙酒厂早期的烤酒车间。

凰村又是邛崃建设的第一个示范村，凤凰酒厂作为试点，县委书记亲自抓。一系列举措推出后，邛崃酿酒企业如雨后春笋般发展起来。

为了优化资源，烤出优质白酒，县委决定，食品工业办公室主任王德荣牵头，组织开办酿酒培训班，选拔和培养一批烤酒、品酒的年轻人才。授课老师则指派文君酒厂的金广松、宋其彬、陈兴明等技术人员担任。

首批学员由各乡镇试点酒厂推荐产生，鲁希圣、金存伦、林春富、李玉莲、黄培莲、杨维春等 10 余人入选。虽然大多从零开始，但大家对酿酒、勾酒、品酒和生产工艺流程学得很认真。除此之外，县质量技术监督局（计量局）局长宋开军，还为学员讲解有关计量、质量的理论知识。鲁希圣清楚地记得，宋局长是计量专业毕业的大学生，学历高，开始讲课大家听不懂，云里雾里好像"坐飞机"。10 多天后，进行了首轮考试和评比，然后根据成绩再针对性学习。培训期间，学员采取错时上班。

由于条件简陋，学习中没有色谱仪等辅助设备，老师传授的知识又来源于自己的实践经验，酿酒、品酒技艺的深入掌握全靠个人摸索和判断。

鲁希圣白天抓紧时间学习，夜深人静时，常常独自拿着酒杯练习勾兑，用心品尝不同度数的白酒。

这样的培训班，县食品办一年至少举办二至三次。通过培训，掌握了技术的学员迅速融入乡镇和社办企业生产中。与此同时，食品办每年还要对各乡镇酒厂出产的酒品进行评比、总结，促进质量和出酒率不断提高。

办企业跑销售

改革开放初期，宝林公社有三个社办企业，鲁希圣工作的酒厂是位于阴山的三八酒厂，由三大队和八大队筹钱合办。成立时条件艰苦，工人吃住都困难，床铺白天放在露天坝，晚上搬回窖上睡。一年多后，酒厂逐渐有了起色，见了效益，鲁希圣也当上了经理，负责采购和外销。

不久之后，宝林公社拟建一个试点酒厂，在物色负责人时，公社书记觉得鲁希圣两兄弟在社办企业干得有声有色，就找鲁希圣商量，准备让他来负责这个试点酒厂。最初考虑选址建在十二大队，鲁希圣却提出建在三大队（即后来的南岳村），原因有两个，首先，自己是三大队人，想以此为契机，改变当地面貌，改善村民生活；其次，三大队历史比较悠久，中华人民共和国成立前叫南岳乡，是周围几个大队的中心点，条件适中。公社同意后，他马上就开干。建厂用的砖由生产队筹集，屋顶盖的是茅草，其余则靠自己从三八酒厂分得的几千元。建到中途，因资金短缺，大队书记有些灰心："500元都凑不起来，干脆不修了。"鲁希圣却表示他来想办法。利用做采购、干泥瓦匠时卖过砖瓦给房管所的关系，他找到所长商量借3000元，没想事情真办成了……就这样，名为"南岳酒厂"的社办企业总算竣了工。

酒厂初期酿造的白酒叫老白干，主要原料为玉米、高粱、小麦等。烤出散酒后，鲁希圣便到处跑销售。为方便推销，他自掏腰包买了一辆处理的飞鸽牌自行车，挂上两个酒桶，在邛崃各乡镇流动，成了名副其实的白酒游商。后来又以这种方式进军成都，住在一亲戚家，骑着亲戚提供的自行车，驮着酒走街串巷。当问到一个供销社门市需不需要时，售货员说："这个门店的货是统一采购。想卖酒，明天到白丝街，那里有一个茶楼，采购员都在里头喝茶谈生意。早点去泡杯茶，把酒摆起，看看有没有生意。"第二天，鲁希圣一早赶到茶楼。果然，酒摆起不久就有人过来打招呼。品尝后觉得不错，问有好多？鲁希圣回答几吨。当时的散装白酒0.7元一斤，经过讨价还价，再加上运费，每斤0.9元，鲁希圣卖出去一车近6吨，对

1993 年 6 月，喝了金龙酒厂的"百年至尊"后，著名导演谢晋予以高度评价。

方是神仙树一家小供销社。通过这种方式，鲁希圣在成都又联系到一些买家。

生意做得顺风顺水时，一位在昌都经营哈达的朋友告诉他，藏区缺酒，那里的人喜欢喝。听到消息，鲁希圣就想方设法跟西藏昌都地区商业局取得联系。不想对方开口便要了两车约 10 吨老白干。鲁希圣一边从其他酒厂收酒，一边联系运输车辆。通过关系，好不容易从汽车 64 队调配到两辆解放牌大卡车。经雅安过二郎山，路途遭遇风雨和大雪，非常难走。最终冒着生命危险，按时保质保量将酒送达。

在随后的一次送酒中，碰到当时的昌都商业局局长，见鲁希圣翻了又翻、抖又抖地将桶里的白酒倒干净，就说："小伙子，跑那么远拉这点来，耽搁时间。下回多拉点来嘛。"鲁希圣回答："没得那么多本钱，来回要好几天，送了还要赶快回去。"当了解酒厂生产、建设经费紧张等情况后，局长说："你为人诚恳厚道，我跟他们说预支 10 万元给你，到时用酒抵账。"那时的 10 万元，可以说是一个天文数字。当这笔钱电汇到邛崃时，连宝林信用社都不敢相信，连连问是不是搞错了。靠这笔资金支持，鲁希圣把南岳酒厂扩大、发展到了一定规模。此后，南岳酒厂给昌都商业局又供应了 6 年的酒。

为扩大品牌知名度，金龙酒厂推出的"千年虹"，以冠名方式参与中央电视台举办的活动。

1982年，乡镇企业局对全县乡镇企业、社办企业进行评比，鲁希圣被评为邛崃八大企业家之一，并佩戴大红花上街游行。时任县委书记李克耻鼓励他好好干，一年上一个新台阶。

抓机遇谋发展

改革开放前，"文君""临邛"是邛崃国营酒厂的两个品牌。改革开放后，县糖酒公司本着扶持中小企业及乡镇企业的原则，将"临邛"这个酒品牌收归公司使用。1984年，公司决定扩大酒的销售，进购乡镇企业生产的酒，以"临邛"的名称统一售卖。因担心别人说"临邛"这个牌子连个厂都没有，加上鲁希圣的酒厂有一定规模，公司领导就找到鲁希圣，告诉他准备将南岳酒厂升级为糖酒公司曲酒一厂，并由他担任厂长。鲁希圣同意了，在他推荐下，宝林另外两个社办酒厂被列为糖酒公司曲酒二厂、曲酒三厂。更名后的酒厂一边生产一边收购周边酒厂的散酒，交糖酒公司管理，并灌装贴牌"临邛"酒。虽被糖酒公司"收编"，但仍属社办企业，这是双方出于多种考虑，感觉打集体招牌比较稳当的结果。当年，中央4号文件将社

颇具现代化气息的邛崃酒企首个钢屋架灌装车间，宽敞，明亮，跨度大。

队企业正式改称乡镇企业后，鲁希圣开始承包酒厂，每年给村上交 5 万元承包费。生产的散酒除了交糖酒公司，还销往外地。

此前，为宜宾五粮液酒厂供原酒时，鲁希圣认识了该厂创始人叶贤佐。合作中，得到叶贤佐的赏识被收为徒弟，将五粮工艺、调酒感悟一一传授。见其勤思敏行，叶贤佐又将他介绍给泸州老窖的赖高淮厂长，鲁希圣也采取边合作边学习的方法，几年下来，泸州老窖的酿酒工艺了然于胸。后来，认识了剑南春酒厂厂长徐占成，来来往往中，得到徐先生悉心指导，掌握了剑南春的勾兑等技艺。通过不断合作交流与真诚请教，鲁希圣的酒厂产能与品质大幅提高，成为国内许多大品牌酒企的优质原酒供应单位。

1988 年 9 月，党的十三届三中全会决定治理经济环境，整顿经济秩序，对乡镇企业采取"调整、整顿、改造、提高"的方针，为此，鲁希圣把糖酒公司曲酒一厂移交给村上。茫然之际，县委老领导分析说，你是酿酒行家，另起炉灶继续干，肯定有希望。鲁希圣于是在汽车 56 队旁租了一个 20 多平方米的房子搞生产。随着效益增加，次年，他就在南河边找到比

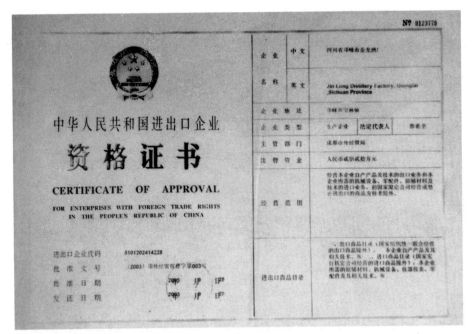

邛崃白酒行业的进出口资格证书。

较理想的场地，扩大生产规模，并登记注册开办了邛崃县金龙酒厂。凭借早已在外的名声，金龙酒厂很快站稳脚跟。除了自己生产，还收购一些小酒厂的散酒，提供给品牌酒企。

进入90年代，文君酒厂不再收散酒，邛崃众多酒企只得自想办法，派出销售人员，提起酒瓶，挎起包包，全国各地到处闯市场。1992年，通过省内知名酒厂专家介绍，鲁希圣的散酒打进了河南商丘林河酒厂，而且一次就发200多吨。运输自然成为大难题，解放牌汽车一般一车装5吨，最多7吨。焦头烂额之际，多亏汽车56队和64队帮了大忙。出发当天，40辆车排成长龙。一次就发几十车酒，如此规模震惊了邛崃。

河南酒企把邛崃原酒进行勾兑后销往本省市场，受到消费者喜爱。此后，通过示范带动，邛崃酒老板逐渐将优质邛崃白酒源源不断地销往河南、安徽、山东、内蒙古、湖北、湖南等地，使得亲临邛崃调酒的外省客商络绎不绝。

出口推迟半年

1999年，邛崃实施旧城改造，涉及金龙酒厂。宝林乡党委、政府得知后，动员鲁希圣回乡投资，支持宝林建设。鲁希圣没有犹豫，决定选址南岳村修厂房和车间，同时扩大金龙酒厂规模，向创立品牌迈进。

这个想法，萌生于向西藏恒源酒业公司供应白酒、目睹西藏王酒灌装车间的红火之时。但要拥有一个宽大、明亮的灌装车间，房屋跨度那么大，木结构不好办。跑到成都一咨询，才晓得可以做钢屋架。但生产商不多，好不容易寻到成都九江一家，经洽谈，很快敲定由他们负责设计建造……两个车间完工后，内外又贴上瓷砖，才安生产线等设备。颇具现代化气息的邛崃酒企首个钢屋架灌装车间，让人不由得眼前一亮。这个创新，也为以后顺利申办进出口资格证奠定了基础。

期间，金龙酒厂先后注册了"百年至尊""大酒缸"等白酒商标。2002年，"大酒缸"品牌荣获香港紫金花金奖。

2003年3月，剑南春酒厂一勾兑师问鲁希圣："有一单出口菲律宾的白酒业务，剑南春嫌量小，没有接，你做如何？"鲁希圣听后非常高兴，立即与客户取得联系，协商很顺利，合同签好后，对方的钱随之打了过来。金龙酒厂立即加班加点，装酒的装酒，进盒的进盒。这批价值10万美元、10多吨的"百年至尊"很快准备妥当。出乎意料的是，到了海关，工作人员要查验出口手续。鲁希圣一下懵了："出口手续，我们哪里有哦？"没办法，只有马上申请办理。

准备好相关材料，申报手续送到四川省商检局，审核后再报请国家商检局验收。与此同时，省局专家亲临金龙酒厂进行商检，看到干净整洁的厂区，宽敞明亮的车间，现场指导说，这种钢屋架灌装车间虽已符合申报要求，但还需进行全封闭处理，并提出灌装线怎么规范，车间、仓库如何装饰整理，连洗手、更衣等都提出明确要求。而标准，是按照制药企业执行的。

不仅如此，酒瓶的生产厂家也要具备出口权，连外包装盒也需拿到出口权的企业生产。经沱牌公司介绍，酒瓶由马来西亚与沱牌合办的玻璃公司定做，包装盒则经省商检局推荐，给新都一纸箱厂解决，盒子上打印出口标记。同年，国家商检局前来验收，现场对金龙酒厂硬件、软件、质量等进行全面复核。最终，金龙酒厂获得编号为№0123779的《中华人民共和国进出口企业资格证书》，其进出口企业代码为5101202414228，批准文号为（2003）邛外经贸贸登字第003号。拿到资格证后，金龙酒厂迅速换上具有出口权企业生产的酒瓶，外包装也改为有出口标识的盒子，经抽检合格后，顺利办理了出口手续。就这样，金龙酒厂的第一批产品走出国门。

由于进口方是长期在中国做生意的华人，了解到这批邛酒经过半年周折才到达的原因后，对方表示理解，并没有让金龙酒厂赔偿损失。获得出口资格的金龙酒厂，还在邛崃另一家酒企遇到同样麻烦时，毫不犹豫伸出了援助之手。鲁希圣自豪地说："金龙酒厂是目前邛崃唯一一家获得白酒行业出口资格证的企业。虽然其他酒企也在申报手续，但或多或少都存在一些问题，没有达到目的。"尽管有出口权，产品也在菲律宾、新加坡等东南亚五国及南非建立了销售网络，但鲁希圣感叹，因为缺乏人才，没有充分发挥好企业具备的这个优势。

2012年，金龙酒厂建起了国家酒检中心服务项目、首家中国白酒金三角企业精品实验室。

2015年，中国白酒专家组组长沈怡方、高景炎参观金龙酒厂后，赞叹道，厂里一砖一瓦、一草一木都有特色，几十年了还在干，像鲁希圣这样衷于邛酒产业的人不多了。

双燕：个体酒厂的先行者

王志雄

1978年，改革开放的春风吹遍神州大地。邛崃作为南方丝绸之路西出成都第一重镇，具有"舟船争路、车马塞道、商旅敛财"的传统，创业的基因深植于这片沃土。一些善于捕捉市场商机的年轻人，发现了隐藏在白酒原酒背后的巨大潜力，毅然投身其中，打开了邛酒酿造的新局面。前进公社的杨明光就是一位早行早试者。

一

杨明光平时十分关注国家的方针政策，学习理解相关精神，在社办企业上班时就和酒打交道，一门心思放在生产管理上。同时还了解到，早在清代，自家附近就有白酒烧坊，地下不仅冒出涌泉，而且水质极好，烤酒的历史、自然优势得天独厚。1979年初，经过多方调查研究和精心筹备，杨明光下定决心，做"吃螃蟹"的第一人，自己独立开办一个酒厂。要办酒厂，就得首先为酒厂起个名字。说来也巧，在杨明光全家一致同意开办酒厂的当天，有两只燕子来到杨家，不停地在屋檐下盘旋，准备筑巢。家里的老人说，这是个好兆头，燕子来筑巢寓意富贵吉祥。鉴于此，杨明光当即决定，即将开办的酒厂就叫双燕酒厂！

听说杨明光从社办企业辞职出来单干，很多人都颇为吃惊，议论纷纷：这不比当个一般个体户，他杨明光就算是把全部身家砸进去办酒厂，钱也不够嘛！大家其实不晓得，杨明光早已胸有成竹。实行改革开放政策之初，国家为了大力支持乡镇企业发展，各部门都出台了许多优惠政策，特别是在邛崃，只要办理了营业执照的企业，凭手中的执照就可以到银行贷款，用当时的话说就是"一个花花儿（印章）一万元"。酿酒用的高粱也比较便宜，每斤仅卖 0.16 元，如果是酒厂用粮，企业老板还可以在当地粮站打个白条，先拉走，等卖了酒后再来付钱。正是这些优惠政策壮了杨明光的胆，使他底气十足，用自己全家积攒下的 3000 元，加上在银行借贷的 10000 元，风风火火开始了自己的酿酒事业。

凭借社办企业积累的经验，杨明光心里十分清楚，要想生产出好酒，必须依靠有真才实学的专业技术人员。当时邛崃生产酒的企业中，文君酒厂技术实力最强，其中一个姓陈的师傅比较出名，不仅熟悉制酒的全过程，而且掌握了很多关键环节的技术。当了解到这个情况后，杨明光就通过熟人和陈师傅取得联系，登门造访，软磨硬泡，花了差不多半年时间才让陈师傅勉强答应到厂里看一下。而为了让杨明光知难而退，在当时人均月工资只有十几元的情况下，陈师傅张口就提出月工资至少 100 元。求贤若渴的杨明光眉头都没皱一下，当场就答应下来，而且告诉陈师傅，不用每天到厂里来上班，只需利用空余时间做好技术指导就行了，月工资可以达到 120 元。没想到的是，里里外外、仔仔细细把酒厂看了一番后，陈师傅仍然没有答应杨明光的邀请。杨明光尽管很无奈，但仍然热情招待陈师傅吃晚饭，并把家里母鸡刚生的两个蛋，煮了请陈师傅吃。在那个物质条件较差的年代，鸡蛋往往是招待贵客的好东西。杨明光说："生意不成仁义在，今天陈师傅来了，不管事情成不成，都是我们家的贵客，必须招待好！"正是这两个鸡蛋，终于让陈师傅被杨明光的诚恳所打动，答应帮助他，还开玩笑说："我来厂里指导可以，但要保证每次伙食里至少有两个鸡蛋。"果然，后来陈师傅每回来厂里指导，吃饭时都配了两个鸡蛋。

二

酒厂正常运转后，由于邛崃本地市场并不大，为了提高销量，杨明光开始进军成都市场。当时，从邛崃到成都的班车很少，到成都后坐公交车也不大方便，杨明光就专门买了一辆永久牌加重自行车，挂上样酒，一有空就骑到成都跑市场。由于双燕酒是新厂新产品，没有知名度，自己设点经营或是依靠小商店销售效果都不尽如人意。最后，杨明光将目光转移到了大商场。他拿着样酒找到红旗商场（今天红旗连锁前身）酒类产品销售负责人，好说歹说，人家才同意尝一下。不料，品完后咂咂嘴，表示感觉不错，愿意以每斤 0.7 元的价格买一些来当散酒卖。杨明光一听报价便按捺不住兴奋，忙不迭同意。他明白，当时的散酒在邛崃本地每斤只有 0.5 元多一点。于是隔三岔五，杨明光哼着小曲，"驾驶"着他心爱的"战车"，

采用传统酿造工艺生产好的原酒。

载着 100 多斤酒从邛崃一路风尘仆仆送到成都红旗商场。路途虽然远，货物虽然沉，但想到每去一次就差不多能赚 20 元，那可是一般人一个月的工资，不仅脚劲陡增，而且流到嘴角的汗水，都能让杨明光咂巴出蜜一般的甜意。

三

酒还是酒，不同的市场却有不一样的价格。杨明光一边烤酒卖酒一边捉摸，四川作为产酒大省，价格肯定比其他省份便宜，如果把酒拿到其他省市去卖，赚头一定非常可观。说干就干，他开始有意识地和在外省跑过的人接触。1981 年冬，听说家住高水井的赖大爷从贵州走亲戚回来，杨明光就来找赖大爷摆龙门阵。一见到杨明光，赖大爷激动地抓着他的手说："晓得你在卖酒，给你指条发财的路，去不去？贵州的酒每斤都卖到 3 块多了哦！"杨明光虽然将信将疑，但转念一想，有没有收获都不要紧，顺便把儿子杨永树带出去见一下世面，就当和赖大爷一起出去旅游一趟。就这样，敢闯敢试的杨明光第二天就带着一行人出发了。赖大爷的亲戚住贵州湄潭县，到遵义后，赖大爷没着急往那儿赶，而是在遵义的市场里转悠

由于邛崃本地散装白酒市场并不大，加之酒厂逐渐增多，要提高销量，只有另辟蹊径。

起来。过一会儿，只见赖大爷提了几大袋白馒头回来了。大家纳闷，赖大爷却笑道："我在亲戚家住的那几天，见他们那里的人比较稀罕馒头，所以就准备一些，遇到合适的人也好顺便打点一下。"到了湄潭县后，杨明光急不可待地打探行情，酒的价格确实如赖大爷所说。但要在当地设点卖酒却存在不少困难。正不知从何下手，一个偶然的机会，杨明光听说遵义地区有不少人喜欢浓香型白酒，湄潭县酒厂的湄窖酒就属于这种类型，供不应求，厂里已无存货。他立马联想到，邛酒也是浓香型，何不就把自己的酒直接卖给湄潭县酒厂，这样就减少了设点摆摊搞销售的麻烦。在湄潭县酒厂，尽管人生地不熟，但一袋袋大白馒头拉近了与门卫、车间工人和管理人员的距离。在他们的热情引领下，杨明光很快找到酒厂负责人。随身所带的样酒经该厂指定的技术人员检测、品尝后，认定双燕酒和湄窖酒的品质接近，该厂同意先以每吨 7000 元的价格采购 5 吨双燕酒作为原酒。高出邛崃市场数倍的价格带给杨明光的不仅是意外，更是震撼。贵州白酒市场的成功开辟让杨明光坚定了自己的想法，市场是闯出来的。为了开辟更大的市场，杨明光开始着手培养销售人员，很快就建立了一支几十人的营销队伍，销售范围覆盖十多个省市。后来，通过不断历练，从这支队伍里又陆陆续续走出了许多大企业家，也带动了邛酒产业规模的不断发展和壮大。

四

随着白酒市场的透明化，价格差异不再明显，邛酒产业内部竞争日趋激烈。杨明光认识到，质量是产品的灵魂，必须向高品质的白酒看齐。很快，五粮液进入了杨明光的对标视线。当时邛崃普遍采用单粮酿酒，口感比较单一，通过多粮酿造进一步提升口感成了他的酒厂的试验重点。然而，多粮酿造对发酵的要求更高，双燕酒厂多次试验均效果不佳。为了找到原因，1985 年，杨明光托人找关系，将月工资提高到 1000 元，最终说动了五粮液酒厂技术人员陈师傅和杨师傅前来帮忙分析。他们带着先进仪器住进双燕酒厂，经过反复对比试验，才发现是窖泥不达标。为了培育合格的窖泥，找到合适的土基，杨明光安排工人从五绵山到白鹤山，再从南宝山到天台山，把邛崃凡是土质较好的地方都找了个遍。即使这样，他还不放心，又特地到五粮液酒厂购买专用的菌种来培育窖泥。精诚所至，最终生产出了自己和消费者都满意的白酒，从此产销两旺。

双燕酒厂作为改革开放后邛崃开办的第一批酒厂之一，其后以前进凤凰农工商联合企业为代表的企业也开始大办酒厂，在全国改革开放浪潮中声名远扬，有力地带动了邛酒的不断壮大。同时，杨明光执着的拼搏精神也感染了下一代人。他的子女又相继开办了 6 家酒厂，特别是他的儿子杨永树逐渐得到锻炼成长，年轻一代的新思想也为酒厂注入了新活力。杨永树提出要产销并重，十分重视稳定客户群的培养，形成了良性的产销生态圈，如与山东等地客户建立的良好合作关系，让销量稳中有升。1996 年，双燕酒厂更名为海燕酒业，生产、经营由此步入发展的快车道，窖池达到400 多个，年产白酒数千吨，厂区不断扩大，资产不断增加。

散装瓶装同时上马的黑虎滩酒厂

龙晓敏

　　1981年5月，邛崃正式被四川省委确定为四川省农村经济体制改革试点县，率先改革农业生产结构和农业经济管理体制。桑园乡黑虎村则成为邛崃县委（以下简称"县委"）确定的改革开放试点村之一。与此同时，县委派出工作组，入驻各试点村指导改革。

　　在县委工作组出面担保下，黑虎村以村组为单位向银行申请贷款，相继开办了各种村组企业，如酱品厂、石灰厂、砖厂、预制板厂等，其中一组二组率先办起了酒厂。以组为单位开办的酒厂规模小，每个酒厂只有五六个工人，生产出来的酒也交由村上进行销售。为了扩大生产规模，黑虎村村委从本地实际出发，将生产队名下的所有企业联合起来，以原有集体经济为基础、各种承包制为纽带，成立黑虎滩联合企业。以组为单位的小酒厂并入联合企业，正式成为黑虎滩联合企业的分支——黑虎滩酒厂。

　　酒厂成立初期，由于具备企业管理能力的人才紧缺，由谁来管理酒厂成为难题。此时，正好村民叶福清刚从丹巴县林业局回来，见识丰富，又会经商，村里经过讨论，决定聘请叶福清为黑虎滩酒厂经理，由他协调酒厂生产和销售。管理问题解决了，技术问题咋办？酒厂又在县委工作组的支持下，聘请文君酒厂酿酒师、勾兑师前来进行技术指导，同时还派出初中以上文化程度的工人到文君酒厂接受培训，解决人才缺乏的问题。

　　合并而成的黑虎滩酒厂占地8亩左右，由两间大房子组成，有制曲车间、包装车间、酿酒车间、窖池等，平时酒厂工人有20多人，高峰期加上临工达90多人。酒厂生产出来的原酒经勾兑调配后，按口感等次分为特曲、头曲、双沙曲酒。其中，双沙曲酒是曲酒沙和白酒沙混在一起生产，

黑虎滩酒厂用嵊岭牌商标注册生产的系列产品。

既保存了曲酒原有的香味，同时淡化了白酒的辛辣，价廉物美，销量好；单以口感来说，嵊岭特曲则更受消费者喜爱。

其时，由于很多酒企担心瓶装酒的销售问题，且产品注册商标手续烦琐，做瓶装酒的酒厂寥寥无几。大多数社办酒厂以走中低端散装酒为主，做品牌的也就只有文君酒、临邛酒和凤凰酒厂等。在黑虎滩蹲点的县委副书记蔡文彬发现了瓶装白酒市场的商机，提出想要利润高，就该承担高风险，黑虎滩酒厂应散酒、瓶装酒同时做的思路。酒厂于是向邛崃县工商局提出注册商标的申请，邛崃工商局受理后上报国家工商总局备案。经过一番努力，黑虎滩酒厂注册到了属于自己的商标——嵊岭牌和邛丰牌。为了尽可能减少销售风险，酒厂的瓶装酒销售采取以销定产的方式进行。

在产品销售渠道上，黑虎滩酒厂生产的一部分散酒由文君酒厂和临邛酒厂收购，一部分散酒和瓶装酒由县委派驻的工作组帮忙销售，剩余的便靠厂里销售人员推销。

开拓市场充满机遇和挑战，销售人员各显神通。河南浚县烟草公司的一个采购员在邛崃采购白酒，住在县招待所。招待所一个服务员的丈夫正

酒厂工人正在灌装省外客商预订的嵊岭牌瓶装酒。

好是派驻黑虎滩酒厂的技术指导员。于是服务员立马把这个消息告诉了叶福清。叶福清迅速带上样品酒和这位采购员对接洽谈。听了叶福清的介绍，品尝了样酒，对方十分满意，当场就定了一批嵊岭特曲带回河南浚县烟草公司。该公司职工品尝了嵊岭特曲后，赞不绝口，称其口感可媲美五粮液，就将嵊岭特曲定为公司内部接待用酒。

糖酒会是酒类销售的最好平台，黑虎滩酒厂自然不会错过这个展示自己的机会，组队分别到河南安阳、郑州，河北邯郸，广西柳州等地参加。全国各地多不胜数的酒厂在会上展销自家产品，包括五粮液、泸州老窖、茅台酒、文君酒等一大批名酒，占了销量的大部分。像黑虎滩这样的乡镇企业，新品牌刚起步，虽名气不大，但跟国营酒厂相比，同等质量的酒，因具备价格优势，也自有意想不到的收获。通过糖酒会上与全国酒商的接触，黑虎滩酒厂把产品卖到了内蒙古、河北、北京等地。

除了参加糖酒会和各类展销会，黑虎滩酒厂还积极和邛崃县糖酒公司建立良好的合作关系，按出厂价将酒卖给糖酒公司，利润按照协议进行分成。如果有单位来找酒厂拿订单，酒厂就以几级批发价进行批发。经理叶福清为人耿直，头脑灵活，对原料供应商从来不拖欠钱款，对批发商的订单也很重视，只要定了酒，马上就组织村里的剩余劳动力进行装酒，及时发货，因此在业内市场上建立起良好口碑，很多人都愿意跟他打交道。

1984年，成都市食品办举办优质产品评比，嵊岭特曲有幸参加了成都市乡镇企业管理局曲酒质量比赛。评选的标准和流程异常严格，在经由成都食品处处长带队到酒厂进行规模评估、生产线检查、酒品品尝、检验等一系列程序后，嵊岭特曲被评为优质产品。叶福清回忆，同期邛崃的拱辰酒厂、曲酒一厂、曲酒二厂、凤凰酒厂的产品也被评为优质产品，彻底打响了邛崃白酒的名声。

由于是改革试点县，黑虎村发展联合乡镇企业的模式走在了前列，到黑虎村视察的领导、参观学习的单位或个人络绎不绝。村里安排会计张义文负责对外接待工作。接待流程是先由张义文讲解黑虎村基本情况、联合企业的运营模式，再带考察团对黑虎村每个村组、企业进行现场参观考察，同时由企业负责人介绍生产工艺和流程。1980~1985年期间，全国很多省、市、州、县的领导来到黑虎村参观考察。更有时任共青团中央书记处第一书记王兆国、四川省委书记谭启龙、重庆市委书记任白戈等领导莅临。而来取经的乡镇、企业更是多不胜数。

鼎盛时期，黑虎滩酒厂年盈利可达三四十万元，村民平均劳动日值为3元多，相当于一个国家机关干部的收入。过去村民"吃粮标准很困难，打盐买油皆缺钱"，现在生活不仅得到极大改善，很多家庭还购置了自行车、收音机、手表等物件。曾经一度，周围村的女青年都以嫁到黑虎村为荣。

在外人看来，黑虎滩酒厂搞得红红火火，但企业经营的艰辛非亲身经历难以体会。

1981年，邛崃某私人酒厂生产出的产品被查出杂醇超标，邛酒不能喝的谣言被迅速扩散，严重影响了邛酒的声誉，黑虎滩酒厂也未能幸免，其生产的双沙酒在北京也被查出了杂醇超标，各地销售商找上门要求退款退货。叶福清在做好各地销售商安抚工作、同意补偿损失的同时，按照成都市食品办的要求，采购回了一台酒质监测机，并安排了一名高中生每天对酒中杂醇进行检测。经过一段时间的努力，终于找到杂醇超标的原因是原酒度数不够，提高原酒的度数就能有效降低杂质。酒厂立即采取了这一对应措施，与此同时，县委及时召开新闻发布会，请新华社、四川日报等媒体记者到现场采访，请评酒师尝评，请勾兑师、检验师对酒质进行化验，

黑虎村发展联合乡镇企业的模式走在了前列，到黑虎滩酒厂视察的领导、参观学习的单位、个人或外宾络绎不绝。

并将邛酒没有质量问题的结论及时对外进行公布，最终化解了这场危机。

1982年，蔡文彬在北京开会时，特地帮黑虎滩酒厂争取到了北京昌平县和安徽凤阳县的销售渠道。于是，酒厂发了两火车皮的瓶装酒分别到昌平与凤阳。但这两个县的邛酒市场还未打开，造成峡岭酒滞销。1983年，蔡文彬调离邛崃前，对酒厂负责人叶福清说："我们黑虎滩酒厂虽然说是给黑虎村带了些财富，但还有两个火车皮的瓶装酒陷在外地，价值10多万啊，你要想办法去把这个事情解决了！"叶福清听后，二话不说，连夜坐火车赶往北京昌平。与昌平糖酒公司对接后，便到处打听销路。听说北京金川方正贸易公司和邛崃的酒厂有生意往来，而且主要销售邛酒，他就带着样品去找贸易公司负责人。负责人品尝后认为酒还行，同意接收。叶福清于是把酒从昌平县拉到金川贸易公司，由该公司进行销售，并由此和金川方正贸易公司建立了良好的合作关系。当打听到凤阳县正在开物资交流会，他又赶紧坐火车前往凤阳，见了当地糖酒公司经理，进行协商后以低价达成销售协议。前后共计40多天，才完成销售任务，挽回了损失。

　　随着国民经济和农村企业的不断发展，各种产品的市场供应日益增多。为了提高农村企业的市场竞争力，80年代中期，乡镇企业陆续进行经营体制改革，开始实行承包经营制，叶福清以20万元承包了黑虎滩酒厂。虽然冒着很大风险，但叶福清眼光独到，在酿酒离不开的糟子上打主意且取得成功。那些年，邛崃大大小小酒厂都到他那里买糟子。尽管只有7分钱一公斤，买方却要开后门才买得到。高峰时期，叶福清一年光卖糟子就赚了10多万元。

　　承包酒厂以后，叶福清凭借多年的生产和销售经验，认为品牌单一影响推销。于是开拓思路，对生产进行一系列创新。除延续经营过去的崃岭头曲、特曲、双沙酒以外，还增加了窖酒、贵酒等品牌。酒瓶不仅沿用过去白色玻璃瓶，还采用白色工艺瓶包装，使其"颜值"大幅提升。1985年北京展销会上，有长期合作关系的北京金川方正贸易公司品尝过酒厂推出的新酒后，立马就订了一车皮价值16万的瓶装酒。当时，一车皮的酒市场均价为七八万元。

　　叶福清承包的黑虎滩酒厂第一年盈利30余万元。日益红火的效益使酒厂成为当地老百姓眼里的"香饽饽"，很多人使尽浑身解数竞争酒厂承包权。1986年，酒厂转由周沛才承包经营，后来又由廖秀梅从1988年经营至1990年，其后再由天一集团承包做食品加工和白酒酿造。2000年左右，黑虎滩酒厂通过改制拍卖，改名金沱酒厂。

　　黑虎滩酒厂最后一任承包人廖秀梅把承包权转让给天一集团后，凭着对邛酒的热爱，重新开办了缘河酒厂。至今，缘河酒厂仍是桑园镇经营颇佳的企业；廖秀梅二儿子张波受其影响，在高何镇自立门户，建立了源窝子酒庄，利用当地独特的自然环境，创新尝试森林储酒，续写酿造历史，赓续邛酒传奇……

平乐酒业及曲酒八厂

向敬祥

自 2300 年前筑城置县后，邛崃酿酒业就非常兴旺。临邛自古称繁庶，与发达的酿酒业密不可分。早在西汉时期就形成的酿酒、饮酒风气，使临邛成为川酒的主要产地之一。平乐作为邛崃的第一大镇，酿酒历史悠久，酒文化底蕴深厚。

平乐镇酒业概况

民国年间，平乐、大碑两镇乡有酿酒作坊一二十家，如魏升祥烧房、郭耀然烧房、李世祥烧房、徐双发烧房和周姓烧房等，所产大曲、二曲、过滤大曲以及陈色火酒，除了供应本地区，亦销往芦山、宝兴、懋功等地。清末民初，下坝乡亦有两三家酿酒作坊，其中，熊烧房酿制大曲、二曲，年产一两万斤，除了本地销售，亦销往外乡、外县。1921 年，熊烧房转与何姓经营。此外，这三镇乡都有富裕人家自酿曲酒，也有农家自酿火酒。1951 年秋，邛崃县国营酒厂在平乐设立分厂。在此前后，本地也先后办起了几家酿酒小作坊。

1958 年，平乐公社开办了多家小酒厂，有酒卤 11 根。其中，公社商业供销部下属酒厂有职工 30 人。当年，平乐公社生产粮食酒 26.64 万斤，产酒精 1.3 万斤。公社酒厂还收购野生果木生产花酒，用红苕烤制红苕酒。

20 世纪 70 年代，平乐公社社办糖厂利用榨汁制糖后的蔗渣为原料，烤制糖泡酒。在物资匮乏的市场上销售，每斤 0.30 元，价廉物美，广受民众欢迎。一年的糖泡酒产量有 2.98 吨，产值 1.83 万元。与此同时，又在生产糖泡酒的基础上建立骑龙山酒厂，年生产白酒 3.23 吨，实现产值 2.1 万元。到了 1979 年，骑龙山酒厂扩大规模，扩建厂房，增加卤灶，新建

骑龙山酒厂的装酒车间。

发酵池，新设立曲酒车间，生料酒车间，并且还在9大队、13大队、14大队和15大队设立分厂。是年10月，下坝公社亦开办了下坝酒厂，有职工10人，当年即产酒19.5吨，产值3.36万元。1981年，下坝酒厂增建酒卤，产酒50吨，实现产值10.36万元。到1986年，平乐镇有酒厂16家，年产量2500多吨。

　　进入90年代，平乐、下坝两镇乡的酒类企业保持良好发展势头。平乐镇先后有过骑龙山酒厂、君乐酒厂、川平酒厂、曲酒八厂、龙井酒厂、丹凤酒厂、古泉酒厂、口香酒厂、长鸿酒厂、西川酒厂、供销部酒厂、吴本清酒厂、安乐曲酒厂、富安曲酒厂等50余家酒类企业。其中，骑龙山酒厂、君乐酒厂、曲酒八厂等生产的各种酒质量不断提高，酒质香醇，销路好。除了销售原酒外，平乐镇的酒厂还生产瓶装酒。1990年3月，君乐酒厂在河南郑州设经营部；12月，川平酒厂在西安设批发站。1992年9月，川平酒厂在河南洛阳设批发部。这些酒厂所生产的骑龙老窖特曲、君乐王、君井特曲等曾在各类酒评中获奖，还荣获过四川省农牧厅优质产品称号。其中的佼佼者为曲酒八厂，该厂的生产、管理、经营等情况，引

曲酒八厂的管理人员。

起了县上领导的格外关注。

曲酒八厂的股份制试点

当时的邛崃县委（以下简称"县委"）政研室和乡镇企业局派人到曲酒八厂考察，具体了解该厂的实际情况。该厂厂长杨兴辉是高中毕业生，1980年进入平乐公社供销公司任供销员。由于工作积极、业绩显著，一年后被提拔为经理。80年代中期，万民经商，供销公司的业务受到很大的冲击。杨兴辉通过分析研究市场及本地资源和人员优势，抓住时机，着手组建了邛崃县曲酒八厂。为了筹集资金，曲酒八厂采取入股进厂的办法，即职工每人500元入股，管理人员要超过500元，入股千元、万元不等。这样，总共筹集了20万元资金。由于经营管理有方，极大调动了生产和供销人员的积极性，实现了当年建厂投入生产，当年盈利受益。厂里职工除拿工资外，年终还按股分红，皆大欢喜。县上领导认为，这种经营方式正是著名经济学家厉以宁提倡的股份制的雏形。当时全国尚处于计划经济为主、市场经济为辅的阶段，由于邛崃是四川和全国的经济体制改革试点县，所以县上就把股份制的试点确定在曲酒八厂。

外宾在酒厂参观。

　　股份制企业是指两个或两个以上的利益主体，以集股经营的方式自愿结合的一种企业组织形式。它是适应社会化大生产和市场经济需要，实现所有权和经营权相对分离、以利于强化企业经营管理职能的一种企业组织形式。县委政研室指导该厂实行股份制，对行管人员进行培训，并对全厂职工讲授股份制知识。厂里采取相应措施，落实股份制经营管理，提高了企业和资本的运作效率，取得了很好的经济效益，同时也得到金融单位的认可，使之放心贷款给该厂。这样，曲酒八厂常年处于正常运转中。该厂每年的毛利润，除去各种费用和税收外，纯利润的 50% 用于企业扩大再生产，余下的 50% 作为红利按股份多少分配给每个股东（职工）。五年后，股东每股的价值由 500 元增值到 2500 元，增长了 5 倍。

　　在股份制试点取得初步成功的基础上，邛崃县乡镇企业局又在曲酒八厂进行全面质量管理的试点。所谓全面质量管理，就是以产品质量为核心，建立起一套科学而高效的质量体系，以提供满足用户需要的产品或服务的全面活动。它要求运用现代科学的手段和方法，控制影响工作质量全过程的各种因素，提供用户满意的产品。在乡镇企业局科教股的指导下，该厂先培训行管人员，再组织全厂职工学习有关质量管理的知识，然后以各科室、各车间为单位，分析研究本单位的具体质量管理任务、标准，并落实达标的相应措施。

厂部领导经过仔细研究和商量，制定出一套全面质量管理的具体方案，分别下达到各科室、车间，再由各科室将指标落实到每个人。各车间将指标分解给各班组，然后班组又落实到人头。要求层层贯彻落实，各负其责。例如，包装车间提出质量要求，在保证包装质量合格的情况下，酒瓶的破损率不超过 3%，超过 3% 的自己赔损失费，达标而节省的费用奖励给职工。做到赏罚分明，激励、鞭策职工。在生产车间，必须按生产流程进行操作，规定每蒸 400 斤粮食耗煤为 170 斤，若煤耗超出则自赔，节约的按50%~60% 奖励给职工；每 100 斤粮食要烤 37 斤酒，超出多产的酒，按50%~60% 奖励职工。如果没有达到规定的任务指标，即刻查明原因，并根据实际情况加以改进。从而促进车间和工人按规范操作，鼓励保证质量，节约资源，增加产量……

曲酒八厂试行的股份制和全面质量管理，调动和激励了行管人员与职工的积极性，扩大了生产规模，提高了产品质量，取得了良好的经济效益和社会效益。职工从办厂之初的 40 余人，增加到后来的 280 人。联合国教科文组织的专家还到该厂考察有关情况。厂长兼党支部书记杨兴辉，在90 年代两度被成都市人民政府授予"成都市劳动模范"称号。值得一提的是，曲酒八厂生产的满口香瓶装酒，因酒质好，包装新颖，很受消费者欢迎，畅销西北、华北等地。在浙江义乌小商品批发市场，还曾被不法厂商假冒，包装销售。据 1994 年邛崃县乡镇企业局统计，当时产值过千万元的重点企业，平乐镇就有骑龙山酒厂、曲酒八厂两家。

世纪之交，市场情况发生变化，一些酒厂转制，一些酒厂停业，部分酒厂改产。平乐镇域尚有龙井酒厂（后改名为文君井酒业）、君乐酒厂、好顺酒厂、禹王酒厂等酒类企业 20 多家。此外，还有聚友酒业销售公司以及为酒业服务的添源酒用调味品经营部。其中，镇区酒厂生产的直销特供酒和杏花村酒（浓香型）作为区域品牌酒，市场销路较好。

逸闻

包机卖酒始末

袁国川

2002 年 3 月 16 日，西安咸阳国际机场迎来包机参加全国春季糖酒会，并以"卖酒"为目的的四川省邛崃市代表团。代表团由时任市委书记谢志迪、市长王建平率领。这种参会的形式，在全国糖酒会历史上尚属首次。不仅轰动成都和西安，更震惊了全国酒类同行。

2000 年 3 月，邛崃成功举办邛酒节，并被授予"中国最大白酒原酒基地"称号。同年 10 月，邛崃大手笔运作第三届中国四川名酒文化节暨第二届成都商品交易博览会，并于 2001 年 2 月糖酒会前夕，承办国内贸易局白酒技术协作组三届四次会议，在此次会上，国内贸易局白酒技术协作组为备受争议的新型白酒正了名。一系列举措，为进一步打响邛酒的知名度起到了积极作用。邛酒的宣传一年比一年新，一年比一年大，一年比一年强。

到了 2001 年 8 月，得知来年糖酒春交会将在西安召开的消息后，邛崃市委、市政府和邛酒企业便开始谋划如何在会上，制造热点，吸引商家，将"中国最大白酒原酒基地"的整体推向全国，进一步打响邛酒品牌，重铸邛酒辉煌。

提前谋划

西安古称长安，是西部地区重要的中心城市，历史上先后有 13 个王朝在此建都，是中国建都朝代最多、时间最长、影响力最大的都城之一。第一次承办全国糖酒会，必将为这种城市带来前所未有的商机。

多次酝酿后，"包架飞机去卖酒"的构想终于诞生，这一新思路立即得到邛崃上下高度认可。邛崃市委（以下简称市委）为此召开两次书记办公会、一次常委会，做出决策，成立领导小组，围绕糖酒会的参展、宣传

2000 年 3 月，邛酒节期间东星大道的氛围营造。

2000 年 10 月 18 日，第三届中国四川名酒文化节暨第二届成都商品交易博览会在成都落下帷幕。图为四川名酒节邛酒展区大门。

和招商精心制定方案,有创意地提出"把邛酒节办到西安去"的响亮口号。与此同时,精心制定包机卖酒的宣传方案,梳理专题报道、系列报道与深度报道的侧重点。

2002年2月5日,正当邛崃市民为即将来临的春节奔忙之时,时任市委常务副书记熊定能率招商局、白酒协会等部门负责人专程赶赴西安,联系糖酒春交会的参展、接待等事宜,每到一处,都把细节实地过一遍,由此拉开包机出击西安的序曲。而西安方面,糖酒春交组委会对邛酒包机参展的举措反应热烈,不仅将最好的广告位置派给邛酒,还在许多方面提供实实在在的支持和帮助。

2月24日,邛崃召开包机赴西安春交会卖酒准备会,要求各酒类企业和相关部门围绕这一重大活动,认真把邛崃送行会、西安新闻发布会和招商引资活动的前期工作抓紧、抓细、抓实;借助包机卖酒产生的轰动效应,全方位展示白酒原酒之乡的优势和魅力,实现协议成交额、拿到新订单、结交新客户方面均超上届成都春交会的预期,达到以酒兴市、进一步扩大邛酒在全国市场份额的目的。时任市长王建平出席会议并讲话;市委常务副书记熊定能安排部署相关工作;西安市委宣传部常务副部长率队专程赴邛,代表西安市委、市政府欢迎邛崃市党政领导和邛酒企业包机到西安参会,表示将为邛酒企业提供一切方便和服务。

邛酒企业组团包机出击糖酒春交会的消息,引起了西安媒体的广泛关注。在西安市宣传部副部长带领下,《西安日报》《西安晚报》和西安电视台记者,除采访邛崃市委书记、市长和有关部门负责人外,还深入临邛集团、文君酒厂、高宇集团等众多酒类企业,从文君故里、酿造历史、资源环境、文化底蕴、优良品质等不同角度,全方位挖掘酒乡亮点,多层次透视邛酒现象。采访中,《西安日报》记者感慨地说,中国最大白酒原酒基地名不虚传,不仅为邛崃造就了百万富翁、千万富翁和亿万富翁,还为全国一大批著名酒企的成长做出了贡献。在结束对邛酒企业为期4天的专题采访后,西安记者团表示,愿为邛酒企业在西安的活动进一步造势。同时,西安市政府接待办和本届糖酒交易会组委会有关负责人也专程到邛考察,深入了解邛酒企业和其他特色经济,以便在西安加大力度宣传邛酒,宣传邛崃优惠的投资政策和优良的创业环境,让西安企业来邛发展,实现双赢。

3月1日,邛崃包机赴西安卖酒工作会召开。王建平、熊定能在会上强调,市级各部门必须全力支持、参与这项活动,保证包机卖酒活动安全、

2001 年 2 月 15 日，在邛崃举行的国内贸易局白酒技术协作组三届四次会。

隆重、高效地顺利进行。会议同时敲定了活动的具体方案。

邛崃：3 月 16 日上午，在东星大道举行声势浩大的送行会，组织 2000 名干部、群众和 30 辆轿车组成的车队为代表团壮行；

成都：3 月 16 日中午，邛酒车队行进展示；

西安：3 月 16 日下午，召开包机卖酒新闻发布会和招商引资会；

西安：3 月 17 日上午，春交会组委会新闻发布会；

西安：3 月 18 日晚上，春交会入城仪式，邛崃党政领导和企业代表应邀参加；

西安：3 月 19 日上午，春交会开幕式。

此次包机与西南航空公司商定，机型为波音 757，登机时间 3 月 16 日中午 1 点。

邛崃市委、市政府包机到西安参加糖酒会的消息传出后，临邛集团、高宇集团、春泉集团、渔樵集团、古川酒厂等企业纷纷响应，积极筹备，部分酒企甚至先期派员到西安踩点、部署，等待糖酒会的开幕。时任邛崃市市商会会长、白酒协会会长、临邛集团董事长王泽民说，市委、市政府的这一举措，酒老板们十分欢迎，报名很踊跃。临邛集团不仅在会展场地租下一个展位，还通知了自己的客户。除了宣传邛崃原酒，还要借此机会推广自己的品牌酒。文君酒厂早在 2001 年底就到西安设立了办事处，邛酒企业欲包机参加糖酒会的消息被当地媒体连续报道后，文君酒销售直线上升，为展示企业形象，在西安五星级的喜来登大酒店，文君酒与沱牌曲酒、剑南春联手，包揽一二楼大厅布展成川酒分会场。川昌酒厂则准备隆重举办"国之宴生物波酒"免费品尝会；高宇集团拟派 20 人的代表团，并决定在西安繁华的中楼酒店开设展厅。

引起轰动

阳春三月，春意盎然。3 月 16 日上午 9 时，邛崃包机赴西安春交会卖酒送行会在东星大道隆重举行。"邛崃包机卖美酒，工业发展挑大梁""扩大邛酒销量，拓展发展空间""邛酒飘香神州，邛酒走向世界"等红色布幅标语挂满大道两侧。时任成都市副市长何绍华在送行会上要求邛酒企业珍惜包机卖酒机会，把品牌打出气势。时任四川省委宣传部副部长徐友成、成都市人大常委会副主任张志武、成都市政协副主席邹翰铭、新华社四川分社主任何大新等出席送行会。

随后，30 余辆轿车组成的车队开往成都行进展示。

双流国际机场为邛崃辟出了专门通道。时任成都市委常委张继海、副市长唐川平、省白酒协会会长刘先谋同机前往。下年 1 时 10 分，包机卖酒的专机飞向蓝天，《成都日报》特派记者王晋升、王熙维，特约记者杜卫平；《成都商报》特派记者张继随行。下午 2 时 20 分，专机降落咸阳机场。机场大厅上，一幅"欢迎四川邛崃包机赴西安卖酒"的大红横标格外显眼。时任西安市长助理、西安市高新开发区管委会主任张龙虎及西安相关部门负责人在停机坪迎接，"欢迎邛崃包机卖酒参加西安糖酒会"的长条布标也在停机坪拉开。新华社西安分社、《人民日报》陕西记者站、《西安日报》等近 20 家媒体赶来，捕捉糖酒会的这一大新闻。舱门一开，镁光灯闪成一片。酒老板们一下飞机便被来自全国的各路媒体记者包围，早已准备好的各种提问让人应接不暇。

西安市政府向时任成都市领导张继海、唐川平以及邛酒企业代表王泽民献花表示欢迎。

邛酒代表团一行 200 余人随即登上西安市政府特别提供的 5 辆大巴，披红挂绿地直赴先遣队在西安安排的新闻发布会现场——西安五星级的金花酒店。从西安的古城墙到繁华的鼓楼大街，车厢旁悬挂着"四川邛崃包

2002年3月16日上午9时，邛崃包机赴西安春交会卖酒送行会在东星大道隆重举行。

机卖酒专车"字样的大巴，引起沿途西安市民驻足观看，造成不小轰动。《西安日报》记者感慨地说，很少见到如此吸引眼球的场面。长达40余米的邛酒广告，则登上参展商必争的位置——西安市会展中心最高最显眼的电视塔。

包机让邛酒成为回头率最高、影响力最大的糖酒会焦点。西安市民及前来参加糖酒会的各省代表对此议论纷纷。"邛崃酒老板真是大手笔有气派。"一位当地人说。

西安的酒店、宾馆也成了临时"酒馆"。邛酒展品琳琅满目，参观者可免费品尝。就连该市最高档的喜来登酒店大厅里也成了酒的展厅，大门口还醒目地立着一瓶半人多高、价值3万余元的白酒，一家邛酒企业还沿长安路挂了几百个红灯笼。

签下大单

16日下午5时，邛崃市包机赴西安春交会卖酒新闻发布会在金花宾馆举行。《人民日报》、中央电视台、新华社陕西分社和四川分社、《陕西日报》《西安晚报》、西安电视台、《成都日报》、成都电视台、《华西都市报》《成都商报》等20多家媒体现场采访报道。

时任国家商业协会副会长刘景林，西安市委常委、秘书长桂维民，副

包机卖酒的车队。

市长张道宏，宣传部常务副部长晏朝，成都市委常委、企业工委书记张继海，成都市副市长唐川平，四川省白酒协会会长刘先谋，邛崃市领导谢志迪、王建平、熊定能等出席会议。

唐川平介绍，邛崃包机卖酒是邛酒品牌再次打响的一个强烈信号，必将为成都，乃至四川白酒的振兴提供契机。谢志迪表示，西安有贵妃醉酒，邛崃有文君卖酒，希望通过这次活动，进一步让邛酒走遍天下。刘景林称赞，邛崃包机卖酒，大手笔、大境界，全国白酒看四川、四川原酒看邛崃。桂维民在讲话中不仅肯定了邛酒地位，还指出，包机卖酒给西安企业上了一堂生动的创意课，邛崃这种参会方式，首开糖酒会先河。

新闻发布会上令人激动的一幕无过于，高宇集团与新疆企业一次性签下4000万元的销售大单，龙井集团与河南签下了2000万元的投资协议。

在西安，春交会大幕还未拉开，邛酒已经纷纷提前签下了大单。文君酒在西安市场一度脱销，不少商场和餐馆也首次将邛酒摆在了显著位置，一些市民还将邛酒作为家庭必备酒。这一现象，成了春季糖酒交易会开幕前的一大亮点。文君酒厂西安办事处主任李东生透露，《西安日报》、西安电视台等媒体对邛酒作了系列专题报道后，文君酒在当地市场迅速走俏，日销量比以往增加近一倍。春泉集团与众商家签订了30多份协议，金额达 1.1 亿元。湖北孝感一经销商一举买断了金龙集团系列酒在海南、广西、河南等地的总经销权，年销售额逾 1 亿元。不少海外经销商也打来电话寻求合作，金日集团与台商、东方集团与俄罗斯企业签订了销售合同。高宇集团销售点由 1 个扩大到 6 个，并在著名的鼓楼饭店租下展厅，增设窗口。西安的大街小巷、宾馆、饭店、机场、商场都在说包机，都在说邛崃，都在说邛酒。邛崃的整体形象、邛酒系列品牌在西安产生了轰动效应。

唐川平副市长对此予以肯定，并评价道，邛崃包机卖酒获得了巨大成功，订单大幅增加，不仅宣传了邛酒，而且大大提高了邛崃的知名度，也提高了成都的知名度。

邛崃包机空降西安后，当地新闻媒体的大图片、大标题十分醒目。17日，《西安日报》头版刊发《邛崃参加糖酒会气势大　酒老板包机古城卖酒》；《西安晚报》头版刊发《邛崃 200 代表包机西安卖酒》；《华商报》头版刊发《酒企包机参会》；《三秦都市报》头版刊发《糖酒会上大手笔　包机组团显身手》；西安《今早报》3 版刊发《市委书记包机卖酒》等新闻报道，邛酒在西安持续引发"风潮"，就连当地报贩也将邛崃包机卖酒当看点叫卖。再加上成都市、邛崃市领导亲临坐镇，邛酒各个展场的相关活动变得异常火爆。

在春泉集团展位前，一位市民称，自己就是冲着邛崃包机卖酒消息，专程来此感受酒乡文化魅力的。在高宇酒厂展区，前来洽谈合作的安徽和县张副书记说，邛酒在安徽知名度很高，很受欢迎，而且，与高宇集团合作的和县酒厂，有相当不错的营销网络，这也有助于邛酒开拓市场。

打破惯例

19 日，西安春季糖酒交易会开幕式一结束，不少参展商开始收拾行装，忙着处理参展样品，准备打道回府。但龙井集团、高宇集团等邛酒老板表示要打破糖酒会开幕即闭幕的惯例，坚持到 22 日甚至 23 日。

西安陇海、凯悦大酒店等地的邛酒展场，虽然没有前几天火爆，但是仍不乏来来往往的消费者和客商。高宇集团签订的协议资金累计达 8000万元，现场样品酒仅剩 18 件，他们通知厂里立即补充 50 件中高档酒运往西安。尽管今后几天不会迎来大的客商，但还是准备继续安营扎寨，主要针对西安消费者发起宣传攻势，展开新一轮促销。此外，古川酒厂、金龙酒厂、东方实业集团等邛酒企业均补充货源，直接到各个商场、摊点面向西安消费者。金日集团则派高层人员奔赴新疆、河南，与在糖酒会上结识的新客户就总经销权、合资生产等进行进一步商洽。

　　包机卖酒已成为邛酒发展史上绕不开的话题，正如当年市委常务副书记熊定能在《邛崃包机卖酒的特点及其启迪》一文中这样总结的那样："包机卖酒是邛酒求变的一个新创意。这次包机卖酒亮点频闪，一炮打响、一路抢眼、一度轰动。这次包机卖酒，满载而归。成功之举，给人启迪。启迪之一：创新思路是出奇制胜的法宝；启迪之二：舆论造势是出奇制胜的前提；启迪之三：团队精神是出奇制胜的关键。这次包机卖酒启示我们：各项工作，特别是经济工作，一定要以人为本，发扬团队精神，才能保证好的思路落到实处，收到奇效。"

邛崃包机卖酒的特点及其启迪

熊定能

2002 年 3 月 16 日至 20 日，邛崃市委书记谢志迪、市长王建平带领邛酒军团包机赴西安全国糖酒食品春季交易会卖酒，轰动了成都和西安，轰动了全国酒类行业，拓展了邛酒的市场，促进了邛酒的销售，打响了邛酒的品牌，提升了邛崃的形象，一石数鸟，大获成功。据初步统计，邛崃酒类企业签订销售合同 10.3 万吨，比上年春交会增长 65%，其中，瓶装酒 3.1 万吨，基础酒和调味酒（原酒）7.2 万吨，分别比上年春交会增长 158%和 44%。合同金额 11 亿元，约占整个春交会成交额的 10%，超过了预期目标任务。

这次包机卖酒亮点频闪，特点鲜明。

特点之一：一炮打响

西安是十三朝古都,我国著名的历史文化名城,西部重要的政治、经济、文化中心。全国糖酒春交会首次在西安举行,凸现了无限商机。邛崃市委、市政府抓住这一契机，组织 29 家重点酒类食品企业包机赴西安卖酒，一举震惊全国酒类市场，震撼西安市民。邛酒在西安的销量一路飙升，成为春交会的一大亮点。在西安新闻发布会上，高宇集团与新疆一企业签下了 4000 万元的销售大单，龙井集团与河南签下了 2000 万元的投资协议。随即，春泉集团与众商家签订了 30 多份协议，金额达 1.1 亿元。湖北孝感一经销商一举买断了金龙集团系列酒在海南、广西、河南等地的总经销权，年销售额逾 1 亿元。不少海外经销商也打来电话寻求合作，金日集团与台商、东方集团与俄罗斯签订了销售合同。在西安市场，邛酒销势很旺，文君酒一度卖断档。高宇集团销售点由 1 个扩大到 6 个，并在著名的鼓楼饭

上图为 20 世纪 60 年代西安鼓楼，下图为 20 世纪 80 年代西安西门城楼。

店租下展厅，增设展位。金日集团临时招聘了 30 多个促销人员。一些市民还将邛酒作为必备酒陈列起来。陕北一位 68 岁的刘大爷，奔波 40 多公里，赶到春泉的展位前，选购邛酒，感受邛酒。整个西安的大街小巷、宾馆、饭店、机场、商场都在说包机，都在说邛崃，都在说邛酒。邛崃的整体品牌，邛崃系列酒的品牌，在西安一炮打响，酒老板们非常高兴。成都市副市长唐川平评价说，邛崃包机卖酒，获得了巨大的成功，订单大幅度增加，不仅宣传了邛酒，而且大大提高了邛崃的知名度，也提高了成都的知名度。

特点之二：一路抢眼

在成都上飞机，在西安下飞机，两边都组织得非常抢眼。成都方面，长达一公里的 30 辆轿车组成的车队，沿成温邛公路、一环路、机场路行进，沿途群众驻足围观。《华西都市报》讲："豪华阵容，大惊市民"。西安方面，飞机抵达咸阳机场，西安市长助理到机场迎接，举起大幅标语"迎接四川邛崃包机赴西安卖酒"。随后，5 辆大巴披红挂绿，沿西安最繁华的鼓楼大街，直达香格里拉金花宾馆，沿途市民驻足观看。这个宣传效果和广告效益，是参展的 5000 家企业无法比拟的。因为西安禁止彩车游行，有的花了几十万、几百万的广告费，还达不到这个效果。

特点之三：一度轰动

这个度就是指在春交会这个时间段。成都媒体的大标题"邛崃好汉包机卖酒，成都西安两地轰动"。中央、省、市三级媒体进行了轰炸式的报道。中央电视台经济时空、新华社发消息，引起了全国的关注。在成都，光报纸头版就发了 30 多条新闻和专题，包机卖酒的报道非常火爆。在西安，天天都有邛崃包机卖酒的新闻，大图片、大标题，十分醒目。从这件事上，西安市民乃至参加糖酒会的客商看到了邛崃人、成都人和四川人善于造势、善于扩大自身影响的能力。资深糖酒专家刘景林在新闻发布会上伸出大拇指赞叹道："邛崃包机卖酒，是新中国成立以来第一次，有胆魄，有气势。全国的白酒看四川，四川的白酒看邛崃。"西安市副市长张道宏说："一个城市包机参加糖酒会，在糖酒会的历史上是个创举。媒体轰动，市民轰动，领导层轰动。"

这次包机卖酒，满载而归。成功之举，给人启迪。

启迪之一：创新思路是出奇制胜的法宝

早在 2001 年 8 月，在得知糖酒春交会移师西安的消息后，我们就提出了"包机卖酒"这一构想，并形成初步方案。市委、市政府果断决策，有创意地提出"把邛酒节办到西安去"的思路。

"包机卖酒"，这是邛酒求变的一个新创意。说包机卖酒，而不说销售酒，这一定位通俗、实在、风趣，原汁原味。它涵盖了几层意思：一是把邛酒节办到西安去。是异地办邛酒节的一次新尝试。巧妙地把春交会和邛酒节捆绑在一起，给人以联想：说到邛酒节，就想到春交会，说到春交会，就想到邛酒节，影响深远。正如西安的领导讲，邛崃包机卖酒，给西安的企业上了生动的一课。二是书记市长率邛酒老板包机卖酒。体现了政府转变职能，领导转变作风，服务经济、服务企业的新形象。西安市委宣传部的领导说，这意义远远超过卖酒本身。三是文君卖酒，贵妃醉酒。体现了历史与现代的结合，经济与文化的响应，展示了西安与邛崃丰厚的历史文化底蕴，有利于打动西安市民。这一套包机卖酒的好思路，既符合客观实际，又有利于宣传引导，收到了出奇制胜的效果。它启示我们：各项工作，特别是经济工作一定要多想新点子，多出新思路，多使新招数。

启迪之二：舆论造势是出奇制胜的前提

重大的活动都必须要有强大的舆论作配合，这是大家体会最深的，也是受益最大的。出发前，我们就确定了这次包机卖酒的宣传报道方案。第一，在时空宣传上，前期报道信息，中期报道新闻，后期报道效果，把中期作为重中之重，实现了宣传的轰动性。第二，在地域宣传上，炒热了邛崃、成都、西安三城市。声势浩大，气势恢宏，高潮迭起。第三，在类别宣传上，安排专题宣传、系列宣传和深度宣传。这次包机卖酒不仅宣传了邛酒品牌、促进了邛崃经济的发展，而且带来了观念上的创新，思想上的飞跃，取得了物质、精神双丰收。它启示我们：无论是抓经济工作，还是抓服务经济、服务企业的工作，一定要重视宣传，一定要依托媒体"造势"，虚功实做，推动邛崃跨越式发展。

启迪之三：团队精神是出奇制胜的关键

作为一个县级市，能够承办这样一个大型的活动，能够有这样高的效率，有这样的效果，确实不容易。通过这次活动，锻炼了我们的干部，培养了团队精神。这次活动的运作，做到了领导重视、企业主动、部门支持、社会响应。市委召开两次书记办公会，一次常委会，做出了决策，成立了领导小组。从书记市长到企业老板，从局长到工作人员，始终心往一处想，劲往一处使，想卖酒所想，急卖酒所急，一个拳头，一致对外，体现了团结拼搏的团队精神，维护了邛酒和邛崃的形象。整个活动没有出现任何违纪违规和不愉快的事情。实践证明，我们这支队伍是能打硬仗的队伍，是能开拓创新的队伍，是办事效率比较高的队伍。这次包机卖酒成功的关键，就在于有这样一支队伍，有这样一种团队精神。它启示我们：各项工作，特别是经济工作，一定要以人为本，发扬团队精神，才能保证好的思路落到实处，收到奇效。

邛酒酿造中的乡土智慧

李显军

邛酒是典型的浓香型白酒，大米、高粱、糯米、玉米、小麦等不同粮食组合，配以酒曲，就可以进行酿造了。据老一辈酿酒人说，邛酒是以原酒见长，20世纪六七十年代的邛酒原酒是单粮酒，以玉米或者高粱为主，时至今日，在南宝山区还保留着传统的单粮酿酒法。笔者就此到南宝山区和大川考察了一番，深深感受到传统白酒酿造中的乡土智慧。

蒸煮是酿酒过程的第一个主要环节，蒸煮之前先泡粮，泡粮的目的是使粮食吸水膨胀，淀粉结构松弛，有利于糖化、发酵以及酒类风味物质的生成。有的农民用凉水泡粮，大约一天的样子，然后用同一个酒甑来蒸煮、蒸馏；也有农民用清水清洗粮食后，直接开始蒸煮，避开了初蒸、焖水、复蒸等环节，一次完成。

我在山区看到许多架子，上面挂了些采摘不久的玉米棒子，其数量，远远满足不了酿酒的需求，原因一是退耕还林以后，旱地面积减少了，导致玉米产量下降；二是野生动物增多，种下的玉米被吃掉，所剩无几；三是购买的玉米价格适宜，质量可靠。因此，许多农家作坊都会采购玉米来弥补酿酒用粮的不足。

透过原始而简单的流程，可以窥见山区农民的酿酒智慧。

发酵，是酿酒过程的第二个主要环节，发酵之前要先拌酒曲。考察中获悉，山区农民最早采用土坑发酵，先是在适合的地方挖个四四方方的土坑，在黄泥中拌入切成一段一段的谷草，把土坑底和四周抹上；如果使用过程中发现有龟裂，就再抹黄泥直到这种现象消失。然后将蒸煮过的玉米倒入土坑，用黄泥封闭。倘若玉米发酵时温度过高，则在封闭土坑的黄泥

山区农民的"酿酒一体机"。

上面插入一根中间打通的竹子，将多余热量导出。后来，发酵陆续改为陶罐和木桶等容器。近二三十年，山区农民普遍把蒸煮过的玉米装进更方便的塑料袋，然后放入塑料桶发酵。

塑料袋作为发酵容器会不会发生有害物质析出的情况，笔者在网络上多次查询，得到的答案不一。最低50℃时，有害物质就会析出，多数观点表述为65℃以上，或也有认为在85℃时塑料才会析出有害物质。而玉米作为酿酒原料，发酵时的最佳温度是25℃~30℃，温度越低，发酵现象就越微弱。可见，有害物质并不能析出，我的担心成了多余。选择塑料桶不仅能保持一定的恒温，有利于存放，还可以避免老鼠啃咬。

南宝山区海拔一般在1500米左右，9月以后的常年温度在15℃~25℃左右，少见30℃以上的情况，这样的温度无疑是天赐山区农民酿造的"礼物"。从大环境而言，邛酒产区刚好在北纬30度左右，沿地球北纬30度前行，既有许多奇妙的自然景观，又存在令人难解的神秘现象。这一带气候温和湿润，水资源丰富，水质纯净，土质优良，土壤和水中富含有益的微量元素，加之空气里的微生物群，酿酒原料的地道和纯正，诸多良好因素使得这一带成为著名的"世界名酒带"，造就了令人叹为观止的醇香美

蒸煮是酿酒过程的第一个主要环节，蒸煮之前先泡粮。

酒。所谓一方水土养一方人，也孕育别处无法复制的物产——邛酒，同样是天赐邛崃人民的"礼物"。

顺天时合地利，蒸馏最能体现山区农民的智慧。简单的条件，合理的方法，酿出当地农民乐意接受的白酒。在这个过程中，我只能选出颇为震撼的几件事来说说。

智慧一：一灶台多用途。

灶台上有两口锅，蒸煮、蒸馏都在这里完成。烧火用的是木柴，在农家旁堆着长10米、高2米多的木柴垛架。据说，没有酒酿的时候，当地农民还可以在这里烧柴做饭！看似粗陋的、不过两平方米的灶台，却酿出当地农民喜欢喝的白酒。当然，我在别的地方也看到专用灶台，是搬进农民集中居住区的老乡，在一块菜地里临时搭建起的，到酿酒时节就启用。我到现场时，老乡还没有启用。

智慧二：铁锅成为冷却器。

酒甑顶部一口铁锅引起我的注意，经了解，这是山区农民酿酒时用的冷却器。黄色的管子将山中的溪水引入锅中，清澈冰凉，黑色的管子利用虹吸原理将水排出，形成水循环。有意思的是，为什么黄色的管口在下，而黑色的管口在上呢？蒸馏时，温度最高的地方在冷却器（铁锅）底部，按理说，热水应马上抽走，补充冷水，也就是黑色出水管口靠近锅底最好。然而，当地老乡解释，黄色的管子用冷水把热水冲到铁锅的上半部，黑色管口的高度刚好可以把冲上来的热水引出去。再说，假如是一个人负责酿酒全程，没有帮手，万一冷水停了，即使黑色的出水管自动排水也不会把水全排完——这是一个预防性措施。黄色管子端套着一个生锈的铁锄头，是固定入水管的，真是物尽其用。

智慧三：就地取材的密封材料。

封闭酒甑主要是在蒸馏过程中不让酒（气体状态）挥发了，如果封闭不好，产酒量一般要损失10%左右。100斤玉米当地农民一般要蒸馏出20~30斤左右的60~70度白酒，10%还是比较大的损失。据悉，平坝区的人们在酿酒过程中，曾因地制宜地采用白善泥作为封闭材料，这个材料的封闭性能好，可以最大限度减少挥发损失，少量的白善泥混入玉米再喂猪，还有利于猪的消化。但山区没有白善泥，购买要花不必要的钱，所以，当地老乡一度用玉米糊作为封闭材料，每一次蒸馏结束，就把半干的玉米糊混合到蒸馏后的粮食中，一起用于喂猪。近二三十年，大多数农家已使用更简单的办法来密闭酒甑了。

那么，如何封闭酒甑壁出口的缝隙呢？实地调查中发现，用塑料布密闭的酒甑，不仅效果好，同时还保证了冷却酒时的卫生。因为酒（汽）冷却后，主要凝结在冷却器（铁锅）最底部，滴落到木制的酒盘上，然后，引流到酒甑外面，这是一个关键步骤。有的农民还会给木盘刻上纹路，这样显得比较精致。看来，只要条件允许，山区农民也尽可能地追求着美。这种建立在山区实际的追求，正是酿酒智慧的又一生动体现。

酒甑上下都密闭了，唯独接酒用的木盘要从酒甑壁开个口子。处理留下缝隙的方法是，以当地农家水打湿纸巾，再随手用刀子将湿纸按入出口缝隙，并套上一根白色塑料管，接到塑料桶。至此，"山区农民酿酒一体机"已做好蒸馏的准备。下一步，就是用木柴烧火，正式进入蒸馏环节。

智慧四：蒸馏后剩余物的再利用。

蒸馏后，将玉米收集起来，一是直接喂猪，二是晒干打成粉喂猪。考察中，我专门到猪舍察看，有一头100多斤的黑猪正在进食，旁边还有两头300多斤的猪在睡觉。我很好奇，用蒸馏后的玉米喂猪，猪是不是要醉。农家人笑称：醉了好睡，膘长得快。交流过程中，我明白了一件事，为什

酒甑上下都密闭，唯独从酒甑壁开个口子，并套上一根白色塑料管，接到塑料桶。然后木柴烧火，正式进入蒸馏环节。

么农民每百斤粮才出 20~30 斤酒，那是他们有意这样做的，因为酒出多了，蒸馏后的玉米中的蛋白质就少了，不肥猪。山区农民不懂什么循环经济，但在实践中，自然而然地遵循着循环经济的规律，邛崃山区农民的酿酒智慧顺理成章凸显出来。

我在另外一个农家发现了与当代酿造白酒工艺相近的设施，在与主人攀谈的话语里发现，不同的农家有不同的酿酒追求，这户人家没有喂猪，就自然追求高出酒率了。当问及蒸馏后的玉米如何处理时，老乡一句话：卖了。不得不说，这也是一种自然而然。

山区农民的酿酒剩余物中，除了玉米还有其他。一是发酵后剩下的水，当地农民称"酒糊子"，二是蒸馏后剩下的水，当地农民称"甑脚水"，这两种水都要收集起来。为什么？据当地能手说，这样的水很肥猪。可见，山区农民酿酒，不但没有一点浪费，也没有造成污染，真正做到了物尽其用。

酒是酿造出来了，销售到哪里呢？其实，山区的封闭性，使得农民酿酒主要还是在当地销售，满足当地人饮用。遇有重大日子，如乔迁、结婚等，一般提前十天半月预订，需要多少就酿造多少。这种烈性大的酒，如果想让其品质相对更高，就要与陈放多时的白酒调和一下，当然价格也随之上去。需求量小、需求品质低、喂猪需要，市场需求决定了山区农民酿酒与销售的独特方式与思路，从另一个角度看，也遵循了市场规律，何尝不是山区农民的酿酒智慧呢！

今天，邛崃白酒工业园区的酿酒工艺和技术早已脱胎换骨，质量更稳定，品质更好，市场更大。然而，酿酒过程的关键环节——蒸煮、发酵、蒸馏等却没有改变，也许永远不会改变。

记文君酒厂原厂长乔其能

杨炳文

沐浴过 20 世纪 80 年代改革开放春风的邛崃人，如今一提起文君酒或文君酒厂，自然会想到或提到原厂长"乔老爷"——乔其能。

乔其能，1981 年至 1991 年担任文君酒厂厂长，十年经营，十年艰辛，铸就了文君酒厂的传奇与辉煌：国家二级企业、四川省先进企业、四川省全面质量管理先进单位、国家二级计量合格证书、国家商业部重大科技成果二等奖、国家商业部微机运用科技成果三等奖、国家二级节能先进单位及四川省节能一级企业、四川省文明单位、四川省卫生红旗单位、四川省综合治理先进单位、四川省治安、安全先进单位、成都市职工教育先进单位……

特别令人难忘和振奋的是，文君酒于 1988 年 10 月获得第十三届巴黎国际博览会金奖！中央人民广播电台《人民日报》《大公报》《文汇报》《经济参考报》均作了报道，并于同年 11 月 22 日在北京饭店举行了授奖仪式。这是文君人的骄傲，也是所有邛崃人的骄傲！

"宝剑锋从磨砺出，梅花香自苦寒来。"提起这些往事，乔其能用深沉的思考取代内心的激动。

乔其能于 1931 年 5 月 28 日出生于邛崃县一个破产的地主家庭，读过12 本书，临解放时当过小学教员。1950 年至 1966 年，他先后担任邛崃县财经委员会干事、县商业局副局长、县供销社副主任。1970 年起，在四川省玉溪河水利工程一干就是十年，曾担任邛崃指挥部革命领导小组副组长、拦河大坝工程指挥长等职务。

乔其能接任文君酒厂厂长时，该厂是一个连年亏损的烂摊子，最多的

1985 年，文君酒荣获中商部颁发的"金爵奖"。在邛崃县委、县政府召开的表彰大会上，乔其能（左）接受奖状和锦旗。

一年竟亏损 17.7 万元。如何扭转局面，乔其能的人生迎来了最大考验。

为人耿直、办事干练的乔其能经过深入调查，心中有了主意。

面对乱糟糟的厂房重地和赌博斗殴甚至偷盗的员工，乔其能阵阵心痛，"简直给文君酒丢脸！"他有点激愤。

"乔厂长，粉碎车间有个工人经常旷工，盗窃赌博样样来，屡教不改，你看咋处理？"有一天一位干部前来请示。

"按《企业职工奖惩条例》处理，开除留用察看，交职代会办！"

一名即将受处分的工人当众扬言："他姓乔的敢处理我，老子就放他的血！"

乔其能斩钉截铁对主管干部说："坚决按《条例》处理，决不手软！"

在邛崃县委、县政府（以下简称县委、县政府）和有关部门的支持下，文君酒厂对严重违纪违法的 13 名职工分别给予罚款、通报、记过、开除留用察看、开除等处分，同时发动职工，逐步建立健全了以岗位责任制为中心的 26 项制度，厂风开始好转，职工的精神面貌大为改观。

紧接着，乔其能向多年形成的"大锅饭"分配制度开战，运用商品生产的经济杠杆，实行全方位、多层次的经济承包，充分调动全厂职工的生产积极性。被职工们称为"乔氏第一期立体改革工程"一开始就显示出生命力，生产的产品数量和质量不断上升，1981年盈利12万余元。1982年盈利62万余元，比上年增加5倍！

1981年至1990年，是文君酒厂最辉煌的时期。先后新建了四个大型车间，一个麸曲车间，组建了五个附属配套厂。截至1990年，年产曲酒7100吨，加上白酒已逾万吨，产值5200万元，外汇储存30万元，职工总人数达1346人（另有临时工3160人）。管理出成效，管理铸辉煌！

企业要兴旺，人才是关键。乔其能善于发现人才，大胆使用人才。

李会明，女，经济师，财会行家里手，企业管理人才。在一次会上，乔其能提议让她担任副厂长。有人发表异议："她家庭出身不好，让她当副厂长不合适。"乔其能一针见血地说："现在是啥子年代了，还紧绷阶级斗争这根弦，还紧抱血统论不放？"他不仅坚持让李会明经济师当上了副厂长，还介绍她加入了中国共产党。后来的实践证明，李副厂长精明能干，管理有方，为文君酒厂的发展立下了汗马功劳。

一位设备科技术员，善于捕捉现代化信息，有强烈的事业心，又是机械方面不可多得的人才，乔其能力排众议，提拔他担任附属饲料厂厂长。他很快设计、安装了处理鲜糟子的系列机，解决了本厂鲜糟霉变的老问题，生产出行销全国的干饲料，受到省、市政府的表彰。

乔其能在职工大会上郑重宣布，凡为文君酒厂做出贡献的干部、技术人员、工人均可享受以下特殊待遇:委以重任、晋升或浮动工资1至2级、优先安排子女就业、优先分配住房、给予一次性重奖。

乔其能大胆起用能人，重奖有贡献的员工，为文君酒厂的发展注入了生机和活力。

既要继承传统，又要敢于创新，企业才会持续发展。为此，乔其能向酿酒的传统技术发起挑战。

传统的优质酒生产离不开勾兑。勾兑行家仰仗的是口、舌、鼻、眼来作业把控。文君酒厂也是如此操作。乔其能独出心裁，组织科研人员，向传统发起挑战，玩起当时几乎不可思议的花样来。

早在1983年，乔其能在省上听了计算机课，突然来了灵感。回厂后就催促技术部门成立科研班子。随即带领一名厂干部，费尽口舌买回两台

1987 年，乔其能在文君低度酒荣获"87 金奖"新闻发布会上。

俏货——价值 4 万多元的气相色谱仪。紧接着又从外地买回 8 台气相色谱仪和 6 台计算机以及大量化验室设备。一切准备就绪，本厂的研究人员和四川省电子计算应用中心、电子科技大学等单位的科技工作者，在挂有"闲人免进"牌子的楼层里研究、探索，改变单纯凭感观勾兑的历史，走运用现代科技手段与传统酿酒工艺相结合的新途径。1984 年 12 月下旬，微机勾兑酒鉴定会在文君酒厂举行，专家们做出了令人欣喜的鉴定意见："该项目利用气相色谱仪对出厂产品和库存产品曲酒进行检测，积累了 6000 多个数据，掌握了控制酒质的参数，因此用微机勾兑基础酒的技术路线是正确的，方向是对的，是酿酒工业的一个突破……"此项成果于 1986 年荣获商业部科技重大成果二等奖。

　　乔其能积极引进人才的同时，更注重对在职人员能力的提高培训。工厂先后选拔、推荐了 100 多人到四川大学、成都科技大学，以及北京、哈尔滨、无锡、重庆等大专院校学习，培养自己的专业技术人才。与此同时，积极鼓励、支持青年工人报考电大、夜大、职大，鼓励他们攻读经济管理、酿造、微生物等专业。有计划、针对性地对职工进行业务技术培训，培训面达职工总数的98%。文君酒厂拥有一支以高、中、初级科技人员为主体的专业技术队伍，为企业在竞争中立于不败之地奠定了坚实的基础。

乔其能的心血没有白费，他担任厂长10多年，带领全厂职工给邛崃交出了一份份令人瞩目的答卷。除企业获得的诸多荣誉外，文君酒也多次获奖，蜚声海内外：

1981年，文君酒荣获国家商业部优质产品称号，以后历届蝉联。

1985年，经时任副省长管学思提议，邛崃县人民政府上报批准，邛崃县酒厂正式更名为四川省文君酒厂。文君酒获国家商业部优质产品"金爵奖"。

1986年，文君酒远销港、澳、台及东南亚地区，实现首批出口。

1987年，文君酒获中国出口名特产品金奖。

1988年，文君酒获中国首届食品博览会金奖、第13届法国巴黎国际食品博览会金奖、第六届香港国际食品展金奖。

1991年，文君酒荣获西班牙第七届最佳商品名誉奖、中华国产精品优质奖，文君商标荣获中国首届驰名商标提名奖，文君酒厂在巴蜀白酒企业200强中排名上升至第5位。

……

乔其能不负众望，于1988年春节荣获中央人民广播电台新闻中心、新华社《经济参考报》等单位颁发的"全国首届经济改革人才银杯奖"。同年12月，荣获中华人民共和国商业部、中国企业家管理协会评选的"中国商业企业优秀企业家"。他还先后获"四川省优秀厂长""成都市劳动模范"等荣誉称号。

乔其能性情耿直，为人和善，办事公道，热情助人，加上他爱好广泛，酷爱书法，工诗能文。

他的诗作《生日有感》既吐露了他的心迹，也展示了他的文学修养：

半百踪迹走红尘，荣辱甘苦入梦频。

紫绽瑶床未及睡，桃李春风慰寒门。

但闻新歌振社稷，坐听芦笙不醉人。

屋顶耘勤造风景，花香鸟语渡黄昏。

乔其能人品好，口碑极佳，被文君酒厂职工尊称为"乔老爷"。原文君酒厂职工、四川省和成都市白酒评委杨明光告诉笔者："乔老爷真是个不可多得的人才，可以说没有他就没有文君酒厂的今天，是他在改革开

1987年，文君酒厂年终总结大会上，乔其能为文明单位颁奖。

放的那些年打下了坚实的基础，我们永远敬重他！祝福他老人家健康长寿！"他提起两件让他终生难忘的事："乔老爷担任厂长期间把一个县办小企业提升为国家二级企业，当年邛崃的第一纳税大户，功不可没，至今大家仍念念不忘。20世纪90年代，文君酒厂在深圳和海南经济特区开办进出口贸易有限公司，我有幸被派遣前往。为让我安心在那里的工作，他亲自与相关部门协调，把我爱人从离家较远的学校调至最近的学校，解决了我的后顾之忧。在计划经济时代，是他老人家通过省糖酒公司给我买了一套各种香型的全国名酒，并且给予我充足的时间练就品酒功夫。最终，经过严格的理论和实践操作考试，我成为邛崃历史上唯一的双料评酒委员，至今受益。他珍重知识重视人才，凡是对企业有用的人才，无须走后门，他都大力引进。对于困难职工家庭的捐助他也是带头亲力亲为。至今让人难忘。"原文君酒厂党委副书记刘志华也给乔其能极高的评价："文君酒当年的辉煌，乔老爷功不可没，可以说他为文君酒厂树起了一座丰碑！"

原邛崃乡镇企业局局长阎大树，用一首肖像诗表达对乔其能的赞扬和敬重：

殚智竭力铸文君·题赠原文君酒厂厂长乔其能先生

卓女酿酒地，改革再逢春。

"文君"誉华夏，"崃二"醉京城。

竭尽智和力，泽惠企与民。

功退仍牵念，梦醒泪满襟。

并附一段文字："乔其能先生为原文君酒厂厂长。八十年代受命于危难之际，走马于困境之中。几年内，把小规模邛崃县酒厂建成誉满中华、名扬海内外的国家二级企业。真乃挽狂澜于既倒，扶大厦于将倾。穷尽毕生精力，献出一片丹心，文君美酒香醉华夏，崃山二曲饮誉京都。使邛崃酒业声震全国，让文君酒厂名贯业界。老厂长功成身退仍牵挂事业，赋闲在家还梦萦斯厂，文君酒厂拍卖后，泪洒邛城，痛心不已。表现出一代文君人对自己所忠诚的事业义重情深。值得慰藉的是，文君品牌还在，邛崃人心中的乔厂长还在。盈泪而作，敬颂乔老。"

乔其能在耄耋之年编纂了《聚散集》一书，收集了很多珍贵的文君酒文字、图片资料和他的部分诗文书法作品，对文君酒的深情厚谊浓缩其中，令人读后万般感慨。

临邛集团创始人王泽民的邛酒缘

讲述人：王泽民　记录整理：彭宗继

20 世纪 60 年代初，我从县公安局调到糖酒公司，由此开始了与邛酒长达半个多世纪的缘分。

奉命兴办酒厂

"文化大革命"结束后，糖酒公司成立了两个部门，一个负责计划内经营，主要向上申请下拨糖、烟、酒等物资；一个负责计划外经营，主要发展甘蔗制糖和酒厂。我担任计划外经营的经理。

根据调研，结合邛崃优势，80 年代初，我向时任邛崃县县委（以下简称"县委"）副书记杨正芹提交了一份发展 20 家酒厂的报告。理由：一是邛崃年平均气温 17.5 度，最适合酿酒；二是邛崃酿酒历史悠久；三是邛崃土质中性偏酸，有利于发酵；四是邛崃水质好。杨正芹看了报告后认为 20 家少了，我说："那就 50 家，不要一下子搞得太多，逐步提高，质量好了再说。"不久，杨正芹告诉我县委的决定："以后哪一家该批不该批，技术人员合不合格，地点适宜不适宜，王泽民说了算。"为此，不少镇乡申请建厂时，我都根据他们各自的条件逐一实地考察，最后批了 42家。有地方问我咋不批？我说："烤酒要地势高一点的地方。你那里地势低，污水汇集，不适合。即或批了，酒质也不会好，反而浪费粮食没效益。"我向杨正芹汇报，对各项指标不达标，甚至基本操作都不会的，坚决不批。杨书记赞同："对，这个办法好，慢慢来。"按照这种思路邛崃先后办起 42 家酒厂，其中早就建好的曲酒一厂、二厂和三厂名义上是国营，但和其他酒厂一样实行独立核算。作为计划外经营的负责人，在收酒过程中，我坚持质量第一，只收合格的酒。邛酒稳定的质量很快就赢得了市场

1972年糖酒公司欢送整党建党宣传队留影。后排左一为王泽民。

的认可，各地纷纷订货，以至还出现等瓶装酒的情况。

领衔攻关酒瓶

最初，邛崃用的酒瓶来自重庆。由于产量猛增，瓶子跟不上，邛崃县委决定自办玻璃厂生产酒瓶。不晓得啥原因，酒瓶一出炉就爆炸，连高薪聘请的重庆师傅也无法。时任县委书记李克耻于是让我解决："王泽民，你办法多，去负责把它搞好。"我说："连重庆师傅都搞不好，我恐怕也难。"一旁的杨正芹说："你看你随便啥子都整得好。别人说邛崃的糖发展不起来，你两年就出成果，而且发展得很好。相信你没问题！"我只好答应。

去了玻璃厂后，出于侦查员的职业习惯，我把此事当成案件办。首先找重庆师傅要来配方，看了之后问："你认为啥子原因引起爆炸？"他回答："应力没有消除。"我说："既然这样，重庆生产的酒瓶为啥不爆？"他摇头："不晓得！"如何是好呢？我把重庆师傅说的数据和配方记下来后问："要不要一起去你们厂问问，是不是搞错了？"他说："绝对没有，温度和配方都一样。"看来他确实没办法。辞退他后，我才想起还有一个问题没问，那就是瓶子出炉后烘的时间会不会出了问题？咋办？我一边让人联系外出学习取经，一边打开烘瓶的机器，捡个石头放进去，并记下烘烤时间。外出学习的事情当天就联系好，到灌县（今都江堰市）玻璃厂去。没想到的是，灌县玻璃厂的炉温和配方与我们一致。究竟是哪里的问题呢？趁座谈间隙，我找到厂方烘房，捡一块石子放进去计算烘烤时间。石头出来后一对比才明白，我们给瓶子烘烤的时间太短，仅为人家的一半。为稳当起见，我又向师傅讨教为什么要烘烤酒瓶？但设置的准确烘烤时间却忘了打听，回邛后，只好按我在现场的计算设置烘烤时间。一番试验，邛崃玻璃厂终于生产出第一批好瓶子。

当时，邛酒在京津地区销售火爆，工人白天黑夜加班加点也赶不上供应。商家一天一个电报催发货，且提前把款打来账上。我们生产的瓶子会不会装上酒后又爆呢？为慎重起见，我决定首批瓶子不忙发出去，统统拉到糖酒公司，先用一下再说。两天后，酒瓶没有炸，我要求再等两天。几天下来，酒瓶依然未爆，我才彻底放心。

由于市场需求稳定扩大，玻璃厂的利润稳步上升。全厂很快扭亏为盈，职工除工资外，每月还有奖金。完成县上交办的任务后，我回了糖酒公司。

接管临邛酒厂

我在京津地区开拓市场时，遇到两个意想不到的情况，为进一步打响邛酒起到了推波助澜的作用。一是当时中国工商部部长在一次会议上说："你要问我喝什么酒，我就喝临邛酒，价廉物美。"当时，在北京市场销售的川酒只有五粮液和临邛酒。临邛酒每瓶2.4元，五粮液每瓶5.6元。工商部长这么一说，等于免费为临邛酒打了广告，让临邛酒知名度提高不少。二是北京大学一位教授写了一篇介绍临邛酒的文章，除了介绍临邛酒的底蕴外，还引用了历史上众多文化名人赞美临邛酒的诗。文章见报后，临邛酒卖得更好。我抓住机会，顺势而为。很快，临邛酒在京津等地区声名大噪，订货量有增无减，仅北京每年就有60个车皮的需求量，天津每年需要62个车皮，其他省份的销量也节节攀升。

邛酒的火爆难免让一些人头脑发热，希望我多批一些酒厂。我说："不得行，还是要看厂址和技术力量。"杨正芹副书记赞成："还是由你把关。"有了领导认可，我更坚持只办50家酒厂的原则。不久，县委书记李克耻又让我去接管临邛酒厂。临邛酒厂即国营曲酒二厂，位于土地坡。此前，该酒厂由从业多年的金广松经管，一度名声在外。不知何故，渐渐陷入倒闭困境。我不愿意去，就找了个理由："金广松都搞不好，我咋个搞得好！"

位于邛崃长腰山，占地 50 多亩的临邛酒厂。

就这样，随着李书记调离邛崃，去临邛酒厂的事情一直搁了下来。

到了 80 年代末，县委书记何琼英再次让我去接管临邛酒厂。我还是那句话："金广松这样的老师傅都搞不好，我咋搞得好？再说，钱也没得，咋搞？"领导立即表示："找银行贷款。"我说："这个厂现在欠银行那么多钱。银行还会贷款？"得到银行首肯后，我才勉强同意接管临邛酒厂。谁知，银行贷款一直没有落到实处。最终，我向我们公司借钱，凑了 500 万元。

到临邛酒厂后才发现，所有窖池积了半池子水，全厂充满烂酒糟的臭味。我随即调来大东风车，把发臭的酒糟拉到无人的山头倒掉。同时，让人舀干窖池积水，用从峨眉拉回的强化水泥把烂的地方补好，又买回粮食装窖烤酒。一年以后，临邛酒厂就赚了 600 万，实现扭亏为盈，并还清了全部借款和贷款。职工除工资外，还有奖金。

在那一年多的时间里，我除自己生产瓶装酒，还将邛崃各酒厂的散酒收起来销往宜宾、泸州等地，并始终坚持按口感和化验指标来收酒。对其中技术不过关的，我负责给他们提供指导，实在不行就坚决拒收。由于严

2000 年 6 月 13 日，邛崃市酿酒协会成立，临邛集团董事长王泽民当选为会长。

格把关，邛酒在外面的名声日渐响亮，市场占有率有增无减。

1989 年，县委指示我将临邛酒厂交给文君酒厂。一开始，我有点想不通，毕竟花了那么多心血才让临邛酒厂起死回生。县委就多次派人来做工作，说："不管咋说，这个酒厂还是国营的。你把这个酒厂交出来后，县委将正式下发一个文件，肯定你对临邛酒的贡献；同时，把临邛酒的品牌、商标和厂名都给你。你私人去新建一个临邛酒厂。"我说："银行不贷款，我还办啥子酒厂呢？"领导说："对你不一样，银行要贷的。"后来，县委果真印发了 57 号文件，兑现了承诺。我由此开始了自己的创业。

签约孔府家酒

其时，恰逢糖酒公司改制，我成为新公司的法人。如何筹集到建厂资金呢？鉴于银行方面表示资金困难，我只好从单位职工那里集资，然后在长腰山附近的一块高地上买了 50 多亩土地新建临邛酒厂。谁知，刚建好三个车间，钱就用光了。我只好让儿子想法再借 18 万元。在建酒厂的同时，我还在当时物资局对面买地修了包装车间。

建厂过程中，我接到孔府家酒的电话，让我派人去商谈合作事宜。于

2002年3月16日，王泽民在邛崃包机赴西安春交会卖酒送行会上发言。

是，我让女儿带着样品赶到孔府家酒。对方在品尝和化验后认为，我的原酒很好，愿同我合作。我说："我保证供应，但如果你要和第二家打交道，我就不来。一旦出了问题，谁来负责呢？是哪家出的问题呢？这都不好说。你现在一年2000多万的营业额，如果只和我一家合作，保证你一年卖几个亿。"厂长连声说："对！对！对！"由于邛崃酒质好，孔府家酒的年营业额很快增至7亿元。以至孔府家酒的厂长大年初一都在给我打电话谈货源，不断叮嘱："王总，断不得啊！断不得！"

　　得知我与孔府家酒签约后，邛崃很多酒厂找上门来，希望我能收他们的原酒，同时，孔府家酒需求量大，我一家也满足不了。所以，我们很快达成合作意向，但前提是，这些酒厂都要严格按照工艺流程生产。虽然各兄弟酒厂都是明白人，我还是采用亲兄弟明算账的办法，明确告诉他们，我一吨酒在那边售价是多少，运输费用是多少，差旅费是多少，利润是多少，收他们的服务费是多少。各厂生产的酒入罐后，我派人去验收。合格的就给酒罐贴上封条，不合格的一律不要。如此规范后，所有酒厂都不敢乱来，邛酒的整体品质得到了保证。

畅销华中和华东等地的川牌系列酒。

为确保运输环节不出问题，我采取指定人带车的办法。每辆车都要统一行动，集中吃住，不能随意掉队和停留住宿。

六年后，由于孔府家酒老厂长去世，新厂长一上任就提出许多不合理要求，我与孔府家酒的合作也就画上了句号。

后来，在成都糖酒会上遇到孔府家酒新厂长，他表示要和我合作。我说："没说的，如果还有其他厂家，我坚决不来。"两年后，盛极一时的孔府家酒倒闭了。

依法交足挂税

孔府家酒倒闭前后，本地小酒厂如雨后春笋般发展起来。全市酒厂达数百家，陷入无序发展状态。我说："邛崃也不是每个地方都适合发展酒厂，更不是每家酒厂都有足够的技术力量。不能盲目发展，否则，结局只有三个字——打烂仗。"最终，相关部门采取措施，关闭了一些条件不具备的小厂。

如何进一步把邛酒做大做强呢？2002年，"包机卖酒"在不少人看来都是不错的创意。那时的飞机不如现在多，价钱也不便宜。一时间，"包机卖酒"的新闻频频出现在各大媒体，邛崃也坐实了酒乡之名。

有关部门闻讯后，随即加大对邛崃各酒厂的检查力度，不断加税，不少酒厂陷入困境。我说："国家税法有明确规定，该收多少就收多少。"相关部门却说："你们包机卖酒都有钱，说明赚得多，自然要多收一点。"我毫不示弱："做事要讲规矩。把税法拿来，对照税法，其他地方咋收，我们这儿就咋收。不能乱整！"然而，他们还是执行 12% 的最高标准，让各酒厂把历年欠的挂税交齐。最终，只有我一人如实交了，占邛崃挂税总数的一半。我本意有二：一是既然是国税，免不了，就得如数交，我也拿得出钱来交；二是希望相关部门到此为止，不要再难为小酒厂。

我认为，"包机卖酒"出发点是好的，也达到了预期的宣传效果。但是，相关部门墨守成规，生搬硬套，违背了实事求是原则，对邛酒的负面影响是显而易见的。有些酒厂因此责怪市委、责怪书记。但说句良心话，书记是好心，只不过各级税务部门借机大做文章。作为企业家，我认为应该理解市委、市政府的良苦用心，应该为地方政府分忧解难，用自己的所得回报人民，回报社会。

保卫川牌商标

"包机卖酒"后不久，市委常委郑继良和副市长张千里找我说："西河那边的丝绸厂发不起工资，工人天天找市委。市上准备将其变卖来安置下岗工人。但是一时没有合适人选，准备卖给你。"我说："我拿来干啥子？"他们说："搞房地产嘛。"那时，邛崃的房地产市场还没有起步。但市委、市政府既然找到我，说明也是迫不得已。我想："就算是为市委、市政府分忧解难，我也得把它买下来。"

结果是，我拿出 300 多万才将那 30 多亩地拿到手。我给张千里副市长开玩笑说："我这些钱都差不多要买一条街的铺面了。你是清楚的，现在的住房和铺面是多少钱一平方米。政府让我买，我就买了。丝绸厂那边说要多少，我就给多少，还不断增加。"张副市长一再说："等于做好事，等于做好事。"的确，我建厂以来从未忘记过父老乡亲，从未忘记一个企业家的社会责任，先后拿出 1 亿多元用于慈善事业，仅在邛崃民政局有统计的就达 7000 多万元。

拿到这个地方后，我立刻加以修缮，建成新的包装车间，把临邛酒的包装车间从物资局对面迁到这里，生产临邛酒、川牌川酒、辣妹子酒、济公酒、喜牌酒等。其间，还发生了一场旷日持久的"川牌"保卫战。

除修桥铺路等善举，逢年过节，王泽民都要去看望和慰问困难群众。

有一次，我和女儿在闲聊中谈道："人们常说川酒和云烟，我们注册一个川牌酒如何？"女儿认为好！我说："那要搞快点，迟了恐怕生变。"

这个品牌打出来后，在华中和华东等地的销路都很好。国内一家享有盛名的酒厂想我把这个牌子让给他们，我不同意。于是，这家酒厂暗中用我的川牌商标，将假川牌酒销往湖南、湖北、安徽、山东等地。我得知后，遂向人民法院提起诉讼。

这家酒厂见状，随即停止侵权，还派人上门告诉说，要把已经装好的酒送给我，并保证不再生产。我说："不稀奇你的酒。侵了我的权，就应当赔偿！"对方见状，便转而寻求购买我的川牌商标，出价7000万元，被我拒绝了。我说："不卖！只要是你买，再多的钱我也不卖！"此后，我在省酿酒协会会议、省人大座谈会、省政协会议以及成都市人代会上，多次呼吁保护产权。

对方见我不罢休，便托人来劝我把商标卖了，说他们可以出7000万或8000万都没问题，还说我可以入股，但都被我拒绝了。无论是对方亲自出面还是通过其他关系，为了保卫川牌，我都没有低头。作为一个有良心、诚信守法的商人，我始终相信党的政策，相信国家的法律。

近几年，我的厂遇到有史以来最大的困难，拿不出钱打广告，甚至无钱参加一年一度的糖酒会。2017年糖酒会期间，城投公司将我以前参展剩余的唯一一瓶土陶罐装的三斤临邛酒放到展台上。成都市委书记视察时，给客人介绍说："那款酒好。临邛酒，我喝过。当然，邛崃其他酒也好。"几十个人品尝后一致认为这款酒安逸！纷纷询问还有没有？再拿点来。当被告知没有时，书记问："为什么呢？"得到的回答是："他们今年特别困难，没有参展。"书记说："像这样的企业，应该尽全力扶持才对。"一位在现场的朋友立即打电话，把书记的话以及客人们对临邛酒的评价告诉了我，并说，有人马上要过来拿这款酒，车已在来邛的路上。我说："没问题，来拿嘛！大家瞧得起，对我的酒就是最好的宣传。"哪晓得，他们过来时，我厂员工已经下班回家去了。于是，我赶忙通知保管去开门拿酒。

面对前所未有的困难，我只好把几十个工人请出去，但我保证继续给他们买养老保险，一旦好转，再把他们请回来。有人对我说："不行就关门算了。"我说："关门损失更大！再说，就算关了，欠账还是免不了。所以，不能关。"就这样，我在年届80高龄再度出山。我相信，我的临邛酒、川牌酒等系列酒在广大消费者心中的形象始终没有打折扣，有机会东山再起。

这期间，至少有七八家公司上门寻求合作。但是，有些要求分三次付款，有些出价太低。因为我急需资金，所以都拒绝了。

功夫不负有心人，2017年8月，我在坚持中迎来了与四川最大的民营企业之一——成都环球集团合作的机会，共同发展川牌酒。对方占70%的股份，我占30%。通过合作，我还清了全部银行贷款，也把职工全部请了回来，重新上班，我的"川牌"又扬帆起航了。

独特的"制造业"

屈千贵

邛崃白酒产业链，不仅带动了种植、运输、包装、设计、餐饮等行业发展，也衍生出一个特殊的制造业——酒罐生产。

传统的木质器具，造价虽然便宜，但由于木板间有缝隙，密封性能不理想，加上冷却效果欠佳，蒸馏气直往外跑，导致酒的产量大幅降低。其他金属材质的要么昂贵，要么容易生锈或者含铅元素，从而影响酒的质量。经过反复对比和实验后，酿造人员发现用铝材制作的酿酒设备优势明显，不仅成本低，密度小，重量轻，容易搬运，而且导热功效显著，出酒快，出酒率高，节省燃料……基于这些优势，采用质优价廉的铝制酿酒罐和运输器具，就成了20世纪80年代邛崃大大小小数百家酒厂的首要选择。

由于需求量大，而邛崃电机厂又没有开展对外业务，不少酒厂就只能找到五金厂，按需定做酿酒器具，做得最多的是酒罐。作为五金厂的技术能人，欧克明承担起了大部分订单任务。厂里工人实行计件制，接到订单的头一个月，欧克明就领到500多元工资。在大多数人月均工资20元左右的年代，这钱无疑是一笔巨款，不仅在五金厂引起轰动，而且也在整个邛崃县城传播开，像一根导火线，迅速点燃五金厂职工学习技术的热情。

酒老板和五金厂都没有想到，邛崃的酒罐制造由此开端，并逐渐走上发展的快车道。欧克明率先批量接触酿酒器具，缘自一次偶然机会。1980年4月的一个下午，一位在蒲江县酒厂负责的阎师傅，因和欧克明认识，得知他以前用锡皮焊制过酿酒用的器具，就找上门来说："欧师傅，晓得你眼巧（手巧）得很，帮我做点酿酒的东西嘛。"酿酒器具五花八门，什么模样都有，做起来难度很大。最难的部分是下料，不仅要测量好，还要

欧克明为邛崃最早的社办酒厂之一前进公社凤凰酒厂定做的酒罐，不仅是生产和贮存的必备之物，还是国内参观者、甚至外宾的必看之物。

做到精确裁剪——大一点小一点都不行。然后敲出想要的形状，最终再把它们拼接在一起。阎师傅到处找人定做，都因难度大碰了钉子。无奈之下，才找到欧克明。酒甑、撑弓、弯管、冷却器、接酒桶、贮酒罐等，不管什么样式，只要阎师傅说得出来，欧克明就可以做出来。一时间，欧克明会制作酿酒器具的消息不胫而走，专门到五金厂找他的人更是络绎不绝。

随着邛酒的日益壮大，厂家不断增多，五金厂业务也随之应接不暇，欧克明从中看到了制作酿酒器具的商机。于是，在家人支持下，他毅然从五金厂辞职出来单干，成为较早一批个体户。他所开设的邛崃第一家专门制作酿酒器具门店，由于技术过硬、价格公道以及优质的售后服务，生意越做越红火。邛崃先行试水的一些酒厂，如前进凤凰酒厂、桑园黑虎滩酒厂和平乐君乐酒厂等都找上门来定做各自所需的器具，并逐渐成为欧克明的忠实顾客。"邛崃一个做铝皮加工的小小个体户，手中出来的酿酒器具质优价廉、十分好用。"这样的消息跟着活路一道传开，外地酒厂闻风而至。一些老牌大企业也不例外，泸州和宜宾酒厂就专程派车到邛，把欧克明和徒弟接到厂里，有针对性地改良酿酒器具，并就地制作大型贮酒容器。欧克明凭借精湛的技艺，按时完成了任务。与此同时，他的家业日益扩大，不仅修建了令人羡慕的大房子，还跨入邛崃首批万元户行列。作为成功案例，其人其事一时成为坊间茶余饭后的谈资。

到了 20 世纪 80 年代末 90 年代初，邛酒大量运往山东、河南、安徽、新疆和内蒙古等省市自治区，外销迎来井喷式爆发，运输所需的装酒铝皮罐异常抢手，排队定做的厂家越来越多。对欧克明来说，最辛苦的订单就是卡车所"背"酒罐。千里迢迢的运输，难免路途颠簸，对容器密闭性要求很高。具体到工艺和操作，则须内外两面焊接罐体。外面还好说，难的是对付里层，人要钻进罐肚子作业，既不通风，又十分闷热。为确保质量，焊接时绝不允许吹电扇。到了夏天，这种艰辛更加明显，浑身每个毛孔都在冒汗。出来透口气，人就像刚从水里钻出来，上下都湿透，毛巾根本没法擦。那时，东风汽车载重大多为 5 吨，相应地，运输酒罐不能超过 5 吨，容器一般都不大。罐子越小，焊接时里面的温度就越高。欧克明只能在里面焊一会儿，然后出来擦下脸，喝口水再进去，这种交替进行的办法，一天下来要进进出出几十次。尽管欧克明在文星街开了几间门面，请十多个人打下手，又在东安乡四大队办了个酒厂，利用厂区十多亩空地继续为众多酒厂做罐子，生意还是异常火爆。不少酒厂仍争先恐后，排队等候取货。

在欧克明的生产作坊里，不少人学到了制造酿酒器具的技术。从邛崃城区到大部分镇乡，加工酿酒器具的门店越开越多，张道顺的酒罐铺成了其中的佼佼者。张师傅家位于文昌街，他利用自家地处交通要道，又紧邻省运输公司的区位优势，一下子就超越欧克明，办起了邛崃规模最大的酒罐加工作坊。客户大多为熟人和朋友介绍。他的酒罐以价廉物美取胜，一个一般会比别家便宜一二百块钱，名气因此越来越大。曲酒一厂、曲酒二厂、曲酒三厂、文君酒厂、临邛酒厂等陆续成为常客，其中尤以临邛酒厂老板金广松最为大气。1988 年，金广松头一回找张道顺，一次性就定做了 50 个 30 吨容量的贮酒罐。考虑到张道顺需垫付的原材料资金数额巨大，就主动提出先付货款后提货，多退少补，并当场给了 50 万现金。这样一来，彻底解除了张道顺的后顾之忧，使他得以放手大干，带领 10 多位工人加班加点，仅用一个月时间，就圆满完成这笔大订单。

张道顺的酒罐生产规模及扩张速度，快得连他自己都有点不敢相信。铝材进货量更是与日俱增，一个月高达 40 多吨。原来的进货渠道为成都

刚进酒厂大门，首先闯入眼帘的往往是张道顺制作的体积庞大的贮酒罐。

国江公司，但很快该公司材料就供不应求。张道顺只得另辟蹊径，利用自己在社办企业跑过供销的便利，很快找到重庆112厂、长江电工厂、新桥铝制品厂等国营大厂，开始一车车进购铝材。意想不到的是，不仅价格降了下来，而且大厂质量有保证。酒罐生意好的时候，这些铝材生产厂家门庭若市，等候装车的队伍排起了长龙。工人夜以继日在生产线上忙碌，铝材一出车间，立即就用轧机打好包，直接吊装到下单的车上。过磅称重时，人站在旁边还能感受到刚出炉的货物散发出的阵阵热浪。后来，张道顺和这些厂家熟悉后，先打电话过去，提前联系好所需数量，再出发前往，免去了等候的烦恼。到厂里后，手续相对简化，与负责人一番交涉，就开始装车，过磅称重，去财务室交钱，领到出门条便随车一同返回邛崃。

在重庆购买铝材的客商，一般在当地联系货运，致使该行业逐渐火爆，一时间大街小巷随处可见载着铝材的东风大卡。车辆变得紧俏，运费也就水涨船高，从重庆拉一车铝材到邛崃，收费3500元，80年代末每吨铝材1.8万元，张道顺每次前往重庆都要带十几万元现金。当时人民币最大面额为10元，胆大心细的张道顺一人出远门，专门用个不起眼的帆布背包装满钱就在两地间往来。由于进货全用现钱，周转资金变得紧张。幸运的是，当时贷款政策相对宽松，手续也比较简便，张道顺就用房子作抵押，顺利贷款30万元。频繁进货不差钱，按时交货不拖期，张道顺不仅在各个酒厂人缘好，而且在原材料供应商中也赢得较好口碑。1989年，四川省有色金属公司老总专门到邛崃考察张道顺的生产和经营，并深入好几家企业实地查看购买的张氏贮酒铝罐，最终得出结论，张道顺的作坊及其相关酒厂均有实力，生产经营状况良好，固定资产投入大，完全不必担心出问题，于是拍板，同意张道顺直接到该公司赊货。四川省有色金属公司对张道顺十分信任，高峰期所赊货款高达330多万元，以至每次张道顺还款，都要给公司财务人员增加额外的麻烦，光数钱点钞就得花一个多小时。

到了90年代，邛崃白酒原酒迎来外销新热潮，向省外运送白酒的车辆川流不息，酒罐更为抢手。每辆车标准货箱能装两个运输铝罐，虽然价格不菲，定做一个要7500元，但上门来要货的酒类企业仍络绎不绝。这些老板个个财大气粗，每个定金一下就给二三千元。在此大环境里，张道顺的工坊不仅处于满负荷生产状态，还远赴东三省、江西、甘肃、陕西等地承揽活路，帮当地酒厂现场制作贮酒罐，每次少则带五六个员工，多的时候需要十多个工人一同前往。他本人除技术指导，还需负责采购原料和工人生活的后勤保障。为减少原料运输成本，他想方设法在东三省、河北等地寻找新的铝材生产商，其中东北的东青铝厂规模宏大，质量上乘。在外省的酒罐订单中，最大一笔来自江西抚州的一家国营酒厂。听说是百万元大订单，张道顺难掩激动的心情，一行十人立马边联系原材料、边带上焊枪出发。途中遇到这家酒厂在南昌做宣传，阵势场面大得让人连连咋舌。但也正因为实力雄厚，这家酒厂要求严格对张道顺带来的材质，先用千分卡尺测量厚度是否匀称达标，再仔细检验原料厂家出具的材质证明书，确认无误才决定制造10个装100吨的贮酒罐，总造价105万，并提出留5万元保证金，使用一年无问题才结清。不像一般厂家，拿个寻常游标卡尺量一下，成品检测没问题便全款结账。对自己技艺充满自信的张道顺没有向对方提任何条件，一口答应下来。只用半个月时间，10个大酒罐便矗立在了厂址中央，其团队以真功夫交出了令人满意的答卷。经过一年使用，酒罐质量彻底赢得用户信任，这家酒厂主动打电话催张道顺收尾款，同时热情为他介绍其他客户，邛崃酒罐也在省外酒企有了一定知名度。张道顺清楚，他的产品之所以叫好，与邛崃白酒原酒在全国各地行销密不可分。

在陕西做酒罐时，张道泉看见当地酒厂因水质差，大多要打七八十米深的井取水，还得过滤六七次才能酿酒，而且要买邛崃的原酒来勾调方能实现改善口感的目的。

邛酒在改革开放浪潮中展示出强大活力，带动了一大批上下游产业，其中，以生产加工铝质酒罐为代表的"制造业"脱颖而出，成为一个传奇，至今为人津津乐道。

一个酒厂有没有实力，铝质酒罐的多少常常成为衡量的重要标志。

运酒出川的岁月

陈映平

1978年，随着中国改革开放全面起步，作为传统产业的邛酒得到迅猛发展。据《邛崃县志》记载，1986年全年邛酒产量1.86万吨，1990年3.7万吨，1995年高达35.35万吨，产量较1990年增长855.41%。2000年全国糖酒会期间举办了邛酒飘香神州壮行会，2001年策划了西安包机卖酒，一系列行之有效活动的开展，让邛酒更加闻名遐迩，飘香海内外。

质优量大的邛酒，赢得省内外和港澳台同行青睐的同时，也培育、支撑和壮大了相关的产业，比如运输业。20世纪80年代初仍实行计划经济，绵竹剑南春酒厂、宜宾五粮液酒厂、贵州茅台酒厂和习水酒厂等都在邛崃购酒，由邛崃县糖酒公司按计划调拨，并派车运送到厂家。运酒时，根据数量联系邛崃国营专业运输公司派出相应的解放牌汽车。

邛酒的运输曾经被业内同行誉为生产、销售之外的另一架重要马车，可与邛酒飘香神州壮行会、西安包机卖酒齐眉比肩。拉酒出川的运输队伍，规模之大、持续时间之长、影响之深，在巴蜀内外，特别是中原地区一度传为美谈。

及至90年代后，邛酒销量大增，在满足本地和省内用酒的同时，大量销往山东、河南、陕西、山西、新疆、安徽等省、自治区的几十家著名酒厂。与此同时，本地生产经营者既高兴，又烦心。高兴的是，大量的酒找到了市场，打开了销路，售后利润可观；烦心的是，如何解决运输工具和运力问题——这无疑是横在许多酒老板面前的鸿沟。

适逢运输单位改制，货运车辆几乎都承包给驾驶员个人，单位货运调度只负责本单位极少数还未承包出去的车辆货源组织，大部分个人承包车

从酒厂装货出发的东风车。

和私家车则要自己寻找货源。一时间，货运市场处于散乱、无序、各自为政的状态。运力不集中，分散运输的潜在安全隐患无处不在。90年代中期，因济南到西安的公路上发生了几起运酒的特大交通事故，相关部门对驾驶员尤其是运酒工具的技术要求进一步提高。把易燃易爆的白酒归为特殊商品、危险品之类进行运输管理。于是，四川省运输公司、邛崃市运输公司运司、县车队、64队（下文简称"省运司""县运司""县车队""64队"），玉溪河水利局车队等几家邛崃专业运输公司纷纷投入资金改造、更新、增添危险品专用车辆，办理危险品准运资质证等证件，及时保养和维护车辆，不定期对驾驶员进行危险品运输的专业培训，组织统一的货源，指派统一的车辆，确保运输安全。这一有力举措，极大地吸引了个人承包车归队和私车前来单位挂靠，既维护了货运市场的秩序，又有效组织、整合了稀缺的运力资源。一个充满活力、生机勃勃的货运市场再次形成。经酒厂派人到各专业运输企业沟通、协商、宣传后，运输公司亦看到了这一大好的货运商机，凭借几十年的公路货运资质、口碑、信誉、技术和实力赢得了邛崃各酒厂的信任。于是，纷纷与其签订长期的运酒计划意向合同。酒厂解决了运力，运输企业增加了收入。

　　据当年运酒的一位驾驶员回忆，运酒时，最远的山东、新疆3000多公里，山西、甘肃、安徽2000多公里，陕西、贵州1000多公里。那时川内只有二级老公路，路况不理想，很难走。而省外西安到济南是高速公路，有收费站，很平坦。八百里大秦川，河南灵宝、三门峡一望无际的红苹果都给驾驶员留下深刻印象。一路的好风光消除了开车的单调和疲劳。一天行车大约500公里。开着载酒的车，精力要高度集中，不能走神，否则很有可能出现重大事故，尤其在高速公路上行驶，更是要全神贯注。一天下来，腰酸背痛，筋疲力尽，吃不下东西，晚上人睡在床上好像还在开车一样。在北方，如果遇到赶场天，人多堵塞了公路，有时一堵就是四五个小时。当地交警一看是四川邛崃的运酒车队，马上疏散群众，让车队尽快通过。运酒到山东，去时一般要5天时间，头天住广元，第二天住临潼，第三天住富县，第四天住三门峡，第五天到山东大连酒厂。从三门峡分路，有的车去山西，有的车去安徽。回来时一般拉酒精，到邛崃需4天时间，有时也放空回来。一路到头的饭店、旅馆都能听到邛崃人的口音，这些都是运酒到外省的驾驶员吃饭和住宿的地方。

　　另一位师傅则说，假如是自己的车和酒罐子，跑一趟山东运费一般是7000元。要是自己的车，酒罐子由酒厂提供，则跑一趟山东的运费为4500元。一般一车背2个酒罐子，装酒7.2吨。很多司机都从文君酒厂、临邛酒厂、曲酒一厂、曲酒二厂、曲酒三厂、曲酒四厂，以及羊安、平乐、桑园、拱辰等酒厂装酒，跑山东、安徽、陕西、山西等地，那运酒出川的车队阵势好大啊！仅在川陕路上日夜穿梭的车辆就有两三千，这辈子记得深。运酒出川时，并非一帆风顺。尽管出车前对车辆进行了全面的安全检查，但在长时间运行或遭遇特殊气候变化时，中、小故障时有发生。师兄师弟主动帮忙排除故障，如借备胎、钢板、千斤顶、换轮胎等，搭把手不孤独，修好了一起走，亲如一家人。途中也目睹过由于雨、雪天气，路面结冰打滑，刹不住车，在剑门、华阳、宁强等地造成车毁人亡的几起重大交通事故。

　　90年代中期，运酒出川不仅运力短缺，而且装酒的罐子在邛崃也成了稀缺资源。要想拥有几个或更多像样的好酒罐子，是一件非常难的事。要么提前一年全额付款请人定做，要么出高价从别人手里租借。无论何种方式，远水解不了近渴，当时几乎一桶难求，导致很多驾驶员因无酒罐子跑不了车。酒罐子供需矛盾的尖锐突出，适时催生了制作市场的萌发，邛

运酒出川的车队阵势很大！仅在川陕路上日夜穿梭的车就有两三千辆。

运酒到新疆归来的加长东风车。

峡和邻近县（市）做酒罐子生意的应运而生。有的立马从外县、成都等地拉酒罐子到邛崃销售，有的开铺面买材料自产自销。还记得离省运司仅100米远处一专门生产酒罐子的小企业，很多工人到了晚上还在加班加点。氧气瓶、焊枪横七竖八摆在地上，电焊强光刺眼，铝皮一堆堆靠在墙边，敲击铝皮的声音震耳欲聋，大中小型号的酒罐子一溜排在马路边，锃亮耀眼，甚为壮观。

　　运酒车跑的是长途，对驾驶员和车辆技术要求均很高，一般是东风车和黄河车。很多时候，大小酒厂到各专业运输公司调车。运力紧张时，临邛酒厂、春泉酒厂等少数酒厂提前把运费打在单位账上，以保证用车。多数酒厂先给一部分运费或定金，运输单位根据数量、路途、远近等情况，派出车况好、驾驶技术精、能吃苦耐劳或者是单位先进生产工作者的驾驶员承担此项任务。一些挂靠在专业运输公司的私人车辆，只要给公司交一定数量的管理费，车门就可以喷上运输公司的名称，打单位招牌。单位则为驾驶员提供一些专业技术培训，车辆保养，申办有关运酒证件等服务。私家车有时听从单位统一调派，有时自己到酒厂联系。运酒途中，一旦发生安全事故，由运输单位负责出面协调解决，处理事故善后工作。酒运送完后，运费由单位财务统一代为收取。未挂靠的私车则由自己或家属到酒厂结算。跑一趟长途运酒回来后，所有车辆要及时进行三级保养，有的换轮胎，有的补充气压，检查电路、油路等有关部位，彻底排除上次在途中影响运行的机械故障，确保下次出车安全，长途顺利。

邛酒出川，靠的是一车一车往外运。当时在邛崃，省运司、县运司、县车队、64队、玉溪河水利局车队和私车，约有4000辆。这些车辆只要车况好，有成套的装酒设备，符合运酒技术标准要求，在大大小小酒厂的主动邀请下，几乎都有机会加入运酒队伍。一位货运调度员说，那时，一天到晚传呼、手机只要一响，十有八九是酒厂打来调车运酒的。1995年高峰时，一天200台车在文君酒厂、春泉酒厂、临邛酒厂、曲酒一厂、曲酒二厂、曲酒三厂和平乐、羊安、桑园、拱辰等几十家酒厂装满酒同时出发，远远望去，犹如一条长长的巨龙在公路上慢慢游动。

当驾驶员加满了水箱的水，查看油标尺的刻度，敲敲轮胎的气压，轰了轰油门，做完出车前的基本功课后，就要与前来送行的一家老少，或亲朋好友道别。"几千里的长途，一个人开车把细点啊！""不要只顾赶路，一天吃一顿饭。""一路顺利，平平安安早点回来……"亲人的叮嘱和期盼一路萦绕于耳，难以忘怀，正如当时的民谣："哗哗白酒入罐装，细查车况为优良。整装待发千里行，耳畔慈母唤儿郎。只觉衣衫一阵抖，回头一望是强强（小孩儿的名字）。今日分别何时归？月上梢头伊人望。"

都说母子连心，儿行千里不仅母担忧，一人开车在外，几千公里的长途行车，生活的单调、枯燥，辛苦劳累和不可预知的安全因素也使妻儿时刻担惊受怕。

20世纪八九十年代，浩浩荡荡的运酒车队从邛崃出发，越雄险的剑门，跨八百里秦川，过滔滔黄河，北上南下大半个中国，阵容庞大，蔚为壮观。不仅一车一车把每年生产的几十万吨邛酒运出了川，同时也对邛酒知名度和品牌推广产生了深远影响。这一曾经的辉煌岁月，已经载入邛酒发展的史册。此后，由于汽油、柴油、过路费等涨价，加之公路上，尤其是省外的北方公路严查超载、超速、危险品（包括酒），且运输罚款力度加大，导致公路货运成本快速上升，无利，没人再跑了。邛酒出川改用火车运，即发槽车，一车皮装50吨，一次一般发5至6个车皮，约300吨。用汽车把酒运到彭山青龙场、成都货运站、新津普新、眉山火车站装火车。

邛酒稗史

傅尚志

身为爱酒、爱喝酒的人，不经意间，我想起几则有关邛酒的轶事，记录如下，与酒友共享，亦作"邛酒发展史"外的谈助。

一、邛崃烤酒的水好

我的老家在新津县城北门外的一个林盘里。邻居老姜大哥，常在喝酒时向我们讲他为啥一次喝一斤多白酒也不醉的原因。

他说，新中国成立前十几岁时，跟着师父到邛崃东门口一家烧房帮主人家烤酒。每烤一甑酒出来，师父、徒弟和打下手的人，都要用瓜瓢舀半瓢或一瓢出来大家轮流尝一尝、品一品。每次烤出来的酒，闻起香，喝起润口，一点也不烧喉咙。跟着师父在邛崃烤酒，手艺没学到多少，吃酒的本事倒是见长了。不仅出酒的时候喝，做活路口干了，也舀酒来当开水喝。酒好、解渴。

后来，又跟着师父到蒲江去帮人烤酒。但是，不晓得咋个整起的，就是烤不出与邛崃一样好喝的酒。他问师父："同样的人、同样的料、同样的烤法，烤出来的酒咋个就没有邛崃的酒好喝呢？"师父说："我也想了好久，才搞懂里头的门道，就是邛崃的水好，适合烤酒。"

二、文君酒香满京都

1986年上半年的某月，我和文管所所长杨志忠到北京中国文物管理委员会，去送邛窑申报为国家重点文物保护单位的材料，同时拜望曾经到邛崃调研高何石塔的专家罗哲文，以及到邛崃调研邛窑发掘的唐代民居建筑遗址的清华大学教授郭黛姮、罗伯安等人。

去时，我们带了一箱文君酒，每瓶半斤，葫芦型，瓶肚上粘贴着文君

邛崃烤酒的水确实好。清澈透明的通天泉水，就是文君酒厂酿制名酒得天独厚的条件之一。

文君酒成为设宴的必备酒。

婀娜多姿的画像商标，是当时市面十分抢手的一个品种。就连邛崃的机关单位、个人购买，也要经申请说明情况或托关系，才能如愿以偿。按乘坐飞机规定，这箱文君酒只能托运，不能由个人随身携带。

下了飞机，我们到货运大厅领取文君酒。刚到大厅货物传输带旁边，就闻到一股挥之不去的扑鼻酒香。"该不会是我们的酒被摔坏了？"我和杨所长不约而同地产生了同样的担心和疑问。

果然不出所料，纸箱一角被酒水浸湿了。杨所长抱着纸箱十分无奈地对我说："还不晓得遭整烂了几瓶？"

与我们同在货物传输带旁认领行李货物的旅客，纷纷惊异地盯着我们："什么东西这么香？""这酒味多好闻啊。""是哪里生产的酒？"大家虽然素昧平生，但都是同机乘客，不能无礼。所以，我们一面克制因瓶坏酒漏的焦急心情，一面带着几分踌躇自得的神情回答："文君酒。四川邛崃生产的。"然后还赶紧补一句："就是卓文君的故乡。"

傍晚。我们拿着文管会开的介绍信，到国家文物局招待所去登记住宿。值班的中年男子一边埋头下棋，一边说："住满了，没房间了。"我们不明究竟，不知是另寻旅馆，还是央求值班男子想想办法。旁边一位自称来自内蒙古的人，悄悄告诉我们："还有房间。不过你们要多等一等。"

值班男子下完了棋，起身问我们哪里来的。一面接过介绍信，一面打量我们放在桌子上的纸箱所印的文字，说："四川邛崃的。箱子里装的是文君酒？味道怪好闻的。"我们除了回答，还许诺等进房安顿好了，再下来请他喝一杯。

值班男子布满雀斑的脸笑开了花，接着问："电影《金光大道》里摆的崃山二曲与生产文君酒的是不是同一地方？"得到肯定的回答后，很快让我们住进了6楼的2号房间。

谢谢文君酒，帮我们解决了住宿难的问题。

三、真假五粮液

成都的几位文人先生带着几瓶五粮液，到邛崃来看望老朋友赵、钱、孙、李。

有朋自远方来，不亦乐乎。赵、钱、孙、李碰头一商量，设宴招待接风。

席间，成都客人拿出五粮液，要和赵、钱、孙、李共享。赵、钱、孙、李却异口同声说："哪有吃客人的酒的规矩。既然到了邛崃，就要吃邛崃的酒。邛崃是千年酒乡，生产的酒不比五粮液差。不信？尝了、吃了，你们才晓得！"

客人喝惯了五粮液，稍有犹豫。但主人盛情难却，只好恭敬从命。

同饮三杯，规定动作结束，开始分头敬酒、劝酒。

赵先生率先发话："各位先生，喝了三杯，感觉如何？不比你们的五粮液差吧？！"

客人甲先生，端起酒杯抿了一口，啧啧嘴唇，缓缓回答道："好酒，口感绵柔，不燥口。实话实说，确实可以和五粮液媲美。"

客人乙先生："以后我们就吃邛崃的酒。"

赵先生豪爽答应："这酒是我的学生生产的五粮型散酒，下来给各位一人整一桶。"

邛崃文物中飘出的酒香

张君

邛崃自古盛产美酒，这可以说是众人皆知的事。但关于邛崃美酒的漫长历史，更多则来源于古代文献资料和古人的诗词。其实，我们从邛窑临展馆、文君酒史陈列馆以及本地一些私人收藏家手中珍藏的文物中，都不难找到从汉代到现代临邛美酒的宝贵实物佐证。"葡萄美酒夜光杯"是唐朝诗人王翰说西北的葡萄美酒和夜光杯。宋代的大诗人陆游写古代临邛美酒的诗很多，但其中有一首淳熙四年八月在临邛饮酒后的《寺楼月夜醉中戏作》最为特别："水晶盏映碧琳腴，月下泠泠看似无。此酒定从何处得，判知不是文君垆。"陆游不仅精准地描绘了邛酒的色、香、味，而且生动地刻画出邛崃精美的酒具。不难发现，今天被大家引以为自豪的邛窑遗址所出土的许多造型别致、釉色独特的酒具，无不从另一个侧面展现出唐宋时期临邛美酒的辉煌。

前些年，邛崃文物管理部门在牟礼、羊安等镇乡以及东门外高铁建设工地，都发现并出土了汉代画像砖。这些画像砖无疑是最直接的汉代临邛社会生活的真实写照。其中一块《庭院》画像砖左上方的敞厅中，主客二人席地对饮，面前摆放着酒具。另外两块《伎乐》《宴乐》，在杂伎歌舞表演的场景中，也摆放着酒樽、酒具。而《宴饮》画像砖，则生动地再现了7个人坐地饮酒的生活场景，面前也摆放着酒樽和耳杯等器具。

文君酒史陈列馆陈列的汉代陶耳杯，椭圆形，沿边有对称的双耳，以利于用双手端杯饮用。陶制的高足杯和邛窑出土的唐代三彩高足杯造型十分相似，甚至很像今天的西式玻璃高足红酒杯。这是否可以看作是古代邛崃东西方酒文化互动、交流的一种实物证明，也未可知。邛窑出土和民间

这张邛崃牟礼出土的《宴乐》画像砖拓片，不仅是一幅民俗风情的宴饮舞乐图，更是邛酒文化源远流长的历史见证。

收藏的各式酒罐、酒壶、酒碗、酒杯十分丰富，其中美人抱鱼壶、胡人抱鱼壶、胡人抱角杯、鸭酒杯、鹦鹉衔花杯等，不仅造型生动，而且釉色五彩晶莹，正是陆游诗中赞誉的水晶盏酒具，深深浸润古老邛酒的芳香。

源窝子酒庄中收藏着一件邛崃本地烧坊酒瓶，酱红釉，瓶身刻有"洪武五年"字样；文君酒史陈列馆里则有黑釉明代酒瓶。由此可见，明代邛崃白酒烧房也很盛行。史料记载的邛崃明代白酒烧房有始创于明代万历年间的寇氏烧房（寇烧房），寇氏烧房位于邛崃城内东南，规模大，酒质好。

到了清朝初期，外来移民入川增多，寇氏烧房转给了从安徽来邛经商的余氏。据余氏后人讲，其先祖是清朝康熙年间做生意从安徽歙县到四川的。当时主要是做茶叶和盐巴生意，所以定居邛崃。待家大业旺，就把寇氏烧房整个盘下来，包括寇家的房舍、大院、田地和烤酒烧房、窖池等等。烤酒烧房和窖池就在今天的文君酒厂。后来，文君酒厂改扩建新厂房时，在拆下的老烧房梁上发现"万历某年"墨题，因而在新车间里立了一块"明代万历酒窖"的石碑。大院、住房就在今天的兴贤街中段东侧，其中人称"老车队""老米市"的地方，就是原来的余祠堂。余家的生意也就改为烤酒为主，生意越做越红火。到了民国时期，余家的后人余梦久继承祖业，继续烤酒。余梦久的儿子余波丞对烤酒和勾调都很有研究，他对白酒酿造工艺做了进一步的改进，生产出的酒以"邮酒"最有名。与此同时，又把余氏烧房改名为大全烧房。据说，当年刘湘在邛崃的一个酒宴上喝了邮酒，大赞其品位风格可与茅台酒媲美，并将其称之为"赛茅台"。后来，就把"邮酒"改名为"邛崃茅台"。当时的"邛崃茅台"酒使用的是四柏商标，在民国政府经济部注册。据老一辈人回忆，瓶贴上还有广告："大全烧房窖老，开设三百余年。今又重新整顿，比前精益求精。砖曲固体发酵，西法走火熏蒸。真正回沙生料，毫无药料酿成。其味醇厚甘美，甘洌可口清心。醉后口不发渴，过饮头不眩晕。"与今天的酒类广告相比，不知高明多少。还有一种"冷气酒"也十分出名。据李再发、张平轼老先生讲，这种所谓的"冷气酒"，应该就是余波丞按西法蒸馏白酒中采用了冷凝器，把蒸馏酒气快速冷却凝成酒液。这一新工艺流程运用之后，所生产的酒取名叫"冷气酒"。

这一时期，邛崃城乡大小烧房几百家，城区及城郊，除大全烧房外，还有兴贤街中段的积成烧房、大曲烧房，南街品成烧房、裕祥烧房，东门裕盛烧房、蓝烧房、兴盛烧房……还有古井烧房、林烧房、仁和烧房、信记烧房，以及赵、黄、陈、侯烧房等。其中，林烧房规模也很大。源窝子酒庄收藏的一只白釉陶瓷酒瓶，蓝彩写的"邛崃玉祥烧房"，文君酒史陈列馆收藏的白瓷蓝字"大全烧房"1斤装小酒瓶、"邛崃古井烧房"5斤装大酒瓶，都是邛崃民国时期酒类生产的历史见证。这些留下来的极少的画像砖、酒壶、酒碗、酒杯，作为邛酒历史的见证，让邛酒香飘千年。

1951年，邛崃县酒类专卖局把大全烧房、积成烧房、品成烧房、仁和烧房等几家私营酒厂合并组建成立邛崃县酿酒联营社。后来不久，邛崃

邛窑遗址出土的唐代鸭酒杯。

县酒类专卖局又和邛崃县税务局共同协助邛崃酒业协会，以大全烧房生产厂房、窖池为基地，组建邛崃县国营酿酒厂。1958年，政府又把邛崃大部分的酒厂扩编进来，更名为四川省地方国营邛崃县曲酒厂。1963年，又改名为四川省邛崃县酒厂。1985年7月1日，正式改名为四川省文君酒厂。其间还短时间使用过中国邛崃酒厂厂名，这一时期，曾用四川省地方国营邛崃酒厂厂名生产出"邛崃茅台"（注册商标）——瓶贴商标现在由金建均先生收藏。用四川地方国营邛崃县曲酒厂厂名生产出"邛崃冷气酒""崃山醇酒"，用中国邛崃酒厂厂名推出"抚琴牌文君酒"，备受消费者喜爱。1985年7月1日以后，正式全面启用文君牌文君酒品牌商标。1988年10月29日，文君牌文君酒荣获十三届巴黎国际食品博览会金奖。10月30日，人民日报、中央人民广播电台转发《中新社巴黎29日电》，对全世界发布了这一消息。11月22日在北京饭店举行授奖仪式。从此，邛崃文君酒瓶外包装的纸盒上，就印上了"巴黎金奖·金夏尔奖"的徽记。

电脑调酒　首开先河

刘彬

　　文君酒是邛崃人的骄傲。从明代万历年间寇氏烧坊点火酿酒，一直延续到现在。其间虽多经变故，但烧坊里四溢的酒香从未间断。特别是20世纪八九十年代，文君系列酒畅销海内外，誉满天下。时至今日，文君酒仍然在竞争激烈的中高端白酒市场占据着一席之地。能够长期得到市场认可，除了邛崃优越的地理条件，还有传承百年的独特酿造工艺，以及文君人对白酒勾调技艺的不断探索与创新。

　　一个误解

　　国人喜欢喝酒，素有"无酒不成宴"的说法。

　　然而，很多消费者对白酒酿造知之甚少。1997年初，有关"秦池白酒是用川酒勾兑"的系列新闻报道，把当时的明星企业秦池酒厂推进了无法自辩的大泥潭，同时在全社会引起轩然大波——"勾兑"和"酒精"两个概念不胫而走，成为牵动读者敏感神经的两个关键词。从此，相当多的消费者把白酒勾兑与假酒画上了等号。

　　这其实是一个误解。

　　勾兑，也叫"勾调"，本是一项技术，是白酒生产过程中必不可少的一个重要环节。白酒生产有"七分技术，三分艺术"的说法，这里的艺术，就体现在勾兑上。

　　为什么要勾兑？白酒在酿造过程中，会受到多方面不同因素的影响，比如不同季节、不同生产班组、不同窖池等等，这就会导致所酿酒的味道、风格不统一，且酒的度数很高（一般在60度至70多度之间），是无法直接饮用的。为了统一口味，去除杂质，协调香味，降低度数，便于消费者

经验丰富的酿酒师一坛一坛地品尝存放在酒库的原酒，记录下每一坛酒的特点。

饮用，唯一的做法就是勾兑。假如不经过这一环节，会产生什么结果？那便是，今天买一瓶茅台酒感觉挺好喝，下次再买一瓶一样的茅台酒就不是一个味了，那怎么行？所以，勾兑在白酒生产过程中是必要的，可以使出厂的每一批产品都保持固有风味。

勾兑过程却不简单，广义的勾兑应包含两个步骤，即勾兑和调味，所以"勾兑"这个词汇应该用"勾调"来替代，才更为全面。如果以素描为比喻，勾兑过程就是建构框架、刻画主体的过程。不同批次生产出来的酒或者不同窖池生产出来的酒有所差别，表现在微观上就是其中的酸类、酯类、醛类、酚类等微量成分的差别，而表现在宏观上就是气味和口感的差异，将不同的酒勾兑在一起，才能弥补某一种酒感官上的偏差或者让风格更为突显。

这样勾兑好的酒，仍然不能称之为完美，因为这仅仅是框架层面的调整，要让酒在感官上的方向是正确的，还需要做进一步的刻画以突出细节，精益求精，这时就需要用调味酒进行调味。这就好比炖好一锅汤出锅时，总需撒点香菜提个味儿。而调味，正是给白酒锦上添花的过程。所谓调味酒，是采用独特工艺生产的具有各种特点的精华酒，它们可能有特香、特甜、特浓等鲜明的风格特征。调味酒的主要功能是使组合的基础酒质量水平和风格特点尽可能地得到提高，使基础酒的质量向好的方向变化并稳定下来。

简单来说，勾兑的目的就是：产品标准化＋风味更出色。每一家酒厂、每一款好酒，都有自己独特的勾兑技艺，比如茅台、五粮液、泸州老窖、文君酒……

色谱测试

酒是一种神奇的物品，看上去清澈透明，里面却含有几百种微量成分，蕴藏着几千年酒文化的内涵。这些微量元素只占白酒组成的 2% 左右，但却决定着酒的品质与香型，因此，业内也把这些微量元素称之为"呈香呈味"物质。只要掌握了这些微量元素的变化规律和组成成分，进行科学的勾调搭配，就能组成一种风味独特的好酒。

怎样才能对酒里的微量元素组成情况进行调节，生产出口感优良的好酒呢？和全国各地的白酒生产厂商一样，文君酒厂让经验丰富的酿酒师一坛一坛地品尝存放在酒库的原酒，记录下每一坛酒的特点，再凭借多年的经验对这些酒进行重新搭配、降度、调味，最终调配出一款色香味俱佳、口感纯正的优质好酒。然而，随着文君系列酒越来越受市场欢迎，产量节节攀升，只靠有限的技术人员一坛一坛地去品酒、调酒，劳动强度大，工作效率不高，影响产量。同时，由于技术人员能力素质参差不齐，仅凭经验很难保证酒的质量稳定。

为了解决这个难题，20 世纪 80 年代初，文君酒厂在全省率先采用了计算机辅助调酒，极大地提高了文君酒勾调的效率，同时也保证了酒品质量的稳定。

计算机调酒的第一步，就是要收集有关白酒各种组成成分的数据，特别是微量元素的数据。白酒里含有各种各样的微量元素，目前已经检测到的微量元素有几百种之多，这些微量元素虽然只占白酒组成的很少部分，却对白酒的品质与香型起着决定性作用。只有充分掌握文君酒里各种微量元素的相关数据，才可能调制出香味、口感俱佳的好酒。

为了能掌握文君酒微量元素组成，仅靠人工经验是不行的。在文君酒厂负责技术管理的副厂长谢明健带领下，文君酒厂开始尝试依靠现代科技手段来进行酒品检测。怎样才能比较快速、高效地检测出文君酒里的各种微量元素含量呢？谢明健在多方考察、了解的基础上，决定使用气相色谱

20世纪80年代，整个四川地区只有三家酒厂配备了气象色谱仪，分别是五粮液酒厂、全兴酒厂和文君酒厂。

仪来进行检测。然而在80年代，气相色谱仪可是非常宝贵和稀缺的仪器，一家县级企业是没有资格取得计划指标的。谢明健就带着人去成都找到省糖酒公司里的一位老熟人，求他帮忙。然而，对方却表示很难办，恐怕买不到。谢明健并没有灰心，一次一次到处找熟人、跑关系，并顺便送上一些文君酒。那个时候的文君酒很紧俏，一般人买不到。最后，通过省糖酒公司一位领导的协调，文君酒厂终于买回来了气相色谱仪。当时，整个四川地区只有两三家酒厂配备了气相色谱仪，而文君酒厂就是其中之一。有了色谱仪，谢明健带着技术人员对库房里的每一坛酒进行认真分析检测，记录下每一坛酒的微量元素组成等各种数据，并进行认真分析，总结出不同季节、不同窖池生产的白酒的微量元素的组成规律，检测酒里总醇、总酯、总醛、乙酸、乙酯等的含量及各种主要微量元素的占比值，力图从中找出提高文君酒品质的方法。到1984年，文君酒厂的技术人员已完成3000多份样酒的测试分析，积累了科学数据6000多条（件），为下一步使用计算机调酒打下了基础。

电脑调酒

用计算机辅助调酒，首先要解决的是购买计算机的问题。那个时候不

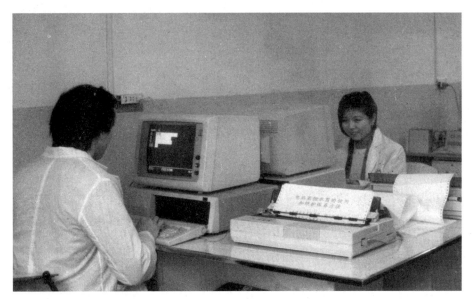

经过 2 至 3 分钟的计算，计算机就能给出一个最佳调配方案，告诉技术人员需要将哪些编号的酒坛内的酒进行勾调最为合适，通过连接的打印机，打印出调制清单，形成勾兑方案。

像现在，大街小巷到处是电脑商店，各种品牌、类型的计算机应有尽有，人人都能买，家家都配备。当年的计算机属于高科技产品，一般是国家有关机构进行科学研究的专用设备，作为商品售卖的几乎没有。为了搞到计算机，文君酒厂又到处托关系、找门路，最后在四川省电子计算机中心的帮助下，终于买到了计算机。

计算机买回来了，可是谁来操作呢？80 年代，计算机还是个稀罕玩意儿，很多人连见都没有见过，更不要说使用了。并且，那个时候的计算机操作比较复杂，不像今天使用的 windows 视窗操作系统，只需对着电脑屏幕，动动鼠标就可以操作各种程序，即便是大爷大妈也能玩得溜熟。文君酒厂当年买来的计算机使用的是 BASIC 语言，要用英文字母编辑一条一条的命令输入，才能使其工作。而且，计算机系统全是英文，没有一点英文基础的人，很难搞懂它。为了克服这个难题，厂里决定派一批年轻的技术人员到成都接受培训，学习计算机操作知识。同时，厂里还积极引进人才，曾经从西昌卫星发射中心招来了一名姓李的工程师。

为了让计算机在白酒勾调中充分发挥作用，提高酒品质量，谢明健组织厂里技术骨干，对前期收集的各项数据进行深入分析研究，明确了文君酒的各项主要技术指标，并将这一项项的指标编制成一套程序，输入到电脑中。在使用计算机调酒时，技术人员先将之前使用气相色谱仪检测的库房中每一坛酒的编号、等级、质量等数据存入计算机软盘，需要勾兑时，通过计算机调出软盘里的数据，然后再根据实际需要选择参加勾兑的坛号、总勾兑数量，计算机就会按照之前根据文君酒特性编制的程序，经过2至3分钟的计算，给出一个最佳调配方案，告诉技术人员需要将哪些编号的酒坛内的酒进行勾调，可以让酒里所含的各种"呈香呈味"微量元素比例达到最佳，并通过连接的打印机，打印出调制清单，形成勾兑方案。文君酒厂工作人员只需按照计算机给出的勾兑方案，把相应编号的各坛酒按照一定的数量组合到一起，就完成了文君白酒勾调的基础工作。

但是，机器不是万能的，机器永远不可能代替人，计算机调酒也有其局限性。通过计算机勾调出来的白酒，只是让酒里各种微量元素的配比达到了技术指标，满足了酒品的基本要求，但还不是最终的产品。为了让此款白酒的香味、口感等更加完美，还需要对这些酒进行更加精细的调配，这个过程就是调味。白酒调味是一门艺术，不能用冷冰冰的机器来完成的，必须由经验丰富的调酒师亲口品鉴计算机勾兑好的白酒，有针对性地添加调味酒等进行调味提升，让文君酒香味更浓郁、口感更爽滑、回味更绵长。

最终，经过计算机完成基础勾兑，再由调酒师运用传承百年的调酒工艺，对其进行进一步升华，一款融现代科技和传统工艺于一身的优质文君酒，就呈现在了消费者面前。

1984年，在四川省计算机中心的协助下，文君酒厂运用计算机对文君酒进行勾调，获得成功，并于1984年10月通过省级鉴定，正式投入运转。文君酒厂成为全国第一家使用计算机调酒的白酒生产厂家，成为行业内第一个吃螃蟹的人。

尽管使用计算机调酒有着明显的局限，但是好处还是显而易见的，不仅可以节省大量劳动力，极大地提高工作效率，让优质白酒的工厂化大批量生产成为可能；同时，通过计算机程序设定的各项技术指标进行调酒，保证了不同时间、不同批次产品的质量稳定，有利于提高优质白酒的品牌形象和市场美誉度。随着时间的推移，计算机调酒逐渐被大家接受，越来越多的全国知名白酒生产厂商选择使用计算机来进行辅助调酒，将现代科技融入传统的白酒酿造工艺，从而生产出质量更加稳定、品质更加优良的白酒。

文君酒主动退评及其他

江万军

邛酒，在拥有得天独厚的自然条件下，通过政府多年扶持推动和投资者的辛勤耕耘，形成了一定规模的基础产业集群和较为完善的产业链，从而使这一多指地域产品总称的特定产品——以邛崃为中心生产的原酒，赢得了业内人士和社会各界的广泛认同，成就了如今令人瞩目的基础产业。但作为产品名称的邛酒，却始终没有形成具有强大支撑能力，并引领邛酒产业发展的品牌。究其原因，可谓仁者见仁，智者见智。但邛酒缺乏知名品牌带动，则是基本共识。在邛酒产业和邛酒品牌形成与发展的关键时期，在机遇和挑战并存的重要时刻，有一些难忘的往事，今天追忆起来，或许能为邛酒的再度辉煌提供另类参考。

文君酒主动退评

1989 年 1 月 10 日，第五届全国白酒评酒会在安徽省合肥市举行，历时 10 天。评酒会期间，共收到各省、市、自治区推荐的省优或部优产品酒样 362 个，包括浓香型 198 个、酱香型 43 个、清香型 41 个、米香型 16 个、其他香型 64 个。

为开好这届评酒会，国家经济委员会印发了《关于进行 1988 年国家优质产品、国家优质食品评选工作的通知》[中经质（1988）117 号]，要求在评选中坚持"高标准、严要求、少而精、不照顾"的原则。中国食品工业协会也于 1988 年 4 月印发了《关于进行 1988 年国家优质食品评选工作的通知》[中食质〔1988〕31 号]，明确第五届白酒评酒会的目的：一是对第四届白酒评比荣获国家名优酒称号的产品进行复评，并对名优酒的降度酒进行名优酒称号的评比认定；二是进行各类香型的名优白酒评比，

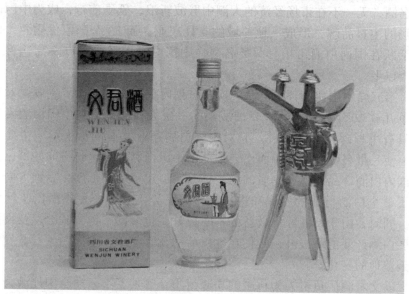

一斤和半斤装，葫芦瓶型，酒标为婀娜多姿文君画像的文君酒，是市面十分抢手的一个品种。1985年，文君酒荣获中华人民共和国商务部颁发的金爵奖。

包括高度（55度以下）、低度（40度以下）、不按度数分档次评比；三是对申报产品进行质量基础、规模效益、原材料消耗、"三废"处理等基本条件进行审查；四是分配各部门各地区酒品申报名额。

本届评酒会，国家有关部门的重视和参与程度，评委的产生方式、聘任人数，以及参评酒样等均创历届评酒会之最。

评酒会开幕后，评委们首先对上一届评选出的13种名酒、27种优质酒进行了复查，经两个组40余名评委品评复查，全部确认为合格；对155个新参赛的酒样，经56轮次的编组品评，最后决出金质奖4枚、银质奖26枚。湖南的武陵酒、河南的宝丰酒和宋河粮液以及四川的沱牌曲酒是新评出的金奖产品。自此，中国历届评酒会共产生金质奖17枚（国家名酒），银质奖53枚（国家优质酒）。

中华人民共和国成立至今，中国白酒产业形成了浓香、酱香、清香等十多种香型并存的局面，白酒、红酒、啤酒、果酒等多品种闪耀的辉煌成就。其中一个重要推手，就是国家组织的全国评酒会。而"每一届评酒会都对酒类的发展起到了积极的促进作用"（《中国酒经》）。时至今日，17个国家名酒，无一不在市场经济的大潮中劈波斩浪，砥砺前行，成为中国白酒市场的主打品牌，形成一地一域的支柱产业。而53个国家优质酒，也大多活跃在国内白酒市场。两类名酒在中国白酒市场的占有率高达百分之八十以上。

第五届中国白酒评酒会是一次具有划时代意义的盛会。它既是对我国改革开放10年来白酒行业发展成果的一次大检阅，又是中国白酒发展史上具有里程碑意义的事件。它对中国白酒产业发展的重大影响主要体现在：使一批名优品牌脱颖而出，推动了中国白酒向名优化方向发展；推动了国内白酒产品质量、品质的稳步提升，拟定了白酒低度化发展方向，促进了整个白酒行业的发展和进步；为国民经济和社会发展做出了巨大贡献。同时，由于行业经济效益的不断提升，也调动了地方政府以及投资者发展白酒产业的积极性，致使在这以后的几十年中，中国白酒行业发生了翻天覆地的变化。

以文君酒厂负责人为代表的邛崃组团，参加了第五届全国评酒会，送去了文君酒的主打产品参加评比。评委对上百个参评样品分组进行了多轮品鉴打分，文君酒在外观、香气、口感等感官品评方面均获得较好评价。当时参加评酒的四川评委也盛赞文君酒不仅有骄人的销售业绩、深厚的文

1988 年 10 月，外宾在文君酒厂参观。

化底蕴，而且在包装设计等方面都不错。除了原有的酒度、香型、卫生指标、理化指标等评价标准外，第五届评酒会新增的销售业绩、包装设计、文化内涵等评价内容。文君酒过关斩将，一路碾压对手，闯进了最后一轮评比的候选产品中。与此同时，邛崃组团获知了文君酒参评的进展情况，着实令全体成员兴奋不已，并很快把这一好消息电告了邛崃县委和县政府主要领导。评酒会计划 1 月 20 日结束，在接近尾声的一两天中，进入最后一轮评比的新增候选产品仅有 30 多个，其中也包含金奖和银奖产品（国家名酒、国家优质酒）。据四川省经委的一名参会人员说，第五届评酒会评出的进入最后一轮评比的金奖产品有 5 个（国家名酒），银奖产品有 30 个（国家优质酒）。

文君酒即将获得第五届全国评酒会金奖，成为新的国家名酒，这是参会的四川省、成都市、邛崃县以及众多同行的一致愿望。综合各种因素，文君酒斩获金奖似乎志在必得，或者是铁定的事情。须知，文君酒横比五粮液，后者虽被历届评酒会评为国家名酒，但在全国的知名度及其销售业绩上，却倍感文君酒的竞争压力。

　　自不待言，本届评酒会文君酒成为国家名酒，既符合原来拟定的评酒标准，也符合新增的评比条件，可以说，文君酒获评金奖是顺理成章之事。在评选结果尚未出台时，参加评酒会的邛崃组团成员，在评酒会最后的时日里，在文君酒冲金的关键时刻，却目睹了一些参评厂家和带队负责人四处打探情况，纷纷私下活动，不断与评酒专家拉关系、套近乎，与有关部委和牵头单位频繁接触的情况。也有一些兄弟厂家建议文君酒也主动出击一下，以免节外生枝。但邛崃组团对这些发生在评酒会期间的行为不屑一顾，甚而嗤之以鼻。当文君酒在倒数第二轮评比得分中并不占绝对优势的情况下，邛崃组团主要负责人仍自信地认为，文君酒参赛凭的是实力，讲的是口碑，其他动作完全不必。

　　1989年1月20日，第五届全国评酒会落下帷幕，但并未宣布评选的最终结果。文君酒参会小组成员回到邛崃，随即向县委、县政府汇报了参加第五届全国评酒会的详细情况，并将评酒会后期参赛厂家和带队负责人的所作所为，几无遗漏进行了说明，同时认为文君酒没必要去做那些事。

　　正当各方期盼第五届全国评酒会最终结果出台之时，却传来了文君酒有可能名落孙山的消息，这令许多人大吃一惊。一时之间，文君酒如何向全县，乃至全国消费者交代，成了文君人巨大的压力。经过深思熟虑，文君酒厂很快在国内主流媒体上发表了《要做人民心目中的金奖产品》一文。其文历数了文君酒的历史渊源、文化内涵、品牌品质、销售业绩以及国内国际知名度等情况，并把立志做人民心目中的金奖品牌作为文君人的责任，誓言以此回报消费者，对是否获得金奖（国家名酒）则不以为意。同时，文章还列举和批评了全国评酒会期间一些厂家的不当做法。最终，文君酒厂在文中向社会各界郑重宣布：退出第五届全国白酒评酒会。

　　"中华人民共和国成立以来，共进行过五届全国性评酒会，其间，由于行政机构变更，分别由不同主管部门负责组织。"（《中国酒经》）五届评酒会获得金奖的产品冠之以"国家名酒"称号，获得银奖的产品则称为"国家优质酒"。自第五届评酒会结束后，国家再没有组织过如此盛况的评酒会，也没有对部委牵头或行业协会组织的酒类评选获奖产品，授予"国家名酒""国家优质酒"称号。

　　遗憾的是，邛酒从此再也没有机会，使一个品牌进入国酒序列，成为享有"国家名酒"和"国家优质酒"殊荣的产品。

文君酒厂的改制

2000年，文君酒厂因经营不善，资不抵债，向邛崃市人民法院申请破产还债。为使文君酒这一当时知名度很高，但市场份额有待提升的产品能再现辉煌，文君酒厂选择了整体转让方式，以数千万元的代价让四川蓝剑集团接手。如此结合，双方的本意均为利用蓝剑集团的资金、市场及管理优势，迅速使文君酒风光重现。这一当时引起极大轰动的企业并购案，也赢得了社会的广泛赞誉。只是邛崃的部分酒企领军人物，曾联手若干本土企业意欲抱团挽留文君酒，但最终被蓝剑集团的综合实力胜过。

事与愿违的是，专注于啤酒产业的蓝剑集团，始终着力于啤酒的品牌打造和市场营销，不断提高其当家产品的产能、品质及市场占有率，在规模效益不断飙升的主营业务引领下，并未给予文君酒足够的重视。抑或是蓝剑集团的资本扩张要务使然，或是邛崃方的约定约束，在仅仅接手文君酒厂一年多时间，蓝剑集团便将文君酒厂62%的股权转让给了四川剑南春集团股份有限公司。喜忧参半的文君酒，不得不再入同行家门。

文君酒厂仅有数千吨原酒产能，其所产原酒曾一度运至四川绵竹剑南春酒厂，足见文君酒的市场销售也不容乐观。对此，中国酒业智库专家、白酒行业分析师蔡学飞认为，文君酒作为小众高端白酒品牌，与剑南春在资源方面存在一定冲突。剑南春属于全国性白酒品牌，而文君酒仍然处于边缘地位，在广告及人力资源投放等方面存在差异。

其时，国内高端白酒市场已基本形成以"茅、五、洋"为主的固化局面。剑南春这一处于中偏高端市场的品牌，意欲有所突破，仍困难重重，即使能让自己在中端领域打遍天下无敌手，那也并非易事。2000年后，中国白酒市场迎来了巨大变化，剑南春在风起云涌的激烈竞争中，终于实现了自己主营业务良性增长，但却留下了如何运作知名度如此之高的文君酒的难题。于是，正当外国公司欲进入中国白酒市场，四处寻觅路径渠道之时，2007年，剑南春与法国路易威登（LVMH集团）旗下的轩尼诗公司达成了股权转让协议。轩尼诗就此成为文君酒拥有百分之五十五股权的控股股东。这一收购，是剑南春欲让文君酒再现昔日辉煌、进入中国高端消费品行列所做的努力，而轩尼诗不仅寻得了一条进入中国白酒市场的路径，而且控股了高知名度的文君酒，实在是两相情愿。

接手文君酒后的轩尼诗，有鉴于自己创立国际高端奢侈品品牌的经验，誓言将文君酒做成中国第一奢侈名酒。在对文君酒进行了一番大刀阔斧的

轩尼诗打造的高端文君天弦酒。

改进，并融入偏于西化的设计理念后，推出了千元以上的文君酒，这是文君酒自具名以来，第一次有如此身价。站在云端之上的文君酒，确实光芒四射，令大家欢呼雀跃了一阵。遗憾的是，文君酒入市不久，无法平衡的运作成本和市场认可度，最终还是被拉下了云端。看来，轩尼诗有些水土不服，这一外资控股案例，曾被《新京报》记者王叔坤解读为"'由兴转衰'的食品收购案"。2017 年，事与愿违的剑南春又从轩尼诗手中收回了文君酒股权。

邛酒的现实处境

2008 年，四川省委主要领导提出打造"白酒金三角"概念，2010 年，省政府为了进一步促进川酒发展，提出打造"中国白酒金三角"战略规划，由川酒"六朵金花"（五粮液、剑南春、泸州老窖、沱牌、郎酒、水井坊）构成"中国白酒金三角"。2011 年，贵州知道四川酒业发展战略后，希望能塑造一个不分省际的国际著名区域品牌，将"中国白酒金三角"打造成世界最大的顶级白酒基地和中国最具特色的浓香、酱香型高端白酒生产基地。四川省社科院教授、著名学者李后强则认为，"中国白酒金三角"是世界白酒的顶峰、发祥地，是源泉、焦点、标杆和谷地，应将其上升为国家战略。而贵州大学食品工程学院院长助理黄永光认为，中国白酒至今没有真正的集聚产区，川酒、贵酒、苏酒、鲁酒、豫酒各领风骚，应将"中国白酒金三角"打造成中国白酒的"波尔多"。(《中国白酒金三角区域竞争力提升研究》)

四川、贵州两省的积极响应，拟定了"中国白酒金三角"的地域概念。核心区是泸州——宜宾——遵义，延伸区则包括成都、德阳、绵阳、遂宁，协作区包括巴中、内江和凉山等地。贵州境内的延伸区位于赤水河流域，包括贵阳、遵义。作为中国最大白酒原酒产区的邛崃，在成都辖域之内，自然也列入了"中国白酒金三角"的延伸区域范围。

在此大背景下，邛酒似乎又迎来振兴的希望。然而，"中国白酒金三角"核心区外的几个酒品都是全国知名品牌，而邛酒却没有类似的代表。研究和推进"中国白酒金三角"的产业发展，多数是名酒名企，甚至早在20多年前，《四川省工业良性发展对策研究》一书中提出：我省六家名酒企业市场需求的平均满足率不到50%，尚有很大的发展前景，应加大调整和扶持力度。其后至今，四川酒业的"六朵金花"一直是引领川酒发展的核心力量。而邛酒一路走来，究其起伏原因，主要还是品牌缺失。

让人欣慰的是，在《史记》《汉书》等历朝历代的众多史册，以及当代《中国酒经》《中国酒文化》等著述中，完全不乏邛酒的踪迹。与生俱来的邛酒文化内涵，几乎不需要刻意去挖掘，俯拾皆是。无论史载还是口传，这都与国内的一些名优酒品形成巨大反差，对比鲜明。那些通过宽泛的外延拼凑，甚至不惜牵强附会成就的酒文化内涵，与邛酒深厚的文化底蕴相比，高下立判。数千年来，邛酒已成为诗词、小说、戏剧以及雅俗生活中难以逾越的存在，它的涅槃重生值得期待。

优势互补　邛酒联姻四川男排

刘文

20世纪80年代初，邛崃被列为四川省三个先行先试的改革试点县之一。在大胆创业、多种经营、搞活经济的大环境和相关政策支持下，一批头脑灵活、敢想敢干的个体户脱颖而出，其中不乏"洗脚上田"打工、经商、办乡镇企业的农家子弟……于是，各种各样的社队企业、私人作坊如雨后春笋般出现在崃山大地，而其中大大小小的酒厂最多。

春泉酒厂就是不起眼的一个。

到了90年代中期，邛崃白酒原酒已经行销全国。春泉酒厂与山东秦池酒厂合作，为其大量供应优质原酒，借助鲁酒崛起的东风，迅速赚取了第一桶金，实现了资本原始积累和企业的跨越发展。短短几年间，春泉酒厂就从一个小小的酿酒作坊，成长为邛崃颇具实力的知名酿酒企业。

随着邛酒销售的地区不断增多，销售量越来越大，邛崃酒老板们在赚得盆满钵满的同时，也发现自己是在为别人做嫁衣裳：把邛崃生产的优质原酒以较为低廉的价格卖给全国各地的品牌酒企，结果让人家赚取高额利润，自己只得小头。

大家开始反思实行已久的经营策略，以春泉、临邛、古川等为代表的一部分实力较强的邛酒企业因此走上自创品牌的道路。然而，自创品牌并非易事，培育期的费用动辄上千万。但为了创建自己的品牌，这些企业还是以"开弓没有回头箭"的勇气，义无反顾地在品牌开发上进行大手笔投入，有些厂家用在品牌建设上的资金高达四五千万元。

但"酒好也怕巷子深"，怎样才能快速打响自己的品牌？邛崃酒企的当家者为此绞尽脑汁，各有各的套路，各想各的办法。有的投放大笔资金

1998年9月9日，四川春泉酒业集团排球俱乐部成立暨签字仪式在成都举行。

到电视、报纸上打广告；有的带着自己开发的瓶装酒，在全国各地跑市场，一场一场地参加名目繁多的糖酒会、展销会、推介会；有的酒厂甚至用最原始的宣传方式，到处拉横幅、粘贴小广告……但也有部分企业不走寻常路，采取了一些博人眼球的高招和奇招。春泉酒厂想到了与体育联姻，一度倾资数百万元冠名四川男排，至今仍被传为美谈。

1998年3月，成都糖酒会正热热闹闹地举行。看着别人的品牌酒订单不断，行销全国，春泉集团也在苦苦思索如何让自己的"春泉"被大众认识、认可。

机缘巧合，春泉集团负责销售的副总经理，偶然间结识了时任国家男子排球队主教练汪嘉伟。闲聊中，说到中国排球联赛虽然办得风风光光，受到全国球迷的追捧，但由于职业体育还处于起步阶段，大多数球队尚未开启商业化运作模式，一些球队甚至饱受资金困扰，运营得比较艰难，就连全国排坛劲旅——四川男排也面临着这样的问题。从90年代以来，四川男排一直为我国排坛的一支传统强队。1990年获甲A第二名、1991年获甲A冠军、1992年获甲A第五名、1993年获七运会亚军、1994年获

四川春泉酒业俱乐部在竞技赛场上的巨大成功，让"春泉"品牌逐渐为全国消费所熟知。

甲 A 第二名、1995 年获甲 A 冠军，在 1996~1997 度首届主客场制全国联赛中以全胜佳绩夺冠，1997 获得八运会冠军，并再次夺得 1997~1998 全国排球联赛冠军。当时的四川男排可谓人才济济，拥有张翔、张利明、朱刚、周建安 4 名国手，在中国排坛具有较大影响力。尽管如此，因属于体制内，束缚了四川男排进一步发展壮大的手脚。为适应全国排球联赛的需要，四川省体委、省运动技术学院均有意尝试对四川男排进行商业化运作，却苦于找不到合适的、有实力的合作企业。

从国家男排主教练汪嘉伟处了解到这个信息后，春泉集团管理层敏锐地意识到，这是一个好机会。

经过考察了解，春泉集团掌门人刘春明果断决定：赞助四川男排，组建四川男子排球俱乐部参加全国排球联赛。负责此项工作的团队迅速行动，通过国家男排主教练汪嘉伟联系上著名女排国手、时任四川省体委副主任朱玲，进而与四川省运动技术学院进行了接触，双方一拍即合，很快磋商了合作意向。经过反复考察、谈判，最终达成一致协议：共同组建四川春泉酒业集团排球俱乐部；俱乐部的最高权力机构是董事会，董事长、

俱乐部组织四川男排队员到春泉酒厂参观。

俱乐部法人代表由刘春明担任，常务副董事长由四川省体委副主任朱玲担任，聘请魏则徐为总经理；春泉集团每年向俱乐部注资 300 万元；俱乐部所属排球队代表四川参加各级比赛时，均以"四川春泉酒业"为队名，队员训练、比赛等应穿着印有"春泉"字样的运动服。1998 年 9 月 9 日，四川春泉酒业集团排球俱乐部成立暨签字仪式在成都举行，时任四川省人大常委会副主任钮小明、四川省体委副主任朱玲等领导，国家男子排球队主教练汪嘉伟、四川男排全体队员参加了签字仪式，春泉集团董事长刘春明、四川省运动技术学院院长肖阳忠分别在合作协议书上签字。中央、省、成都市各级媒体对成立仪式进行了报道。

于是，在 1998~1999 年全国男子排球联赛赛场上，四川男排胸前广告上那为人熟悉的"雄起"标识被"春泉"所取代。

为了支持俱乐部发展，给男排健儿创造好的训练比赛条件，春泉集团除每年向俱乐部注资 300 万元，还为俱乐部提供两辆 24 座依维柯客车，供俱乐部队员训练比赛以及其他工作人员使用；另外，春泉集团同时负担球队训练比赛产生的交通、住宿、生活补贴以及各种津贴等，每月的费用支出在 20 万元以上；同时，俱乐部还成立了啦啦队，组织球迷随队到全国各地为四川男排队员加油助威。

当球队在成都主场参加比赛时，春泉集团更是积极组织公司员工和管理人员前往观战助威。每当听说自己的球队将在成都体育馆进行比赛，春泉集团上上下下便异常兴奋，除了生产车间的一线工人外，其他几乎倾巢出动，到成都观看比赛，争先恐后去当啦啦队员。有的开着小轿车，有的开着面包车，更多人则乘坐公司的大巴，一路浩浩荡荡开向成都体育馆。赛场上，周建安、张翔、张利民等排球队员穿着印有"春泉"字样的球服不停奔跑、跳跃、扣杀，气势如虹，比分一路领先；看台上，球迷们拉起醒目的大横幅，高声为队员呐喊助威，给自己的球队扎起。

在球队训练、比赛间隙，俱乐部还几次组织队员到春泉酒厂参观，与公司职工座谈交流，让队员们加深对公司的了解，增进队员与公司之间的感情。同时，作为全国的明星球队，四川男排的每一次活动，都会被随行的记者通过各种媒体发送到全国，人们在关注四川男排的同时，也慢慢认识了春泉。

在春泉集团全力支持下，以张翔、张利明、朱刚、周建安为代表的全体队员团结一心，一路奋力拼杀，过关斩将，最终获得了 1998~1999 年全国排球联赛冠军，成就了四川男排五连冠的辉煌业绩。球员们高高举起的冠军金杯与胸前的春泉标志交相辉映、互为烘托。四川春泉酒业俱乐部也同时成为四川体育的一面旗帜。

四川春泉酒业俱乐部在竞技赛场上的巨大成功，让"春泉"品牌逐渐为全国消费者所熟知，公司的知名度、美誉度有了很大提升，品牌发展也走上了正轨。从一个小酒厂成长为以酒业为主、多元并重的民营企业集团，春泉多次被四川省、成都市授予四川省先进企业、纳税 500 强企业、纳税大户、光彩之星、重合同守信用企业等荣誉称号。公司还被国家工商总局评为全国守信用企业，被中国农业部评为农业产业化重点龙头企业，被邛崃市人民政府列为挂牌保护的重点骨干企业。春泉商标被四川省工商行政管理局评定为四川省著名商标，春泉系列产品被中国绿色食品发展中心评为绿色食品。

从烤酒工到酒具收藏者

金成梦

改革开放后，邛崃很多乡镇开始大办社队企业。我家所在的南河乡十一大队，属邛崃山脉浅丘地带，"晴天一身灰，雨天一身泥"是当时农村生活的真实写照。穷则思变，20世纪80年代中期，为了改变贫困面貌，在南河乡党委政府支持下，十一大队从南河信用社贷款12万元，修建了酒厂，取名为邛崃县曲酒二厂五分厂。大队党支部书记任厂长，我的父亲作为大队会计兼任酒厂会计。酒厂招收的十多个烤酒工人全是本地壮劳力，送到位于土地坡的邛崃县曲酒二厂集训后，分成两个小组，开始白天黑夜轮番装窖。

酒厂竣工后，大队贷款已所剩无几，装窖所需的酒糟粮食均由曲酒二厂提供。等到酒烤出来，曲酒二厂便派车拉回去，除去酒糟粮食款，再补余款。新挖窖池出酒率低，工人酿酒技术差，几个干部又不善管理，致使酒厂一直负债经营。那时我在南河中学读书，放学路过酒厂，进去找父亲也顺便看看工人烤酒。学着师傅们的样子，用中指沾着酒坛里的酒滴进嘴里尝尝，算是对白酒最早的接触。

1986年中学毕业后，我外出打工，学过木匠、泥瓦匠，做过茶，当过码头搬运工等，先后接触几十个不同工种。1990年从贵阳回家，父亲准备让我去酒厂上班，母亲却怕我吃不消，坚决反对，我便随姐夫走村串户修建房屋。1991年春，曲酒二厂五分厂终因经营不善，被迫停产。经人介绍，队办酒厂被君平乡做酒生意的彭天生承包，大队用承包费来偿还信用社贷款利息。酒厂承包出去后，父亲和彭老板谈妥，让我进酒厂当烤酒工。

烤酒是个力气活，和糟、上甑、蒸馏、晾糟、入窖、封窖等等，每道工序都很繁重。

　　烤酒是个力气活，和糟、上甑、蒸馏、晾糟、入窖、封窖等等，每道工序都很繁重。下班还要做田地里的农活，春种秋收一样不落下。由于勤学苦练，几个月后，我就学会了酿酒的每道工序。有一天，负责烧火蒸馏的工人生病，组长让我临时接上蒸馏工的活。那天烤的是"丢糟"——酒糟蒸馏出酒后不再利用，直接卖给农户作养猪的饲料。按照常规操作，装甑盖顶，添加炭火，我就坐在桶边静候出酒。

　　酒流出来后，我习惯性用手指沾了酒放进嘴里，虽说只有几滴，一股麻麻的味道却迅速刺激味蕾，随即传遍全身。难道烤出了传说中的"麻酒"？我大喊一声，整个班组的工人全都涌过来，把酒桶围了个严严实实。大家挨个品尝，连连感叹运气好，烤出了百窖难得一遇的麻酒。但对啥叫"麻酒"，很多专家都不清楚原理，工人更不用说了。就连经常给我们讲课的曲酒二厂、文君酒厂老厂长金广松，也道不出个所以然，只听他提起过，麻酒很不容易遇到，非常珍贵。组长是老板侄儿，脑子灵活，他提议：请老板让每个工人买十斤麻酒回去，逢年过节用来招待客人。酒钱在工资里

汉代高足酒杯。

扣，不用付现金。大家一致同意了这个方案。

　　那个丢糟窖烤了六甑，得300来斤麻酒。老板也是爽快人，照平时的价钱卖给我们每人十斤麻酒。那天夜里，我突然想到江浙一带人家，凡生女儿，会买上一坛好酒埋到地下，等女儿出嫁时再取出来，名"女儿红"。我女儿尚小，正好可以准备，等她长大出嫁时，拿来招待客人。第二天一大早，我就到厂里找到老板，好说歹说，他最终同意再卖30斤麻酒给我。我十分高兴地把酒拿回家，40斤麻酒一起装入一个祖传陶罐，密封后埋在院角落的桂花树下。烤到麻酒的消息不胫而走，很多商家闻讯赶来，争相购买，连烤酒工人手中的麻酒也被厂里高价追回。1999年秋，我在老家修建的四合院竣工，操办酒席时，毅然将尘封多年的40斤麻酒挖出来招待四方宾客。喝过麻酒的朋友后来回忆，那坛老麻酒才算得上真正的好酒，浓厚醇香中带有淡淡的麻味儿，让人欲罢不能！

　　1992年秋，同组远房嫂子上门游说，让我去她姐夫的云芳酒厂烤酒，按每甑结算工资，可以多挣些工钱。我动心了，经过一个星期考虑，同侄儿、一个堂哥去了邛崃北门拱辰路口的云芳酒厂。酒厂老板毛国志待人热情，说话做事雷厉风行。云芳酒厂规模不大，只有二三十个窖池，我们五个人一组，每天烤一个窖。由于经常加夜班，毛老板时不时去集市买回两三斤猪肉，让我们加餐。忙到半夜，等最后一甑酒糟装完，留下堂哥烧火蒸馏，高老三去上灶切肉，我们趁黑摸出门。周围都是菜地，顺手扯些白菜、花菜、萝卜等回到酒厂，择菜、炒菜，各司其职，一顿火锅很快就好。堂哥早接了满满一瓜瓢刚流出来的热酒，几人围坐一地，无须酒杯，瓜瓢轮流转，一人一口热酒，一口热菜，真是爽快！瓜瓢转了个圈，里面的酒所剩无几，堂哥又去舀来满满一瓢接着喝。寒冷的冬夜，欢声笑语在寂静中传得好远。

即使是私人小酒厂，毛老板对酒的质量也非常重视，烤出的好酒被他全部收藏起来，为勾兑瓶装酒作打算。见我做事仔细认真，吃苦耐劳，他开始带我到库房教我勾兑酒。据现在收藏酒的专家讲，1993 年是邛崃瓶装酒的分界线，此前的瓶装酒均用好酒勾兑。也就是说，我正好赶上这个特殊时节。除了烤酒，还学习勾兑，吃住都在云芳酒厂。

1994 年初，承包曲酒二厂五分厂的彭老板买下十一大队（已改名土陶村）拐子塘旁一座废弃的坛罐窑，并将其改建成南泉酒厂。他承包的曲酒二厂五分厂则由村委会出面，转卖给金烧房创始人、酿酒专家金广松，酒厂更名为汇利来酒厂。金广松利用金氏祖传秘方，酿制金烧坊瓶装酒。土陶村村委会则用酒厂所卖款项归还南河信用社贷款。彭天生新建的南泉酒厂规模较大。他在装窖烤酒的同时，开始招收培训工人，并用自家厂生产的原酒瓶装南泉牌系列产品，一度远销山东、河南等地。

我在云芳酒厂烤酒时，临邛酒厂厂长王泽民在邛崃西门外长腰山修建新的临邛酒厂。我舅舅陈启兴被王泽民聘为第一车间主任。不久，表哥肖怀孟也被临邛酒厂聘为第二车间主任。他们极力劝说我去临邛酒厂发展，最终，我离开云芳酒厂，去表哥的第二车间当了名烤酒工。临邛酒厂两个新建车间所招的烤酒工，全是当地新人。我手把手教他们烤酒的每道工序。为作表率，车间所有脏活累活我都抢着干。一个月后，我当了组长，组里出酒率超过所有班组。

本组负责烧火蒸馏的矮个小伙是当地人，常把家里的生胡豆揣到酒厂，利用蒸馏空闲，从房上揭来瓦片，将胡豆摊放其上不停翻炒，炒熟后装到饭盒里。还有值得一说的烧洋芋，三两个一组放在炉门位置，时不时翻捡，防止烤焦。烤熟了再换一组。当然，这种事情都由负责蒸馏的工人完成。

大全烧房的酒瓶为土陶，属金窑制品，梅瓶形状，施青白釉，瓶身有竖行青花文"邛崃大全烧房"字样。

我们忙完酒糟晾晒入窖，洋芋也就烤好，皮焦里嫩，清香无比。腾出空闲，几个组员背靠烟囱，每人面前石板上摆几个烧洋芋，一把炒胡豆，瓜瓢里刚接的热酒也是轮流转着喝。炒胡豆的脆响、烧洋芋的清香，大口哑巴酒的声响，这种方式，是我们班组最好的聚会。

临邛酒厂的散酒在山东等地打开市场后，每天停在厂门外等着拉酒的罐车有二三十辆，酿酒车间开始扩建。负责生产的孙厂长专门召集酿酒车间的组长开会，鼓励我们烤质量酒。作为烤酒工，得知自己酿出的酒远销外省，内心说不出的高兴。在舅舅指导下，我开始研究质量酒，通过品酒，对酒有了进一步的认知。如果按这样的生活轨迹走下去，我一定会成为一名优秀的酿酒师。没想到，一件事彻底改变了我以后的道路。那是酒厂新扩建车间挖窖池时，挖土方的工人发现了一件40多公分高，长颈大肚、满身绿锈的青铜器，和着泥巴一起倒在酒厂里的草坡上，被我撞见。捡回车间下班后带回了家，再通过中间人介绍，找了个懂行的老头看了，说是西汉的酒具，叫蒜头瓶。这件青铜酒具在我家搁了两个月，由于生活紧巴，经人介绍，转让给了成都一位专门收藏酒具的行家。

喜欢历史的我，开始利用业余时间，在临邛酒厂周围村庄搜寻古物，渐渐有了收获。后来，不顾舅舅和孙厂长的一再挽留，我离开了临邛酒厂，开始走村串户收古玩的生涯。出于对酒的偏爱，在收藏过程中，遇到和邛酒有关的酒具，如唐宋时期邛窑生产的邛三彩酒壶、高足杯、鹦鹉含花杯等，清代民国时期邛崃酒作坊生产的大全烧房、裕墙烧房等酒瓶，我都会珍藏起来。2003年10月15日，成都《天府早报》以一个整版，并用《我为酒狂》为题刊登了我收藏酒具的故事。

说到大全烧房，还有一段小插曲。1995年夏，平乐古镇有个专门摆摊设点的古玩商，与我聊天时，提到道佐山上有家人藏着两瓶老酒，酒瓶好像是土陶做的。我顿时来了兴趣，在我的请求下，他骑摩托车载我上山。走了一个多小时山路，终于在一座四合院里见到了一个特大号老酒瓶，估计能装五斤酒。瓶子是土陶，属金窑制品，梅瓶形状，施青白釉，瓶身有竖行青花文:邛崃大全烧房。这大全烧房便是文君酒厂的前身。主人介绍，酒瓶原有一对，祖上传下来就是空瓶，自己用它来装玉米酒，瓶口用玉米芯塞住，密封性相当好。经过一番周折，主人把大全烧房酒瓶转让给了我。问及另一个酒瓶去向，主人说女婿装酒带到浙江去了。我嘱咐老人家，叫女婿一定将酒瓶带回来。很多年过去了，我对那只酒瓶依旧念念不忘。前年，我从老人处要来他女婿地址，带着一箱临邛酒亲赴浙江，终于将大全烧房的酒瓶带回了邛崃，了却了一桩心事。

2016年春，我应邀去成都一位收藏家家里作客。他的收藏以邛窑为主，其中不乏唐宋时期酒壶、酒杯、酒罐等，藏品上千件，令人叹为观止。中午吃饭时，收藏家打开酒柜拿出一瓶收藏多年的文君酒，请藏友们喝。文君酒酒色微微发黄，已挥发了一些。见我吃惊的样子，藏家说用来勾纯粮酒提味，入口醇香，回味绵长。大家一边喝酒，一边讲卓文君和司马相如的爱情故事，这顿饭吃得非常尽兴。收藏界朋友嘱咐我回邛崃一定帮他们多收购几瓶文君老酒。

我开始了邛酒的寻觅之旅。此时，作为邛酒的产地，20世纪八九十年代生产的崃山二曲也是一瓶难寻，何况名满西川的文君酒。我在收藏圈中经过努力，收到十几瓶（半斤装）的铁瓶盖文君酒，并将收到的文君酒带到成都，被藏家们一抢而空。渔桥经营烟酒生意的刘哥和我喝酒时道出一个关于文君酒的故事：一天中午，一个60来岁的男子在他店里买烟，看到摆在样品架上的一瓶老文君酒，不停游说他转让。刘哥随口开个很高的价，没想男子二话不说，立马成交后拧开瓶盖，连喝几口才说："当年老子没钱喝文君酒，今天过瘾！"

在邛崃古玩市场，我也亲眼看见曾在四川省文物商店当总经理的古元忠老师，在于大爷的摊位上买到一瓶半斤装的文君老酒，二话不说，一把拧开瓶盖，仰头闭上眼睛猛灌两口，连声称赞后才付钱。随着时间的推移，人们对文君酒的怀旧情绪越来越强烈，丰盛佳肴一上桌，人们便免不了对文君酒的念想。"一曲凤求凰，千载文君酒"的吟唱，早已在临邛人的心底打上了深深烙印。

文丛

邛酒风云

李沚

　　人们擘画邛崃未来蓝图，往往会提到再现"临邛自古称繁庶，天府南来第一州"的辉煌。这时候，人们会去回望邛崃昔日的荣光，而邛酒的光辉岁月也就会浮现出来。

　　《史记》关于"文君当垆，相如涤器"的记载，也许是我们目前能够查到的有关邛酒的最早文字。1985 年，邛崃出土了刻着酿酒图案的汉代画像砖，也为邛酒的悠久历史提供了最确凿的物证。临邛古城在西汉时期的繁华离不开邛酒的支撑。自古诗人例到蜀，从杜甫、韦庄、李商隐到陆游，很多文人墨客为邛酒留下过"醉"美的诗篇，"酒肆人间世，琴台日暮云""翠娥争劝临邛酒，纤纤手，拂面垂丝柳""君到临邛问酒垆，近来还有长卿无""一樽尚有临邛酒，却为无忧得细倾"……这些诗篇至今见证着邛酒的辉煌。

　　敢为天下先的邛崃人，很会从厚重的历史中汲取营养，他们以"当垆卖酒"的历史典故为依托，酿出了一杯杯好酒，让邛酒一度成为邛崃的支柱产业。我年轻时并不喝酒，感受不到邛酒的美好，也体会不到邛酒产业的繁荣，只是偶尔听过专业人士分析，邛酒曾经贡献了邛崃生产总值的一半，文君酒曾经贡献了邛崃财政收入的一半。我没有去考证过这些结论，但它们从一个侧面反映了邛酒的光辉。在以邛酒为基酒的秦池竞得中央电视台"标王"的那年，业界还流传过"邛酒滚滚入秦池""山东的瓶，邛崃的酒"之说；甚至还有人说，那些年开往省外的列车，经常有整节车厢装满邛崃白酒的时候。其时，邛崃大小酒厂有上千家之多，很多外地人盛赞，只要一踏入邛崃地界，就能会闻到浓烈的酒香，用"一座浸泡在酒

邛崃曾经有大小酒厂上千家之多，很多外地人盛赞，只要一踏入邛崃地界，就能闻到浓烈的酒香。

香里的城市"来形容邛崃一点也不为过。民间更有夸张的提醒,"到邛崃千万别在户外点燃火柴,因为空气中弥漫着酒精"。在邛酒的黄金时代,大多数邛崃人的收入都跟白酒有关,很多人因此一夜暴富,开起了名牌汽车,连车牌号都是最好的。

我接触邛酒始于从学校考入宣传部门的时候。那年邛崃刚举办过邛酒神州行活动,中国食品工业协会专门为邛崃授予了"中国最大白酒原酒基地"金字招牌。第二年,全国糖酒会移师西安,善于开拓的邛崃人乘势而为,策划举办"包机卖酒"活动,酒企老总的豪车车队在成都主要干线绕行一周后,浩浩荡荡开往双流机场,实在是拉风得很。可是好景不长,随着白酒税收政策调整,八项规定出台,白酒的暴利时代很快结束,邛崃白酒陷入低谷时期,一些酒企纷纷转产。紧跟着,焦点访谈一则《不明不白的白酒》报道虽然备受争议,但还是让邛酒产业再起波澜。这时候,邛酒人开始了反思,未来邛酒该往何处去?

邛酒人曾经并不满足于为他人作嫁衣裳,他们也要做出自己的品牌。我刚进入宣传部门的时候,正是邛酒的辉煌时期。除了老字号的文君酒厂,还有民营经济领域新兴的临邛集团、春泉集团、川池集团、古川集团、龙井集团、渔樵集团等等,他们试图打响各自的品牌,却发现品牌之路并不好走。如今,这些一度叫得很响的酒业巨贾,有的已经式微,有的还在坚持,有的正在壮大,几家欢乐几家愁。

邛酒人一直在探索品牌制造。曾几何时,文君酒就是全国响当当的品牌。"一曲凤求凰,千载文君酒"。只要回望邛酒发展之路,文君酒都是绕不开的话题,它的兴衰曾经关系着邛酒乃至邛崃经济的发展。大四那年,我回到邛崃实习,认识了一个在文君酒厂当保安的老乡。对于像我这样从穷乡僻壤走出来的人来说,在文君酒厂工作是何其自豪。从明朝万历年间的那个窖池开始,文君酒厂的前身,早在20世纪30年代就酿出了"赛茅台"的美誉。在鼎盛时期,文君酒从省优部优,到巴黎国际食品博览会金奖,一路荣光,一度与今天名列前茅的四川名酒们比肩。有人至今还珍藏着一张中南海关于调配邛崃文君酒的公函,可以想象当时的文君酒是怎样的一瓶难求,即使邛崃人也不是想买就能买的。然而,我那位老乡不久就下岗了,这是文君酒厂一次次改制重构的必然结果。文君人跟他们引以为自豪的酒厂一样,迎来了多舛的命运。有人把文君酒的沉浮归结于错过了某次全国名酒的评选,也有人认为是计划经济体制拖垮了文君酒,可谓众说纷纭。文君酒厂从国营企业到被蓝剑收购，随后转给剑南春，还经历了轩尼诗的入主和退出，最后又由剑南春独家经营。普通老百姓不明就里，却时常因为文君酒还算不算邛崃人的酒而困惑。邛崃人都有一种文君酒情结，毕竟它曾经是邛崃人的骄傲，给邛崃人带来过很多美好的回忆。在亲历或者见证文君酒的起起落落之后，很多邛崃人提起文君酒乃至邛酒，总是如鲠在喉，欲说还休。

回望邛酒的发展历程，不抛弃、不放弃，一直是勤劳勇敢的邛崃人的本性使然，邛酒重振雄风之举从来就没有停止过。企业在探索，政府也在探索。从名酒工业园区的规划建设到中国原酒之乡、国家地理标志产品的成功申报，从菁蓉酒谷的创新时代到天府酒庄的酒旅融合时代，从邛酒集团的组建到成都酒业集团的诞生，邛崃人一次次踏上历史的新征程。一代人有一代人的使命，今天的邛酒人接过传递两千年的接力棒，立足国家中心城市成都产区的全新定位，助推产业链垂直整合，生态圈集群发展，以打造中国白酒纯粮品质典范区、酒业品牌活力区、白酒创新策源区、酒旅融合示范区为目标追求，努力再现曾经的辉煌。这不只是邛酒人的梦，也是所有邛崃人的梦。

源窝子酒庄行

陈瑞生

　　还在邛崃城郊竹溪湖畔时，源窝子酒庄已声名在外。源窝子酒庄迁往气候更适宜、地界更广阔的天台山下，并成为以邛酒文化为主题、沉浸式农旅融合逍遥乡村游范本后，我几次动念前去看看，都因杂事迁延。霜降不久的一个周六，行程终于定下来。吃过早餐，我们兴致盎然驱车前往目的地。

　　位于高河镇，傍依文井江，不设围墙、也未置大门的开放式酒庄，有一种怎么进入都可以的通透与大方。廊桥，亭台，民宿，作坊……散点式分布在山地缓坡上，清朗洒然。初冬朔风渐劲，刚裹了裹衣领，就见庄主张波从远远的红砂石踏道健步走来，一袭中长灰褐薄棉袄，给竹树那么一衬，仿佛明代画家沈周《东庄图册》里的人物。他先同我们在高处赏景，眺远，望气，再参观内容丰富的陈列馆。酿造车间外，五谷样本按比例标注，将高粱之香、大米之净、糯米之绵、小麦之劲、玉米之甜直观化，使明明白白酿好酒的宗旨一目了然。凸起的窖池，石砖铺装的地坪，得心应手的师傅，被茫茫水气包围，次第呈现蒸煮、发酵、蒸馏等流程。那天运气好，刚巧碰到出新酒。竹筒舀在杯子里，一入喉，六十多度纯粮液，顿时亮出烧酒难掩的尖锐。

　　森林储酒，是源窝子一大特色。跟随接待周到的里手深入天然净地，几千土黄陶坛渊默如伏兵，错落分层、井然有序伫立树丛，也像幽居的高士，不动声色给烟云供养着。这种富氧呼吸的本体关照，巧夺天人共酿之造化。有的坛沿依附着姓氏各异的铭牌，日月既多，至少十载，那是爱家定制并封存的一份期待。而祭酒灵台供奉的，则是崖边一块酷似神君的巨

源窝子酿造车间。

石，木质牌坊悬挂的楹联道出了醉翁之意："在天寻酒三千年；游地酒神不还家。"紧邻的法式品鉴区，泉亭长桌虚位以待，一落座，每人面前就整齐排放几个玻璃小杯，分别斟上不同度数、不同年份、不同档次的源窝子，观察，晃动，深嗅……行家一面示范一面打比方，左援右引的形容屡屡叫人惊叹。纳头启唇，放纵遐思，老味打舌尖出发，或自由散漫滑行台面，或整齐划一穿过拐角，在舌底回旋，并往舌根逼近，热辣辣的过客扬此抑彼，使舌头厚笃笃的。续上一口，滋味摇曳多姿，倏忽青梅竹马，蓦然比翼齐飞。一滴一世界，仪式感掂量的类别逐个调换，在嘴巴里萌动、招摇与舒展的，设若婉转细匀的高古游丝，虚拟的形象变幻莫测，顷刻穿金戴银，转瞬又素面朝天，音容、体态和骨骼出入化境，妙处难与君说。曲水流闪映带，松风践约吹送，沾惹点隐语又何妨，宾至如归的互动只觉得绵绵珍重。

中午在酒庄带玻璃天窗的阳光餐厅吃生态火锅，喝老熟源窝子。服务员全从当地挑选且严格培训，食材更秉持绿色健康、新鲜可口原则。遵循低碳环保理念的构造、功能乃至摆设，处处印证主人良苦用心，一如行业

森林储酒。

转型期的探索。就着高怀谈愿景，张波的个性表达，说起来又是一本正经。诸如中国式白酒酒庄的精神谱系或文化定位，以及重塑、新形态、回到本源与持续进步等，归根结底在传承。同时，把握体验经济时代的需求特征，让消费者充分感受慢生活的惬意，乐而忘返……尽管是浅酌，但劲道仍立在舌中央，恰似过意不去的桥段，世俗的活力全在上面。异香发散中，举棋不定的味蕾，烟火气与雪月花交替升降，纷繁复杂得有如高级色彩灰。内里边的灿烂，和合了一份耿介在齿颊舞蹈，簇拥着薄荷清凉的嫩甜。何谓价值光阴，烦恼的良友？若有所悟再啜一口。

　　饭后，到悬挂"有朋自远方来"匾额的唤心阁喝工夫茶，隔着落地玻璃窗纵览莲花山，岚雾氤氲，空谷浩然，一派龙脉之相。融川西民居与现代建筑风格于一体的民宿，出自台湾设计团队手笔，原木，原点，原乡，丰厚的内涵成为康养伏笔。粉墙黛瓦，根据金木水火土五行布局的留客空间，很有古诗十九首的氛围和元阳之气。周遭丛莽满眼绿，人因此变得飘逸，忍不住融入审美分寸。目击体悟终究投缘，游道旁的短墙上点缀着寄慨遥深的话语，大片有机原料种植田生长着五谷杂粮，闪挪的步幅自我抬

法式品鉴。

举，燕闲知足抵达受用。侧耳聆听，鸟鸣几近清歌，不由自主的异调，尽可以是红尘妙闲的低语。仰仗源窝子的后劲或余韵，许多感念联翩涌现，走神瞬间，幼齿的无忧与成年的奔竞在眼前重叠。韶光似锦当初，飘萍转絮江湖，都交付给醒世通言，并谨记杜甫的名句——"细推物理须行乐"。疲惫之时皈依朴素，在久违的从容里歇歇脚，改改地缘俗务系统。知进退，识去就，白云苍狗，谁管盛事蹉跎不蹉跎。

是这样的天空、大地和山河，造就这样的场域良辰难逢。流水落花日子外，最该在这样的地方释怀跳脱，生产、游赏体贴出来的品级所幸如此，一任酣恣兑换欢愉，入骨的快意延伸广度。有道是："庄内飞觞得闲过，山外劳碌岁月催。"于是打算，不再与往事斤斤计较，哪怕记忆迎对唐突，补丁打得再多，也难免漏洞百出。好歹都是一辈子，既有酒肉穿肠的迷醉，又有人事交织的蕴藉，看得开即为常性，咋能忙完此生再说。

邛酒是一场生活诗学

席永君

文君酒、古川酒：金花绽放

这是秋天，酿造浓香型白酒必备的五种粮食——大米、糯米、高粱、玉米、小麦——已先后从辽阔而自由的田野回到戒备森严的粮仓。它们知道将和人类中的酿酒师一道，在水的激励下，参与神秘而伟大的创造，于是一个个严于律己，整装待发。这是我能想到的最壮丽的秋天的景象。这样的景象，每年秋天我都看在眼里，暖在心上。这样的景象，每年秋天都会给我的想象力插上翅膀。必须承认，在林林总总的手工劳动中，从粮食到酒的过程，比茶叶到茶的过程更神奇、更秘幻、更浪漫，也更激动人心。

此时，秋风为我打开《史记》，这古往今来伟大的史书，不仅散发着中国上古时代豪迈的英雄气息，散发着中国人的智慧，中国人的家国情怀、爱恨情仇，同时还散发出历久弥新的醇厚酒香。这酒不是别的，正是产自天府之国邛崃的文君酒。"相如与俱之临邛，尽卖其车骑，买一酒舍酤酒，而令文君当垆。相如身自着犊鼻裈，与保庸杂作，涤器于市中。"（《史记·司马相如列传》）可以说，《史记》是文君酒这一天府名酒的文化基因，文君酒的全部灵感皆来自《史记》。"何以解忧，唯有杜康。"（曹操《短歌行》）如果说杜康是中国白酒的代名词，那么，被司马迁浓墨重彩写进《史记》的司马相如与卓文君的浪漫爱情故事和"文君当垆,相如涤器"的酒故事，并进而演绎出的文君酒，便是中国文化酒的代名词。因为司马迁的书写，中国文学史上一个"少时好读书，学击剑，故其亲名之曰犬子"，后因仰慕完璧归赵的蔺相如而更名为"司马相如"的赋圣，与才貌双绝的临邛才女卓文君将联袂为中国酒文化开辟出一条月色阑珊的浪漫之路。"一曲凤

2013年3月27日，国家质检总局及中国轻工业联合会、中国酒业协会，先后向邛崃市颁发了"中国白酒原酒之乡·邛崃"及"邛酒地理标志保护产品"牌匾，标志着邛酒产业迎来了发展的新机遇。

求凰，千载文君酒。"爱情、古琴（绿绮）、美酒……不知有多少文人雅士痴迷于文君酒。千百年来，那爱情坚贞不屈，大胆热烈，充满了浓郁的酒神精神。

可以说，酒的热烈和浪漫早已在一杯文君酒中发挥得淋漓尽致。正因为有这样的酒文化基因，才造就了中国白酒原酒之乡不在它处，而在邛崃。才缔造了中国国家地理标志产品——邛酒。每一杯邛酒都是对你想象力的挑战。你甚至可以想象整个邛酒的故乡就是一杯放大的文君酒。那诗酒交融的人间灵芬，世代萦回。这从一个侧面保证了邛崃出品的每一瓶白酒都是好酒，都有深厚的文化积淀和浪漫的文化基因。

作为中国白酒原酒之乡，邛崃一向不缺酒的传奇。2002年春天，川西平原的空气中弥漫着邛酒的芳香。3月，全国春季糖酒会在西安召开，邛崃的酒老板们大胆决定，包下一架波音757赴西安卖酒。消息一出，舆论哗然。经营邛酒的老板们头脑向来都是清醒的，从不失去理智。由于包机卖酒所产生的轰动效应过于强烈，使得邛酒在这届糖酒会上风光无限，十分抢眼，销售量不断飙升。所有的激情都蕴藏着深刻的理性。最后，10万包机赚回了整整11亿，这是何等划算的一笔账。这一商业逻辑的背后其实暗含酒的哲学：粮食（10万包机费）经过特殊工艺的特殊发酵，凤凰涅槃而成了酒（11亿销售额）。邛酒的老板们自然深谙酒的哲学。这是邛崃酤酒史上浓墨重彩的一笔，这和当年司马相如和卓文君为爱情而私奔，有异曲同工之妙。

据说，当年联手包机的有29家邛酒骨干企业。这其中自然少不了文君酒业，也少不了古川酒业、临邛酒业、春泉酒业、君乐酒业、渔樵仙酒业。酒文化需要传承，需要继往开来。如果说，文君酒代表了邛酒的过去，代表了邛酒曾经的辉煌，那么，古川酒便代表了邛酒的时尚，代表了邛酒生机勃勃的未来。"古川"这名字看上去似乎并不年轻，但它却拥有强健的体魄和一颗年轻的心。2019年7月，"首届川酒十朵小金花"出炉，文君酒、古川酒榜上有名，代表邛酒在其中占了两席。作为川酒产业"第二梯队"的中坚力量，为邛酒，也为成都地区的酒业赢得了殊荣。

古川酒庄位于邛崃市中国名酒工业园，占地300余亩，信步古川酒庄，但见绿草如茵，花树繁茂，古木参天，早已是一个享誉业内的园林式酒庄。在其中不仅能体验传统酿酒文化，还能尽享中国园林的妙趣。这与时任成都市委书记范锐平到邛崃调研时，对邛崃提出"一个酒庄就是一个林盘"

2017 年 11 月，文君酒真藏系列新品上市发布会在文君酒庄举行。

的期望不谋而合。邛崃乃是成都"西控"区域内的文旅大市，境内拥有丰富的川西林盘资源，而四川白酒金三角之一的尊贵身份，更让邛崃具备了得天独厚的酿酒条件。实际上，将林盘与酒庄融为一体，打造独具特色的酒庄文化，一直是邛崃酒业的发展方向，也为邛崃文旅融合发展另辟了一条蹊径。在酒庄文化建设上，古川酒业一直走在前面。

自古川酒业诞生以来，古川就将自己定位为中国白酒业的一股清流，是一曲让邛酒千年流传的《高山流水》。古川酒就像酒庄里盛开的百花一样，不仅墙内开花墙内香，更是芳香满园，香飘墙外。早在二十多年前，在"烟花三月下扬州"的春天，古川酒就和扬州的市花——琼花，共同在扬州演绎了"群芳争春"的场面。那时扬州的春天，空气中不仅飘着琼花的花香，还弥漫着古川酒的酒香。

古川是最早开拓江南市场的川酒，多年来，古川能成为川酒在扬州地区的第一品牌，并一直辉煌至今，绝非偶然。盖因古川是现代川酒在扬州地区市场的拓荒者，已占据传播古蜀文化的先机，因此，在扬州白酒市场，古川一直独领风骚。"蜀山蜀水，古韵古川。"这是古川在当年扬州市场的

2018 年 5 月，邛酒中国行——"古川淡雅"成果发布会在扬州举行。

广告词。这句广告词里有古川人对故乡山水的深情礼赞，更有一份面对激烈的市场竞争少有的气定神闲。对于那些在白酒市场上苦苦支撑、艰难度日的品牌，古川可谓一览众山小。"品质至上，文化先行。"这是古川人一直秉持的经营理念。

一个时代有一个时代的饮者，而一个时代的饮者，又有一个时代的消费观念、价值取向与文化认同。在 21 世纪的第二个十年，古川人与时俱进、顺势而为，"祭出"川派淡雅型白酒，既是对消费升级热切呼唤的深情回应，也是浓香型白酒继绵柔品类之后的又一大创举！对中国酿酒人而言，"淡雅"至今仍是一个炙手可热的词。淡雅既是人生的一种修为境界，同时，又是一种味道，一种对白酒酒体风格的形象描述。可以说，"淡雅"代表了中国白酒的未来。而"古川淡雅"无疑是古川人对邛酒，也是对川酒的又一贡献！

千年流传的诗酒文化

酒是液体的诗，诗是情酿的酒。纵观中国诗歌发展史，诗与酒有着不解之缘，酒与诗似乎是一对孪生姐妹，虽然不能说没有酒就没有诗，但没有酒肯定会让诗黯然失色。两千多年来，司马相如与卓文君的爱情故事，以及以文君酒为代表的邛酒，一直都是历代文人墨客吟咏的对象。可以毫不夸张地说，每一杯邛酒都散发着诗香。

第一个吟咏邛酒的自然是司马相如本尊。他在《清醪》中写道：

吴天远处兮，彩云飘拂；

蜀南有醪兮，香溢四宇；

当炉而炖兮，润我肺腑；

促我悠思兮，落笔成赋。

有人（尤其是泸州的朋友）说，司马相如在此诗中对泸州酒的赞美溢于言表。多年前，我曾参观过泸州老窖博物馆，须知，泸州的酒发轫于明代的泸州大曲老窖池群，而司马相如是西汉人，纵使他老人家是天下第一辞赋家，也难以穿越一千五百年的时光隧道，来到明代为泸州的美酒吟诗作赋。再说，司马相如和卓文君在邛崃卖酒，卖邛崃酿造的酒，怎么可能不讴歌邛酒，而跑去讴歌泸州的酒呢？其实，西汉时期的"蜀南"与我们今天的蜀南是两个概念，"蜀南有醪兮"中的"蜀南"指的应该是邛崃，如清代邛崃籍诗人吴江就曾赞美自己的家乡邛崃："风月无边，长安北望三千里；江山如画，天府南来第一州。"邛州被誉为"天府南来第一州"，架设在邛崃滔滔南河上的南桥被誉为"川南第一桥"。邛崃原本位于川西，何谓"川南第一桥""天府南来第一州"？盖因四川历史上曾增设"上川南道"，领眉、雅、邛三州八县，邛崃、雅安生产的黑茶，又称为"南路边茶"。何况，临邛还有"当炉而炖兮，润我肺腑"的文君妹妹，正是因为卓文君的才貌双全和邛酒的醇香，才促使司马相如调琴"悠思"，并落笔成赋。

贾宝玉说，世间女子是"水做的骨肉"。"天子呼来不上船，自称臣是酒中仙"的诗人李白也未能免俗，怀有和宝哥哥同样的情愫，对世间美女，尤其是邛崃人民的优秀女儿卓文君，充满了爱怜，借乐府旧题以及相传为卓文君所作的《白头吟》，专门创作了两首《白头吟》。尤其是第二首于文君着墨较多，而且，人物形象也相当丰满。"覆水却收不满杯，相如还谢文君回"。此外，李白还在《长相思·其二》中写到卓文君：

赵瑟初停凤凰柱，

蜀琴欲奏鸳鸯弦。

此曲有意无人传，

愿随春风寄燕然。

忆君迢迢隔青天。

昔日横波目，今成流泪泉。

不信妾肠断，归来看取明镜前。

在唐代诗人中，李白无疑是创作乐府诗的高手，此诗言辞浅显易懂，音韵曲调化，把文君的弹琴寄意、借曲传情，写得望眼欲穿，泪雨潸然。

杜甫的一生可谓怀才不遇、失意落魄，但他在成都的大部分时光却是温暖的、惬意的。尽管曾一度穷困潦倒到"茅屋为秋风所破"。因创作"破千古之昏蒙，新一时之闻见"的《饮中八仙歌》，杜甫在唐代诗人中素有"风雅中司马太史"之称，像太史公一样，他对司马相如和卓文君也十分仰慕。晚年的杜甫在成都凭吊司马相如遗迹琴台，诗心来复，创作了《琴台》一诗：

茂陵多病后，尚爱卓文君。

酒肆人间世，琴台日暮云。

野花留宝靥，蔓草见罗裙。

归凤求凰意，寥寥不复闻。

与司马相如和卓文君早年的叛逆之举相比，同样晚年多病的杜甫似乎更羡慕二人晚年的不离不弃，相濡以沫。天下诗人尽皆惺惺相惜，此诗可谓杜甫深情之作，让人唏嘘感叹。

"慈母手中线，游子身上衣。临行密密缝，意恐迟迟归。谁言寸草心，报得三春晖。"（《游子吟》）那位早已在唐代就为后世的中国人指明乡愁方向的莫干山诗人孟郊，自己明明向往临邛，却还借一个女子的口吻写诗辩解："欲别牵郎衣，郎今到何处？不恨归来迟，莫向临邛去。"（《古别离》）把自己不回家、晚回家的理由，归咎于临邛美女和美酒。

在晚唐诗人中，李商隐可谓高蹈远举、独树一帜。把爱情诗和无题诗写得缠绵悱恻、哀艳动人、隐晦迷离，是其诗风的一大特色。然而，他为临邛的美酒佳人留下的却是这样直抒胸臆的诗句："美酒成都堪送老，当垆仍是卓文君。"（《杜工部蜀中离席》）"虚负凌云万丈才，一生襟抱未曾开"（崔珏《哭李商隐》）的诗人，在汉语中苦心经营了一生，到头来心心念念的仍旧是一千年前的美酒佳人。但一回到爱情这个熟悉的题材，李商隐立马恢复用词诡谲、立意新奇的诗风。他在《寄蜀客》中写道：

君到临邛问酒垆，

近来还有长卿无。

金徽却是无情物，

不许文君忆故夫。

此诗读来令人叹为观止，然其用心又是如此忠厚，方显诗人性情之高绝。

大器晚成的韦庄，晚年两次入蜀，一到成都便按捺不住少年情怀，写下"暖风熏得游人醉"般的诗句："春晚，风暖，锦城花满……惜良辰，翠娥争劝临邛酒。纤纤手，拂面垂丝柳。"（《河传·春晚，风暖》）临邛美酒让早已年过花甲的韦庄老夫聊发少年狂。

同为蜀人，被林语堂誉为"古今完人"，"身后名轻，但觉一杯重"的苏东坡，对前辈诗人司马相如自然是惺惺相惜，其表达钦慕之情则是独显其爱的唯一性，他在《临江仙·赠王友道》中写道：

……

省可清言挥玉尘，

真须保器全真。

风流何似道家纯。

不应同蜀客，

唯爱卓文君。

四川是陆游的第二故乡。"细雨骑驴入剑门"的陆游，从宋孝宗乾道六年（1170）至宋孝宗淳熙五年（1178），在蜀地生活、工作整整八年，足迹踏遍巴山蜀水，对蜀地的一草一木都充满了无限深情。短短八年时间，成为陆游人生中最重要的阶段，是他一生中最洒脱的岁月，令他魂牵梦萦的仍是在成都的诗酒生活："一樽尚有临邛酒，却为无忧得细倾。"（《遣兴》）即便醉了，仍然要"落魄西州泥酒杯，酒酣几度上琴台。青鞋自笑无羁束，又向文君井畔来。"（《文君井》）

美酒与道家素来有着不解之缘，对于武当派始祖张三丰也不例外。但让人意想不到的是，在大邑鹤鸣山绝壁千寻的天谷洞修炼的张三丰爱上的竟然也是邛酒。那时的张三丰像他景仰的道家学派创始人老子一样，已经须眉皆白。他在品尝了临邛美酒之后，信笔写下飘着醇厚酒香与仙气的诗句："沽酒临邛入翠微，穿崖客负白云归。逍遥廿四神仙洞，石鹤欣然啸且飞。"（《鹤鸣山》）千百年来，道法自然的中国人，总是借助酒的神力回归自然。

明代戏曲家汤显祖被誉为"中国的莎士比亚"。与那些纯粹的诗人相比，他似乎更关心故事，也更容易被故事的细节打动。司马相如与卓文君的故事曾无数次打动汤显祖。他在《相如》一诗中写道："相如美词赋，气侠殊缤纷。汶山凤皇下，琴心谁独闻。……知音偶一时，千载为欣欣。上有汉武皇，下有卓文君。"汤显祖在诗中大胆地将卓文君与雄才大略、武功盖世的汉武帝相提并论，可见对卓文君的钦佩与倾慕。两位汉代的才子佳人没有背弃最初的爱恋与最后的坚守。这使得他们的故事千回百转，并由此成为世俗之上流传千年的爱情佳话。

现代作家郭沫若是反对旧礼教的践行者，可以说，司马相如和卓文君就是这位狂飙派诗人的隔代知音和楷模。1957 年金秋佳节，应邛崃县文化馆邀请，时任中国科学院院长郭沫若欣然为文君井题词："文君当垆时，相如涤器处，反抗封建是前驱，佳话传千古，会当一凭吊，酌取井中水，用以烹茶涤尘思，清逸凉无比。"跋词："卓文君与司马相如故事，实系千秋佳话，故井犹存，令人向往。"可以说，为文君井题词，在现当代作家中郭沫若是最适合的人选。早在 20 世纪 20 年代，郭沫若就以中国历史上"三个叛逆的女性"为题材，先后创作了《卓文君》《王昭君》《聂嫈》三部历史剧。尤其是《卓文君》的出现，对"五四"时期反对封建礼教束缚、争取人格独立和婚姻自由的广大青年，产生了巨大的鼓舞作用。郭沫若的题词字里行间充满了对司马相如和卓文君的深情礼赞，他和二位文学前辈的再次隔空对话，早已成为一段佳话。如今，笔力遒健的题词就镌刻在爱情名园——文君井东面的诗壁上，在金秋的风中，与园内的文君井和琴台亭相映成趣。

细数中国的诗酒文化，两千多年来，邛崃的山川风物，才子佳人，美酒佳肴，让多少文人雅士魂牵梦萦，乐而忘归。可以说，中国古代的许多一流诗人都为邛崃的美酒与佳丽留下了牵肠挂肚的诗词。这些让人一咏三叹、口舌生香的诗词歌赋和蜚声海内的邛酒一道，共同成就了邛崃"中国诗酒之城"的美名。

1187，邛崃魏氏酒坊源流

韩作成

南宋淳熙年间，依政县（今邛崃市羊安街道永丰社区）漕运已相当发达。宽阔的南河上，舟船木筏来往穿梭，船工号子响彻两岸。依政县城南盐关码头一片繁忙。这日，风和日丽，彩旗飘飘。上百只船筏齐聚码头，等待那激动人心的时刻。

号炮响，吉时到。随着"出酒哪"一声高唱，鼓乐齐鸣，鞭炮震天。在一面"雄飞药曲酒"蓝色幡旗的导引下，48 对一色土陶大酒瓮由 192 个壮年汉子抬出，从高王坎经依政县衙过穿城沟再沿老街行至盐关码头，徐徐落定，准备装船。

此时，一群白鹤盘旋于头顶。魏氏大酒坊老板魏仲举笑容可掬地走到码头上，向岸上岸下的人众拱拱手，朗声说："请诸位好友乡邻品品新出窖的药曲酒吧！"在围观人群的欢呼喝彩声中，一个老酒客挤出人群信步走向酒瓮，随意选择两瓮，去掉红布封皮……顿时，一股甘醇清爽而又略带药味的酒香直贯出来，弥漫了整个盐关码头。人们"哇"一声拥上去，你一瓢我一碗，顷刻间就把两大瓮药曲喝了个底朝天。

于是，在浓烈的酒香和人们的欢闹声中，46 对大酒瓮被装载到船筏上。船筏离岸起航，那群白鹤一直尾随至水天一色的山边上才飞回来。

这是魏氏酒坊出酒的场景。这种场景每年春夏秋冬各有一次，每次都要热闹几天。自公元 1187 之后的一百多年间，这种盛况从未间断过。

据相关史料记载，依政县始建于南朝萧梁晚期，武陵王萧纪置邛州，其下设置依政县，历经北朝西魏、唐、五代、宋，直至元二十一年（1284）撤销并入邛州，共计 730 多年。州治县治均在永丰场上。那时的州县地广人稀，幅员辽阔。依政县所辖范围很大，东至今之彭山，南至蒲江，西至大邑，所以，南宋大儒魏了翁都属于依政县人氏。

邛崃药曲酿酒自古有之。魏了翁族祖魏雄飞，字仲举，为临邛学者李静一学生，卒业后便选择水运发达、地下水质优良的古依政县城为创业基地。先在城东高王坎买下高氏家族一大块地建起酒坊，又在城内设置几处酒肆。因为药曲为独创，不仅品质好，还能健体疗伤，久饮能延年益寿，所以很快就打开局面，风生水起，名噪四方。

其时，邛州依政县豪门高氏家族，居于城东，高家与蒲江魏家二姓之间的过继嗣子频繁，涉及四代人。高家五子均为朝廷命官（魏了翁胞弟高载曾任泸州监酒官），其家有老人久病偏瘫多年，饮用魏氏药曲半年之后，竟然康复如同青年人。于是，高家大力支持魏氏酒坊做大做强。有了高家支持，魏氏如虎添翼，不上几年，其药曲便名满天下，顾客盈门，车载船装，占领了蜀中和西南市场。

魏氏酒坊每年盈利巨万。魏氏乐善好施，修桥补路，救济穷人，每逢天旱水淹，便开仓放粮，赈救灾民。每轮药曲出窖，便分送乡邻中的老弱病者。魏氏酒坊红火持续 100 余年，直至魏、高家族衰落。遗址尚存于今永丰社区一带。

盐关桥淹没在荒草之中，高王坎依旧禾稻丰茂，而那一群群白鹤也总是于晨昏夕暮时，起落盘旋于永丰的竹树林木之间，是在寻觅酒坊遗址，抑或是在品味那经年不散的药曲酒的醇香！

邛酒札记

吴俊凯

一

我于邛酒的最早记忆，应该与父亲的酒杯有关。说是"杯"，其实是一个土碗，或者说，是一个粗糙的陶器，但它并不影响父亲饮酒。父亲把白干酒倒进土碗之后，便坐在木桌前，饮了起来，一点也不计较什么，心境很平常。按理香味浓郁的酒，或多或少也会引起父亲一点情绪波动，然而，父亲竟然没有一丝反常。我坐在父亲身边，闻着阵阵酒香，心里反而有些痒痒的，但父亲不让我喝，偶尔用筷子的另一头，放进酒里，沾上一点，往我嘴里放放。我舌尖上辣辣的，但弥香不止。我说不清香味像什么。从那时起，我的生活里便有了关于邛酒的记忆。

多少年来，我觉得那香味很特别。今天，许多品牌型邛酒的味道，与之比较起来，香得还是那么醇厚，气息还是那样张扬，比父亲的白干酒还多了一点精致与细腻，饱含了文明时代的追求与讲究。究其原委，大约是，父亲饮的白干酒是用纯粹的传统工艺酿造的，与现代生产线无关，与必要的勾兑无关，只与传统有关，与酒的根有关。少了一点当代酒的调和与折中。当然，今天的邛酒，是不是还保持了仪获时代的酒味，是不是与杜康时代的酒味也差别不大，我的确不能肯定。我能肯定的是，父亲的酒基本上是属于传统文明的范畴。

二

大约快30年了，我在文君酒厂陈列馆参加过一次文学座谈会。令我意外的是，座谈会与文君酒没有一点关系。那时，文君酒正享誉社会，社会效益带来的附加值很高，用不着讨论。坐在陈列馆，我们讨论的是邛崃

文君酒坚守传承古法酿制。

文学的何去何从，对邛崃文学发展期望很高，希望邛崃文学如文君酒一样，有强烈的社会效益，有从心灵深处滋生的附加值。

当然，于我而言，还是分了心，远离了座谈会，想着文君酒的一些话题。

这文君酒厂的烧房，真的是承袭了400年前的寇氏烧房？沿袭了烧房的道道工序？这酒厂的曲房，真的是建在200年前的曾氏曲房之上？一直在重复着制曲的步子？不曾失落过久远而来的文化与文明？当然，怀疑归怀疑，文君酒的香甜是真真实实地存在着。即使是一瓶普通的崃山二曲，也是芬芳不止的，也能让人品过之后格外留恋。何况，那时，勾兑一词也不在酒行业流行，工业生产的香精也不曾见过。所谓的勾兑师、生产线，都是后来的事。

依了文君酒的品质，能喝出一点愉快心情，添列一点酒外的意义。或者说，那时的文君酒的确能承担起"涤器卖酒"的部分精神，七零八落的生活往事更容易与之瓜葛着；或者说，凭其酒气，更能让人想起文君旧事，更能让人有一点浪漫之举。

三

在我们古城，即使时序到了21世纪，仍然有不少的人，把邛酒与诗、

大梁酒庄的地窖藏酒。

远方，甚至，与生命深处的人性，联系得那样紧密。他们把李白作为榜样，把竹林七贤作为样板，又循着梁山英雄的路子，在人性的路途，醉得偏左偏右。

面对这群人或开或合的情怀，我只有审视，既不笑，也不瞑目。想笑，笑不起来，因为今天与过去能截然分离？人类一路走来，似乎都是如此，人性的亢奋与沉郁，从来就不曾失却过，那是生命存之于世的一种状态，不过是洒脱了一点，奔放了一点。对此，若是笑了，反而显得气量很小。瞑目，那就更加不可以了。人世百态，傻有傻的幸福，醉有醉的快感。偏左也好，偏右也罢，只要不倒在泥水之中，不久之后，他们就会坐下来，看看高楼上的月亮，去想象夜空，去抒一下人生情怀。对这样真实的人性，你能生气？何况，生命的状态历来是多元的。即使对邛酒有了嗜好，或者多贪了一杯，那又算得了什么呢？

四

参观大梁酒庄地窖之后，浑身染满了酒香，灵魂飘逸着。当然，那酒香还不曾让我有一点醉意，因为我正明明白白地想着邛酒的几件野史。

地窖藏酒应该不是大梁酒庄的发明，而是中国古人的一点创举。但像大梁酒庄那样大规模地将坛酒藏在地洞之中，恐怕就并不多见了。这地窖藏酒的良苦用心，不外乎是追求一点"陈"味。据行家讲，白酒越陈越好，越陈越芬芳。因此，邛酒似乎都偏爱了这点"陈"味。深埋地下，是普通之法，还有藏之竹筒之中，藏之山洞之中，藏之森林之中，藏之铝罐之中。总之，邛酒往往藏得稀奇，像中了"陈"味魔法一样。有人给我重复了当年的新闻，说是清朝时，满族人在东北的一处地下深埋了不少的酒，不知是主人离世了之故，还是其他什么原因，这些深埋的酒被遗忘了，直到前几年才偶然被发现，结果是，价值连城。我不知道，邛酒忠心于"陈"味，是否其理一般？但因为倾情陈酒，让邛崃有了多年的母酒，这的确是事实。这些母酒掺和在不断生产的新酒之中，让邛酒有了品质的整体提升。

有人说，邛酒造就了邛崃人的浪漫情怀。往深入处想去，这话算是有道理的。它描述了邛酒生出的人文格局。诗人吴江风月无边煽情三千里的旧事，或许可以作一点明证。再注目历史的前期，文君与司马相如爱成了历史佳话，也是这种格局的旧影。聂夷中曾经有言："不恨归来迟，莫向临邛去。"自从这话流行开来，历代妇女都深恨临邛，而且还刻骨铭心，这其间免不了在浪漫中隐含几多悲情。细心一想，这才是人世间最大的浪漫。因为，这牵扯的妇人太多，牵扯的情愁太广，牵扯的夜色太深。这种浪漫让人性沸腾至极，将婚姻、博爱搅得水浑水浊，真可谓:孤灯还伴影，浅泪也纵情。但这能怪邛酒吗？这全是邛酒惹的祸？

有人云，卓氏王孙从燕赵一路向西，路过洛阳，嗅到酒香，便滞步不前，进了酿酒作坊，偷得酿酒之法，带至临邛，邛酒酿造才有了发端。对于此说，我查史读志，不见一点文字，大约这确属民间传闻，不可信也。

五

前几天，见到一位表兄，他一如往常。表兄是做酒的，但没有酒老板的多少格局。他从年轻时便开始做白酒，晃晃时光，掐指计之，30余年了。他道，他做酒仍旧循了旧有的路子，没有推陈出新，没有扩大规模，一年出酒不外乎二三十吨。我想，它应该是属于一个家庭式的酿酒作坊，算不得酒厂。交流中，我知道表兄作为以酒为生的匠人，深得邛酒的真谛，务实制曲，踏实蒸馏，没有半点虚无，始终遵循着诚实之道。对于这点发现，我是深信不疑的。因为表兄至今还是一位地地道道的农民，有朴素得近乎完美的农民情怀，自然不会有一点歪心。

当然，邛酒在新时期，也有了品味的上升。几年前，随一位姓林的人，喝了几杯天露酒，当时，我觉那酒不但很醇，而且很有一点名酒的格式。不过，于天露酒，我了解不够深入，也就没有妄言过一回。像天露一样的酒，恐怕在我生活的这片土地上，应该不是只有几种吧？

六

今天，不管是行业内还是在行业外，都在大谈邛酒文化，但邛酒文化到底应该指向哪些意义呢？是它的千年久远，还是它的满城弥香？是它的百花竞放，还是它的独家工艺？是它的经济收益，还是它的产业光环？之前，见着不少的邛酒之人，总在自家酒的酒瓶上、包装上、厂房间，弄了一些古人的话语，或者夸大它的芬芳，或者拉长它的岁月，或者邀请仙人一起共饮，或者扯上养生之道，再者，甚至杜撰一则什么传奇，如此不止。要么，与冰川融水"沾亲带故"，与自然特点"唇齿相依"，与气候特征"鱼水深情"，诸如此类。反正是，给自己的酒活生生地贴上一个标签，或者更多标签。其实，那样做，与自己的酒关系不大。当然，那也算是一点酒文化，不过，它不算是健康的酒文化，它过分恣肆了，过分虚妄了，自然也就无法精准起来，泛泛得很，进入不了对邛酒内核意义的确切抒写之列。它忽视了邛酒别于他酒的独特之处，也忽略了邛酒固有的文化特质。我们需要反复陈述的是邛酒自己的文化，是它的独有性、特殊性，而不是酒类产品的共有性、一般性。

七

历史上，邛酒不仅仅是醉了一座古城，还醉了一条古道。南丝路，或者唐蕃古道，或者茶马古道，都飘荡过邛酒的浓浓香味。只是，那香味与宣传无关，而是那些出走远方的人，出于自愿，出于钟爱，把邛酒带上了雪域高原，带到了茫茫草原，带到了遥远的海边，他们累时困时闲时，自斟自饮，一路饮出的……

古道上的酒香，早已尘埃落定，但它的影子，早已掉进了邛酒的波纹之中，始终与邛酒一路相随，成了邛酒既久远又漫长的一份十分值得珍视的文化记忆。

邛酒对邛崃人生活的影响

王勤

临邛自古称繁庶，天府南来第一州。

邛崃古称临邛，秦惠文王更元十四年（公元前 311 年）由蜀守张若主持修筑，距今已有 2000 多年历史。这里盛产盐茶米铁，制陶造酒亦相当发达，乃南丝路西出成都第一城。更在北纬 30 度线上，土壤、气候、水质都特别适合酿酒。邛崃的酿酒业古已有之，汉时文君当垆卖酒的故事老少尽知。1985 年邛崃出土的汉砖上刻有酿酒场景和酒市盛况，充分印证了邛崃的酿酒技术至少在 2000 年以上。精湛的酿酒工艺代代相授，广为传播，终于成就了"中国最大白酒原酒基地"的美名。

邛酒历经汉唐、宋元、明清的飞速发展，进入 20 世纪 80 年代，邛酒的生产与销售推上了一个新的高峰，大大提升了邛崃的经济，解决了大批就业问题，从而改善了众多家庭的生活品质。邛酒发展的盛与衰，很大程度上影响着邛崃人的收入状况，更是邛崃人生活水准的晴雨表。

一

改革开放的春风吹醒了邛州大地，一批批有经营理念、有生产技术的人纷纷加入了办厂开作坊的行列。邛崃涌现了众多造纸、淀粉加工和白酒生产的大小老板，而酿酒业是厂家众多、规模最大、持续性最长的行业，终成邛崃经济的主动脉。

邛崃的白酒生产首先从高埂、桑园、平乐、战斗、回龙等公社兴起，而后以铺天盖地之势向全域漫延。1978 年，高埂公社的王福林率先在生产队里办起了私人酒厂，年仅 22 岁的梁建忠也与本队汤安全、汤志成等人合伙办厂。有了吃螃蟹的人，便有跟随的人，先是承包大队、生产队的公房办厂，后来发展到在自家院坝里办厂。当时，由于各家条件都不好，资金有限，大家就想到了众筹（合伙）办厂的方式，一家人力量小就两三个家庭合办，三家不够就四五家，多者有近十家人合办一个厂的。大家共同投资，或草房或玻纤瓦，后来又有了水泥瓦，你家砍桉树，我家编晾笆，设备公有，共同使用，统一生产或轮流生产。

这一合作众筹的模式一经尝试，便很快推广开来，特别是高埂、战乡的小酒厂更是遍地开花，烟囱林立，每一个林盘都有好几家酒厂，到处是热闹的生产场景，到处都弥漫着浓浓的酒香。

到了20世纪80年代，在文君酒这一大品牌的带动下，邛崃各地兴建了不少酒厂，乡办、镇办酒厂更有得天独厚的优势，更有像前进凤凰企业这样的大厂家，一路领先，使邛崃的酒业发展继明清之后迎来了又一次的高峰期。在工商部门注册了的酒厂就有460多家，据不完全统计，加上未注册的酒厂总数应在800家以上。邛崃酿酒业的异军突起与飞速发展，大大提升了邛崃经济的增长，一跃成为成都市首个食品工业亿元县，产品远销美洲、澳大利亚、日本。

进入90年代，邛崃有大小酒厂1000余家。为适应发展和市场竞争的需求，邛崃的酒企逐渐从小作坊、小酒厂向规模化、集团化发展，先后涌现出临邛集团、生春酒厂、源泉酒厂、春泉酒厂、川南春酒厂、川池酒厂、川霸酒厂等。犹以临邛集团的生产、销售规模和品牌影响力最大，继80年代文君酒时期的兴旺后，临邛集团再一次把邛酒带上了新的巅峰状态。邛崃白酒年产量达30多万吨，外销达20多万吨。

时至今时，邛酒仍然是邛崃经济的大功率发动机，涌现出了不少优秀的酒企，诸如金六福、宜府春、古川、川池、春泉、源泉等等，邛崃酒业布局将以集团化、集群式飞速发展。

二

80年代是第一波外出打工潮，到了90年代，更是外出打工的高峰期。很多地方的人因为外出打工而荒废了自家的农田。邛崃酿酒业的蓬勃发展，解决了一大批人的就业问题，他们平时在酒厂上班，农忙时各酒厂都会放假，该下种时下种，该收割时收割，一般不会超出一个星期，所有的农活也就忙完了，便接着去酒厂上班。他们不用背井离乡，在自家门前就可以打工挣钱，既挣了工资也种了庄稼，还照顾了自己的家庭，极大地缓解了劳动力流失问题。在酒厂比较集中的战斗、回龙、高埂、固驿、羊安、

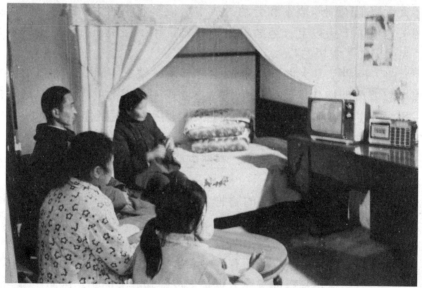

发达的酿酒业，使农村住房变了个样，从老旧的排列房变成了一楼一底的洋房。换
家电、买摩托车，邛崃经济的发展和人民生活水平的提高让邻县群众羡慕不已。

前进、桑园、卧龙、孔明、平乐等乡镇,男劳力基本上没有外流,时至今日,凡年龄在 50 岁至 70 岁之间的男子,80% 以上都在酒厂上过班,有的地方达到 100%。这样一来,邛崃既保住了劳动力,邛酒的生产技术也得到了极大推广,形成了邛崃全民酿酒的鼎盛局面。

80 年代初期,酿酒工人的工资一般在每月 30 元左右,那时消费很低,30 元已足以养家糊口。随着经济的发展和物价的增长,90 年代工资在 100 多元,到了 90 年代末期,工人工资已超过 300 元。工资随着物价一步步增加,到如今每月基本上在 6000 元左右或更高。家里有了收入,生活水平也随之提高,从 80 年代的录音机、黑白电视机,一步步改善,到 90 年代末期,农村住房基本上变了个样,从老旧的排列房变成了一楼一底的洋房,换家电、买摩托车,邛崃经济的发展和人民高品质的生活让邻县群众羡慕不已。

三

正所谓一业兴百业旺,邛酒的发展还极大地带动了养殖业的发展,酒糟中含有不少的淀粉和大量粗纤维,正是养鸡养鸭养牛养猪的好饲料,而且还大大降低了饲养成本和劳动力成本。很多农家的生猪饲养从传统的三四头养成了十头以上,还涌现出了一大批年出栏率在百头以上的养殖户,大大增加了农民的收入。

大曲(砖曲)是大曲酒生产的重要辅料,缺之不可,它在酒的酿制过程中起着帮助糖化、发酵和生香的重要作用。大曲的用量,从最早的 80% 慢慢地提升到如今的 30% 或以上,加上用于窖泥制作和养护的曲粉,每生产一吨大曲酒基本上要耗用一吨大曲,所以其用量极大。邛崃每年二三十万吨的大曲供应不靠外调,本地生产的大曲就用之不完,还远销山东、河南、新疆等地。

在部分大酒厂,都有自己的制曲车间。然而,由于大曲需要一个存储的过程,所以很多酒厂生产的大曲都赶不上生产,加上无数中小酒厂没有能力生产大曲,大部分从市场上购买,因此便应运而生了大曲生产这个行业。在战斗、固驿、前进等地便有许多农家建了生产厂房,或用自家多余的房屋进行生产,特别是前进镇,更是形成了邛崃大曲生产的集中地。在人人会作曲的兴盛时期,男人在酒厂上班,女人在家里踩曲子。他们会根据市场和厂家的要求,生产出高中低不同发酵温度的产品,也会生产酱酒用的包包曲,邛崃的制曲业十分兴旺。

四

邛崃庞大的白酒生产能力，极大地带动了运输业，大量的粮食从外地运进不说，单是白酒的外销就带起了邛崃强大的运输业。邛崃每年有10万吨、20万吨乃至30万吨白酒出川，从最早5吨位的货车到8吨位的货车，这得要多少车次才能满足白酒外运？后来出现了15吨、20吨再到40吨的大货车，运输能力极大提升。八九十年代，邛崃万家乐停车场红极一时，只此一家停车场就有几百辆酒罐车信息。那时的大酒厂发酒往往一天就是几十车，运酒的车在公路上排成一条长龙，绵延数里，非常壮观，只要这些大厂往外发酒，出现交通拥堵就在所难免。

家有酒罐车跑外省，是邛崃人极为自豪的事，拉一趟山东，拉一趟新疆，回来就有上万元收入。有的酒厂自备几辆酒罐也只能是临时跑跑短途，大规模外运还得靠别人的车辆。由于利润丰厚，有的人家有两三辆甚至七八辆酒罐车，专门请司机开车。

邛崃运酒的大货车，可以说是遍及祖国的大江南北，关内关外。那时，若在外省想回邛崃，不用赶大巴，不用赶火车，也不用坐飞机，就到回四川的必经路口随便挥一挥手，操一口邛崃话，递上一支香烟，便可坐一辆返程的运酒车回邛崃了。

五

在邛崃这个四处飘香而又繁华的地方，爱酒、喝酒的人自然特别多，别说男人喝酒爽快酒量好，就是女人也有不少喜欢端杯的，喝一口才心满意足，喝一口才不辜负一桌的好菜，喝一口才算得上真正的邛崃人。

自文君当垆之后，邛崃的酒馆日益蓬勃。然而，如今邛崃的酒馆虽有酒馆之名而基本上都变成了菜馆，何也？因为邛崃酒厂甚多，每个家庭或有人在酒厂上班，或有亲戚在开酒厂，或同学或战友在做酒生意，于是家家都有酒，哪个车子的后备厢不是一件两件的，一旦外出吃饭便拿出两瓶酒或提上半壶，到酒馆只需点菜，喝自己的酒。所以，在邛崃，无论是现在还是从前，这一习惯从未改变，若有外地人在此开饭馆不懂习俗而拒绝自带酒水，他的饭店肯定是熬不过三个月的，因为，邛崃人喜欢喝自己酿的酒。

邛酒在近40年的发展中，曾出现1998年至2013年以来的瓶颈期，经济发展受到影响。然而，邛崃人寻求邛酒发展与腾飞的脚步却从未停止过，在中国最大白酒原酒基地，在一个处处能闻到酒香的地方，在一个有

在邛崃这个四处飘香而又繁华的地方，爱酒、喝酒的人自然特别多。

千年造酒情怀的土地，在经过市场变革的几起几落之后，邛崃人正构想着更大的蓝图，将以集群发展、龙头引领的模式再一次腾飞冲天。

邛崃老酒归家路

何承洪

2020 年的一天，正在久德汇酒业忙碌的徐勇接到一个来自广东的电话。广东潮州的招大哥表示，在经过几年的交往以后，他被徐勇"为邛崃老酒安个家"的情怀打动，决定把那瓶 20 世纪 80 年代初邛崃国营酒厂（文君酒厂前身）生产的"崃山醇酒"送给他。徐勇曾经在招大哥手里买过很多包括文君酒在内的邛崃老酒，一年前他通过招大哥发的图片见识了这瓶稀有的老酒，他想买，却遭到招大哥一口回绝。没想到第二年招大哥会主动把这瓶酒馈赠给他。招大哥感慨地说："把这瓶酒交到你手里，我放心，就让这瓶邛崃的老酒回到它的故乡吧。"

一个远隔千里、素未谋面的收藏家，为何对邛崃一个收藏本地老酒的年轻人如此信任，愿意把心爱的收藏品送给他呢？事情还得从头说起。

徐勇并不是邛崃人，他出生在夹江县。2007 年大学毕业后，他开始在全国各地从事酒类销售工作。2010 年一个偶然机会来到邛崃，他深知邛崃是中国白酒原酒之乡的分量以及文君酒曾斩获过第十三届法国巴黎国际食品博览会金奖。在拓展白酒销路的过程中，他越来越被邛酒文化的博大精深所感染，体会到要让客户接受邛酒，就得先讲好邛酒故事。他讲邛酒故事是从邛崃老酒开始的。为此，他开始收藏邛崃老酒。

徐勇收藏的第一瓶文君酒是 1985 年四川国营邛崃酒厂生产的炮弹瓶文君酒。那是在 2011 年，有一天他走到渔桥一家烟酒店，发现有几瓶很老的文君酒，老板说是 1985 年出厂的。他突然产生了购买的冲动，一是因为自己在销售文君酒，二是因为他刚好出生在 1985 年。但一听到老板报价，他就犹豫了。这瓶酒得花去他大半个月的工资！徘徊许久，他最终

讲好邛酒故事，让更多人感受邛酒魅力。

还是下手了。如果从收藏的角度看，今天这瓶酒的价值已经翻了几番，是千值万值的，但是对于当时并不富裕的他来说却是一个很艰难的决策。因为他并没有料到自己会从此走上一条邛崃老酒的收藏路，而且一走就是十余年。

众所周知，收藏是一件很烧钱的事情，徐勇当时的收入支撑不了这一"奢侈"的爱好。2013年全国白酒市场出现动荡，为求生计，徐勇和妻子一起来到邛崃创业。在这期间，他一直也没有放弃酒类销售工作，至今还是文君酒邛崃区域团购授权经销商。几年以后，他们逐渐在邛崃站稳了脚跟，事业也有了起色。从漂泊、打工、安家、创业，他们一路走来，在邛崃经历了从陌生、熟悉到热爱的过程，邛崃在不知不觉中已经成为他们的第二故乡。对于徐勇而言，他不仅把自己当作了邛崃人，还把邛酒当作了事业和生活的重要组成部分。在积累了一定的资金后，他收藏邛崃老酒的干劲越来越大。

在收藏文君老酒过程中，徐勇得到了原文君酒厂退休老前辈的大力支持，他们教授他鉴别20世纪70年代到90年代文君酒的方法，哪年是什

让邛崃老酒回家的道路还在延伸，还很漫长。

么瓶型、什么商标、什么盖型、什么工艺等等，还帮他打听哪里有文君老酒。这些老职工一见面，总会感慨地说："你收藏文君老酒的想法很让人感动，这又让我们想起了文君酒曾经的辉煌。你一定要把它们收藏起来，传承下去，让后人了解文君酒的光荣历史！"在老前辈的鼓励和支持下，收藏邛崃老酒渐渐变成了徐勇肩上一份沉甸甸的责任。

徐勇收藏的邛崃老酒有很多来自外省，这从另一个侧面证明了邛酒在20世纪八九十年代就遍及全国各地了。只要打听到谁收藏了邛崃老酒，徐勇都会千方百计去联系洽谈。他凭着满腔的真诚和对邛酒的热爱，结交了不少全国各地的老酒藏家。

北京的李大哥是徐勇通过抖音认识的。有一次，李大哥看上了徐勇手里的一瓶稀缺文君酒。徐勇手里刚好还有多余的，他便惠让给了李大哥。当时徐勇也没太在意这事，更没想到李大哥因此会对徐勇念念不忘。2021年的一天，徐勇在一酒友家里偶得一本文君酒为1990年北京第十一届亚洲运动会指定用品的证书，这让他萌生了寻找这款酒的念头，便把证书照片发给了李大哥。李大哥是个有心人，立即在家里对照图片搜寻，很快给徐勇回话说找到这款酒了，并表示要送给他。他说："我把这瓶酒送给你，配上你的证书，比在我这里的意义大。"从这以后，李大哥一发现有邛崃的老酒，都会在第一时间向徐勇推荐。

雅安有个陈哥，是位收藏大伽，收藏的全国各地老酒不计其数。徐勇曾经提出过向他购买邛崃老酒，他爱理不理的。在后来的交往中，陈哥了解到徐勇买老酒并不是为了转手赚钱，而是为邛崃老酒找个家，便对他产生了好感。当徐勇再一次向陈哥表达意愿后，他主动邀请徐勇到家里去实地挑选。收藏界的人都知道，如果不是很熟悉的朋友，一般是不会被邀请到家里去看藏品的。徐勇如获至宝，从陈哥家里收获了许多邛崃老酒。

在收藏邛崃老酒的这些年，徐勇一旦获得邛崃老酒的信息，就倍感兴奋，有时还激动得彻夜难眠，有一种马上接回家的冲动。如果错过了机会，他就会产生负罪感；如果如愿买回来，他则会长长地舒一口气。从2011年开始收藏文君酒及邛崃本地老酒至今，他已经收藏到20世纪60年代以来的文君酒和邛崃各个乡镇生产的老酒200多个品种。这些老酒，无声地诉说着邛酒曾经的光荣与梦想，见证着中国最大白酒原酒基地的繁荣与辉煌。

让邛崃老酒回家的道路还在延伸，还很漫长。在谈到未来时，徐勇表示，每一瓶邛崃老酒都会讲故事，不仅讲"文君当垆，相如涤器"的故事，也讲邛酒产业发展壮大的故事。他希望有一天，能有一个邛酒博物馆，他将用这些邛崃老酒传承邛酒的故事，彰显邛酒的文化，助力邛酒的振兴。

略谈邛酒香型

罗友伦

　　这几年懒散惯了，一旦思考，却认真不起来。邛酒之事，思绪越理越乱。现能准确忆及父亲讲述的是：清末，一个家住平乐一带的手艺人某某，远在贵州赤水河畔某酒厂担任掌脉师，每年照例都要回老家邛崃过春节。走到邛州东门渔桥，习惯性地要坐坐茶馆，抽抽鸦片。有一年回家，路遇小偷，好不容易到渔桥时，不说茶钱烟费，连吃一碗面的钱都给不起了。时值隆冬，既饥又寒，加上烟瘾又犯了。满脸泪水鼻涕地猫在茶馆的角落里打抖。此时，伍姓祖上当家人正在该茶馆喝茶，看此人相貌不俗，穿着不凡，随即起了恻隐之心，上前略微寒暄几句，就邀请入座。当然，以后发生的事就是吃、喝、玩、乐。某某和伍姓祖上交上朋友后，留住了好几天，约好回平乐返程还来，丰厚相赠。节后刚破五，某某打早就到伍家。拜年礼物送上后，对主人说，上次承蒙援手，不胜感激，无以为报。看你家烧房酿酒颇为简陋，风味一般，不入流。对酿酒我略通一二，就以此为谢吧。于是，花了几天时间，改造设备，留下制曲、培窖、蒸馏等工艺配方。此后每年春节前后都要亲自到场指导和示范。某某分明是把赤水茅台的酿酒工艺传授给了邛崃的伍姓烧房，然而不知是何原因，当整个酿酒流程进行到中途，即转型期的关键时刻，某某却不再回邛崃，从此音信全无。改型虽中断，但酿酒照常进行，只不过酿造出来的酒口感风味是浓中带酱。伍姓祖上品尝后，认为此是老天恩赐，风味独特，必须传承下去。几年以后，伍家酿的酒名声大噪，邛崃各酿酒烧房纷纷效仿，形成地方特色。后来，四川军阀刘湘受邀至大全烧房品尝，饮后大喜，赞誉为"赛茅台"。大全烧房为此专门烧制陶瓶盛装，并因当时烧房前有四棵柏树挺拔雄伟，故注

邛崃酒浓中带酱，既有浓香的诱人更有酱香的醇厚。

册为四柏商标邛崃茅台。（此传说由原文君酒厂老师傅高海青讲述，其子高福全转述）。

2021年9月6日上午，我应邀参加了在邛崃市政府会议室举办的邛酒文史课题研究动员会。到达时，参会人员已济济一堂。按座签所示，找到了属于自己的位置。当市领导在动员中提到如何提高邛酒声誉、扩大邛酒美誉度时，我的第一反应就是，现在邛崃还有邛酒吗？认真地说，现在的"邛酒"也只是邛崃生产的酒，而不是邛崃历史上的真正"邛酒"。为什么这样说，因为受市场经济的影响，邛崃人盲目跟风，认为五粮液杂粮酒很受欢迎，很有市场，所以就舍弃了土生土长的单粮"邛酒"。片面地认为，只要是五粮香型，就能立于不败之地。结果真是这样吗？他们忘记了老祖先在经商方面"逢快莫赶，逢慢莫懒"的谆谆教诲。话又说回来，你去赶五粮液，赶得上吗？你有五粮液的声誉、有五粮液的国酒地位吗？不说是你，就是和五粮液同在宜宾的叙府酒厂，也没能赶上，结果是大家都生产五粮香型的酒，失去了自己的本来特色，即邛崃单粮酒。与此同时，也失去了自有的市场竞争力。而作为邛崃人，千万不要妄自菲薄。当年四川军阀刘湘饮了邛崃酒后，赞誉为"赛茅台"。请别认为他是一时兴起，逢场作戏。实际上，他觉得邛崃酒浓中带酱，既有浓香的诱人更有酱香的醇厚。所以当时的大全烧房，随即注册了四柏商标邛州茅台的邛崃酒。本人认为，邛崃酒要发展，就应回归历史，生产出真正的"邛酒"。当年文君酒厂就凭这一单粮酒，在 20 世纪 80 年代把全兴曲酒挤出了成都市场。那个时候，无论是谁，能带一瓶文君酒走亲访友，都会被视为上宾，极受欢迎。由此可见，邛崃生产的单粮曲酒不是没有市场，而是非常受欢迎的地方特产。